水文地质分析与应用

主　编　粟俊江　朱朝霞

副主编　覃　伟　李　博　成六三

参　编　王明秋　刘鸿燕

中国地质大学出版社有限责任公司

ZHONGGUO DIZHI DAXUE CHUBANSHE YOUXIAN ZEREN GONGSI

前　言

为贯彻落实教育部《关于支持高等职业学校提升专业服务产业发展能力的通知》(教职成［2011］11号)精神，提升水文与工程地质勘察专业服务产业发展能力，为重庆统筹城乡建设、三峡库区建设和西部建设提供高端技能型水文与工程地质类人才，教育部高等教育司组织有关高等职业学校重新构建基于工作过程的课程体系，《水文地质分析与应用》为该课程体系中核心课程之一。

教材主要内容为水文地质基础知识、基本技能及其在煤矿中的应用，分为绪论、地下水赋存规律、地下水的物理性质与化学成分、地下水类型及包气带地下水、地下水系统及地下水循环特征、地下水的动态与均衡、不同介质中地下水的基本特征、地下水运动规律、地下水运动的常规计算、矿区水文地质勘探、矿井水文地质分析与应用共11章。前8章为水文地质理论基础部分，后3章为水文地质专业应用部分。

本教材可作为水文与工程地质、矿山地质专业及地质类其他专业的高职高专学生学习教材，也可作为地勘部门、地矿单位培训教材和相关技术人员参考书。本书由重庆工程职业技术学院水文与工程地质、矿山地质专业教学团队编写。其中，前言、绪论、第9、10章由粟俊江编写；第1、2章由朱朝霞编写；第3章由李博编写；第4、6章由覃伟编写；第5章由刘鸿燕编写；第7章由王明秋编写；第8章由成六三编写。全书由粟俊江统编定稿。

在本教材的编写过程中，重庆工程职业技术学院李北平教授、山西煤炭职业技术学院王秀兰教授给予了热情的帮助和专业指导，参考和引用了大量前人研究成果，编者向曾给予帮助的专家、学者表示崇高敬意和诚挚感谢。另外，本书得到重庆工程职业技术学院院长易俊教授的温暖关怀和大力支持，编者在此特别表示感谢。

由于编者水平有限，书中难免有不当之处，敬请广大读者批评、指正。

编　者

2013年8月

目 录

0 绪 论

0.1 水文地质学研究的对象与任务

水文地质学是研究地下水的科学。地下水是赋存于地表以下不同深度的土层和岩石空隙中的水，如泉水、井水均为地下水。

一方面，水是生命之源，是人类赖以生存不可或缺的宝贵资源。地下水作为水资源的重要组成部分，分布广泛、水质良好，是人类重要的淡水资源，对人们生活及工农业生产有重要意义。整个亚洲饮用水的1/3为地下水，美国有50%以上城市人口和95%以上农村人口的饮用水为地下水。我国水资源总量为28 000亿 m^3，其中地下水资源总量为8 288亿 m^3，约占全国水资源总量的30%（钱正英、张光斗，2001)。2005年全国总供水量为5 633亿 m^3，地下水供水量为1 038亿 m^3，约占总供水量的18%，我国南方地区供水量为3 142亿 m^3，其中地下水供水量为135亿 m^3，占5%，北方地区供水量为2 490亿 m^3，其中地下水供水量为904亿 m^3，占36%（水利部，2005、2006)。当地下水中富集某些有益盐类及元素时，可成为工业矿产。四川自贡地区人民2 000多年前就开始从地下卤水中提取食盐。

另一方面，随着我国经济持续快速的发展，由地下水所引发的工程地质与环境问题日益突出，成为国民经济可持续发展的天然障碍。如由于地下水超采，导致地下水位持续下降，造成地面沉降。上海市区约在1930年发现地面沉降，1956年以后，随着地下水开采量的增加，地面沉降加剧，到1965年，最大沉降量达到2.37m，1966年以后，通过人工回灌及其他措施，上海市区的地面沉降才基本上得到控制。在岩溶地区开发地下水，较易引起岩溶地面塌陷和地裂缝，造成房屋倒塌，路基被破坏、农田被毁。地下水位过高也会造成生态、环境问题。当灌溉水量过多，一旦地下水大片出露地表，则会形成沼泽。在干旱、半干旱地区，如果地下水位接近地表，由于蒸发强烈，使盐分聚集在土壤表层，造成土壤盐泽化。20世纪50年代末，华北地区拦蓄降水和地表水，只灌不排，使地下水位升高，蒸发加强，形成土壤盐泽化。随着工农业的发展，工业废水、农药及化肥中的有毒成分渗入地下，造成地下水水质污染，危害人体健康。进行地下采矿或各种地下工程（修隧道、地下厂房）时，地下水的涌入不仅会增加矿山排水费用，影响矿山生产安全，甚至还会造成矿井淹井事故。

水文地质学研究的主要任务如下。

(1) 地下水的形成、埋藏、分布、运动及循环转化的规律。

(2) 地下水的物理化学性质、成分以及水质的变化规律。

(3) 如何合理地开发、利用、管理地下水资源。

(4) 如何有效地预防或消除地下水的危害等实际问题。

0.2 水文地质学研究的内容

水文地质学研究的内容主要包括基础研究工作、地下水开发与管理、地下水污染和矿井水害的防治。本书中水文地质分析部分主要是针对前两个方面的工作，水文地质应用部分主要针对后两个方面的工作。

1）基础研究工作

这部分工作主要涉及水文地质的基础理论。如通过建立地下水运动数学模型，对地下水运动机理进行研究，主要研究地下水及地下水中的溶质浓度、温度等物理特征，通过孔隙、裂隙等复杂介质运移和转化所遵循的物理规律，研究由地下水头、浓度、温度等物理特征的变化所引起的流体性质或介质性质的变化规律，如溶质的结晶溶解、蒸发冻结、吸附解吸、介质压缩、孔隙度或导水性的变化、地面沉降规律等（杨金忠，2009）。基础研究工作在于探寻问题的机理，它可能有直接或明显的现实意义，也可能没有。

2）地下水开发与管理

地下水开发与管理主要是以水文地质学的基本原理为基础，阐明开发地下水的经济效益。为了开发地下水，水文地质工作者需要确定水源，探明地下水的水质、水量。一些工程建设项目，会被开挖到潜水面之下，为此需要对地下水进行管理，例如设置抽水井来降低地下水位，保证工程环境干燥。该过程中，水文地质工作者要确定井的数量、位置、抽水量，以及分析抽水是否会对周围的地下水用户带来不利影响等。

3）地下水污染

地下水污染威胁着工业化地区、郊区及农村。水文地质工作的内容之一就是要确保水质符合规定要求，因此水文地质工作者应按规范对水质进行采样、分析，并提交地下水水质评估报告，其中水质采样的内容有：采样点的布设、采样时间与频率、采样方法的选择、样品的保存与管理等。

4）矿井水害的防治

我国的矿产资源丰富，自然地理条件和水文地质条件复杂。以煤炭资源为例，据统计，我国有40%以上的煤炭资源不同程度地受到地下水的威胁，在一定程度上影响了煤炭资源的开发。对于那些位于岩溶地下水位以下的煤矿，在开拓、掘进和生产过程中，将会受到地下水日趋严重的威胁。

0.3 水文地质学研究的发展概况

我国是世界上最早开发利用地下水的国家之一。中国发现的最古老的水井是距今约5 700年的浙江余姚河姆渡井，为新石器时代中期修建。在公元250年左右，在成都双流一带已开始凿井开采卤水制盐。但由于长期落后的封建制度严重阻碍了水文地质科学及其技术方法的发展，未能形成科学体系。

18世纪中叶，随着欧洲产业革命的进行，对地下水的需求迅速增加，推动了水文地质学的发展。1852—1855年，法国水力工程师达西（Darcy）通过大量水透过砂的试验研究，总结出了渗流速度与渗流能量损失之间的关系，即达西定律，由此奠定了地下水定量计算的基础。随后，法国工程师裘布依（Dupuit）以达西定律为基础，分析潜水井和承压水井周围地下水的运动，推导出了地下水单向及平面径向稳定流公式，对当时地下水水力学的发展起到了重要的作用。1928年，美国学者迈因策尔（Meinzer）论述了含水层的可压缩性和弹性，为地下水非稳定理论的建立提供了实践认识。1935年美国工程师泰斯（Theis）认识到热流和水流具有类似性，可以利用解决热流问题的方法来解决类似的流体流动问题，从而通过建立地下水非稳定井流方程（泰斯公式），对抽水井附近水位的瞬态行为进行描述。随后在1940年，雅可布（Jacob）建立了地下水流更为严格的数学描述，并用微分方程重新推导出了泰斯公式，这是20世纪上半叶水文地质学上最重要的成果，因为该微分方程描述了自然状态与其近邻状态之间在时间上和空间上的关系。在20世纪50年代以前，求解地下水运动问题以解析法为主，主要是在比较简单的条件下得出问题的解析解，对于条件复杂的问题，就很难得出解析解，即便是可以得出解析解，由于其形式复杂而难以被运用于实际工作中。20世纪50～70年代初期，根据地下水运动与电流运动的相似性，利用电模拟求解复杂地下水运动规律的方法得到了深入研究和广泛应用。由于电模拟方法网格固定，通用性差，难以处理潜水流问题，且只能将其用于地下水流模拟，不能用它来模拟水质及热量运移等问题。1956年，斯图尔曼（Stallman）开始运用数值法求解水文地质问题，20世纪60年代华尔顿（Walton）首次利用电子计算机进行水文地质数值模拟，20世纪70年代以来电模拟方法逐渐被数值模拟方法所取代。目前数值模拟方法已在地下水资源评价、地下水污染、地面沉降、非饱和带水分和盐分的运移、地热分析、海水入侵等方面得到了广泛应用。

1940年，Hubbert发表了关于盆地范围内地下水流的研究成果，但由于该时期水文地质工作者关心的是抽水井附近的非稳定流，因此他所提出的区域地下水流场模型直到20年后才使水文地质工作者产生兴趣。Tóth（1962、1963）对Hubbert的模型进行了重要发展，给出了区域流动系统边界条件的数学描述，证明了盆地的几何形态对地下水径流的重要性，并将地下水流系统进行了划分。

Chamberlin（1885）曾指出不存在完全隔水的岩层。Hantush和Jacob（1955）及Hantush（1956）详细研究了由砂组成的承压含水层的越流问题。20世纪60年代，Tóth进一步指出，在固结的沉积岩构成的盆地中，只要经历足够长的时间，在地形控制的重力势作用下，地下水将发生穿层流动。

20世纪30年代，奥弗琴尼科夫提出了水文地球化学作用的概念，首次倡议“水文地球化学”这一术语。20世纪40～60年代，Piper（1944）和Stiff（1951）分别提出了解释水分析结果的图解方法，Chebotarev（1955）与Back（1960）分别提出了地下水的演化观点。20世纪60年代以来，同位素水文地球化学方法得到了广泛开展，其应用主要为利用示踪元素研究地下水动力学问题，确定地下水成因及其年代。Kreitler和Jones（1975）利用氮的稳定同位素研究了含水层的硝酸盐污染来源。Bentley（1986）和Phillips（1986）的研究均表明^{36}Cl可用于年龄高达2Ma的水的定年。Wood和Sanford（1995）利用δ^2H和δ^{18}O研究地下水的补给来源。

1949年，中华人民共和国成立后，为适应大规模经济建设的需要，我国引进前苏联模式，建立了水文地质工程队伍，组建了科学研究机构，开办了专业教育，并对一些重点矿区进行了水文地质勘察工作。

20世纪70年代末期以来，我国完成了许多大型供水、矿井疏干等专门性水文地质调查项目与科研课题，总结出了我国的水文地质理论与实践经验，完善了新技术方法，出版了大量的水文地质专著、图件、刊物及各种规范和教材（王大存，1980、1986、1995；薛禹群、谢春红，1980、2007；孙讷正，1981、1989；陈崇希，1983；沈照理，1985、1993；任天培，1986；房佩贤，1987、1996；沈继方，1992；曹剑锋，2006；杨金忠，2009；肖长来，2010；张人权，2011；等）。

1 地下水赋存规律

1.1 地球上水的分布及其循环

1.1.1 地球上水的分布

地球是一个富水的星球，地球的演化、人类的起源，无不与水关系密切。地球上的水不仅以气态、液态、固态的形式分别存在于大气圈、水圈、岩石圈和生物圈中，也存在于地球深部的地幔乃至地核中。其中，大气圈的水主要存在于大气对流层中；水圈水存在于地表海洋、河流、湖泊以及两极和高山地区；岩石圈水主要存在于地壳表部的岩石空隙中；生物圈水存在于生物体内。

地球浅部圈层赋存大气水、地表水、地下水、生物体及矿物中的水，以液态为主，部分为固态和气态。地球浅部水量总计为 $13.86\times10^{17}m^3$，其中咸水占97%以上，淡水不到3%。淡水中大部分（约占70%）又分布在极地的冰川、雪盖以及高山冰川中，其余为液态淡水，而液态淡水中，地下水占99%（表1-1）。由此可见，全球目前能被人类直接利用的水储量是非常有限的。

表1-1 全球水量分布表

水体类型	水储量		咸水		淡水	
	$\times10^{12}m^3$	比例（%）	$\times10^{12}m^3$	比例（%）	$\times10^{12}m^3$	比例（%）
海洋水	1 338 000	96.538	1 338 000	99.041	0	0
冰川与永久积雪	25 064.1	1.736	0	0	25 064.1	68.697
湖泊水	176.4	0.013	85.4	0.006	91.0	0.260
沼泽水	11.47	0.000 8	0	0	11.47	0.033
河流水	2.12	0.000 2	0	0	2.12	0.006
地下水（饱水带）	23 400	1.688	12 870	0.953	10 530	30.061
永冻层中冰	300	0.022	0	0	300	0.856
土壤水	16.5	0.001	0	0	16.5	0.047
大气水	12.9	0.000 9	0	0	12.9	0.037
生物水	1.12	0.000 1	0	0	1.12	0.003
全球总水量	1 385 984.61	100	1 350 955.4	100	35 029.21	100

（据《中国水利百科全书》，1991）

地球深部圈层水分布于地壳下部直到下地幔范围，其存在形式与地球浅部圈层不同，其水量也远远超过浅表。此处地温达400℃以上，承受压力也很大，水不可能以普通液态水或气态水存在，而成为被压密的气水溶液。

目前已有许多证据表明，地球深部圈层的水和矿物结合水均与地球浅部圈层中自由态的水相互转化，地球各圈层中以各种形式存在的水是一个相互联系、相互转化的整体。

1.1.2　地球上水的循环

自大气圈到地幔的地球各圈层中的水构成一个系统，这一系统内的水相互联系、相互转化的过程即是自然界的水循环。自然界的水循环按其循环途径长短、循环速度的快慢以及涉及圈层的范围，可被分为水文循环和地质循环。水文循环局限于地球浅表，转换交替迅速；地质循环发生于大气圈到地幔之间，转换交替缓慢。

1）水文循环

水文循环是指地球上各种形态的水，在太阳辐射、地心引力等作用下，通过蒸发、水汽输送、凝结降水、下渗以及径流等环节，不断地发生相态转换和周而复始运动的过程（图 1-1）。

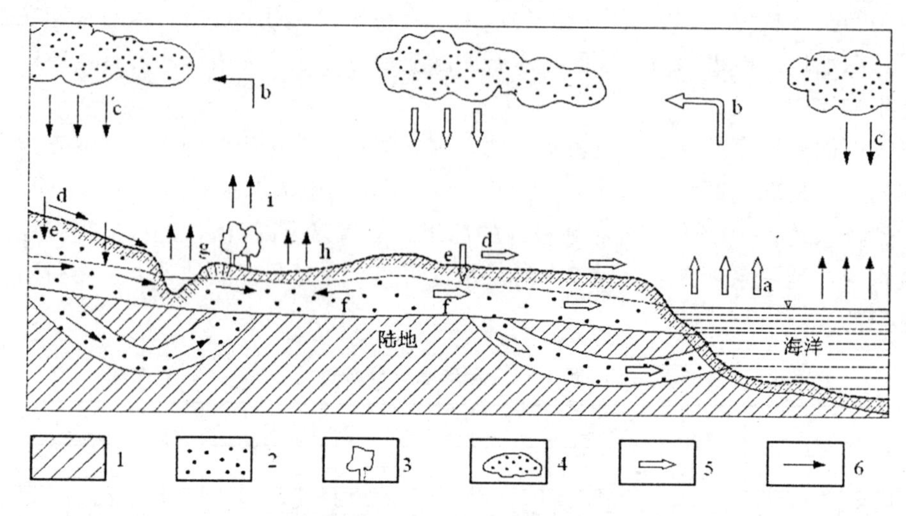

图 1-1　水文循环示意图

1—隔水层；2—透水层；3—植被；4—云；5—大循环各环节；6—小循环各环节；a—海洋蒸发；b—水汽输送；c—降水；d—地表径流；e—入渗；f—地下径流；g—水面蒸发；h—土面蒸发；i—叶面蒸发（蒸腾）

水在太阳辐射和重力共同作用下，从海面、河湖表面、岩土表面及植物叶面不断蒸发和蒸腾、变成水汽进入大气圈，水汽随气流的运移，在适宜的条件下，重新凝结形成降水（雨、雪等）。落到陆地的降水，一部分就地蒸发，进入大气圈；一部分沿着地表流动，变成地表径流，汇入河流、湖泊、海洋；另一部分渗入地下成为地下水。地下水在径流过程中一部分再度蒸发又以蒸汽的形式重新进入大气圈，一部分再度排入河流、湖泊、海洋。这样蒸发、降水、径流的过程，在全球范围内时刻都在进行着，形成了自然界极为复杂的水文循环。

2）水文循环的分类

根据水文循环的途径不同，分为大循环和小循环。

在全球范围内，水分从海洋表面蒸发，上升的水汽随气流运移到陆地上空，凝结成降水降落到陆地表面，又以地表或地下径流的形式，最终流回海洋中，这种发生在海陆之间的循环过程被称为大循环。

从海洋表面蒸发的水汽，又以降水的形式，再落回海洋；或者从陆地上的河流、湖泊、土面、植物叶面蒸发的水分，再以降水形式降落回大陆表面，这种发生在局部范围内的循环过程被称为小循环。

3）水文循环的意义

小循环受局部气象因素控制，大循环受全球性气候控制。因此，调节小循环条件，加强地区性小循环的频率和强度，可改善局部性的干旱气候。而大循环条件的改变，目前仍为人力所不及。

地球浅表部水分如此往复循环、不断转化，是维持生命繁衍与人类社会发展的必要前提。一方面，水通过不断转化而使水质得以净化；另一方面，水通过不断循环得以更新再生。水作为资源不断更新再生，可以保证其在再生速度水平上的永续利用。大气水总量虽然小，但是循环更新一次只要 8 天，每年平均更换约 45 次；河水的循环再生周期平均为 16 天，每年约更新 23 次；湖水循环再生周期平均为 17 天；海洋水循环再生周期为 2 500 年；地下水的循环再生周期大于河湖水，根据其不同埋藏条件，更新周期由几个月到若干万年不等。

4）水文循环中的水量均衡

自然界中水的转化是通过循环来实现的。蒸发、降水和径流是水循环过程中的主要环节。从水量上研究水的循环，即为水的动态均衡。

从全球来看，多年长期内水量并无明显的增减现象。

设 Z_m 为海洋面的年蒸发量；X_m 为海洋面的年降水量；Z_c 为陆面年蒸发量，X_c 为陆面年降水量；Y 为地表及地下年径流量，以上各量均采用多年平均值，针对海洋、陆地和全球范围而言，其满足的关系不同。

（1）对海洋来说，满足下式：

$$Z_m = X_m + Y \tag{1-1}$$

（2）对陆地来说，满足下式：

$$Z_c = X_c - Y \tag{1-2}$$

（3）对全球范围来说，满足下式：

$$Z_m + Z_c = X_m + X_c \tag{1-3}$$

式（1-3）表明，对全球范围来说，多年平均蒸发量等于多年平均降水量。

1.2 影响地下水的因素

1.2.1 影响地下水的气象因素

自然界中水循环的重要环节——蒸发、降水都与大气的物理状态密切相关。气象要素包括气温、气压、风向、风力、湿度、蒸发和降水等这些决定大气物理状态的因素。用气象要素表示的大气物理状态被称为天气。某一地区天气的平均状态（用气象要素的多年平均值来表示）被称为该地区的气候。气象和气候因素对水资源的形成与分布具有重要影响。对地下水的形成而言，虽然变化缓慢的气候因素起着极为重要的影响作用，但变化迅速的气象要素，则对地下水有着显著的影响。这其中以降水、蒸发及气温的影响最大。

1）气温

大气具有的温度称为气温。一切复杂的天气变化，主要是由于气温条件不同而引起的，气温的变化会直接影响地下水温度的变化，水温变化会使地下水中的气体成分发生变化。例如由于温度的增高，气体活跃性增大，一部分气体就要从水中逸出，从而降低地下水中气体成分的含量；水中气体成分含量的降低，又会引起地下水其他化学成分的变化。此外，由于热力增加，地下水蒸发作用加强，水量就减少，水的浓度增加。

2）湿度

大气中水汽的含量称为空气湿度。大气中水汽含量变化不定，为空气总量的0.01%～4%，其中70%的水汽含量分布在0～3.5km的高度内。

空气中水汽含量可以用质量或压力来衡量。湿度可分为绝对湿度和相对湿度两种。

(1) 绝对湿度。为某一地区某一时刻空气中水汽的含量。利用质量来衡量时，以1m³空气中所含水汽克数（g/m³）表示，符号为m；利用压力来衡量时，为空气中所含水汽分压相当于水银柱高度的毫米数或以“毫巴”[1毫巴（mbar）=100Pa]表示，符号为e。

空气中绝对湿度变化很大，主要受气温、地表面性质等因素的影响。在温暖地带、辽阔水面或潮湿土壤上空，绝对湿度较大。而在气温低的地区，空气绝对湿度则很小。

空气中可容纳水汽的数量和温度有密切的关系，温度越高，可容纳的水汽数量就越多，反之越少。某一温度下，空气中所能容纳最大的水汽数量称为该温度下的饱和水汽含量。不同温度下的饱和水汽含量，同样可以用质量（符号为M）或压力（符号为E）来衡量（表1-2）。

表1-2　不同温度下的饱和水汽含量

t（℃）	−30	−20	−10	0	10	20	30
E（mmHg）	0.4	1.0	2.2	4.6	9.2	17.5	31.9
M（g/m³）	0.5	1.1	2.4	4.8	9.4	17.3	30.4

绝对湿度只能说明某一时刻空气中水汽含量的多少，而不能说明空气中的水分是否达到饱和，因此，又有相对湿度的概念。

(2) 相对湿度（r）。指绝对湿度与饱和水汽含量之比。即：

$$r=\frac{e}{E}\times 100\% \tag{1-4}$$

相对湿度可以通过计算求得。

例如当某时刻气温为20℃，e=4.6mm，查表1-2得E=17.5，则：

$$r=\frac{4.6}{17.5}\times 100\%=26.3\%$$

当气温下降至0℃，E=4.6mm，其他条件不变时，则：

$$r=\frac{4.6}{4.6}\times 100\%=100\%$$

由此可见，由于饱和水汽含量随温度降低而减小，因此当绝对湿度不变时，随气温下降，相对湿度随之增高，当绝对湿度与饱和水汽含量相等时，相对湿度等于100%，说明空气中水汽已达到饱和状态。空气中水汽达到饱和时的气温称为露点。当气温降低到露点以下时，空气中过剩的水汽即凝结成不同形式的液态或固态降水。

3）降水

当空气中水汽含量达到饱和状态时，即气温低于露点时，超过饱和限度的水汽便凝结，以液态或固态形式降落到地面，这就是降水。空气冷却是导致水汽凝结的主要条件。气象部门用雨量计测定降水量，以某一地区某一时期的降水总量平铺于地面得到的水层厚度（mm）表示。而单位时间内所降下的雨量称为降雨强度（即雨强），用mm表示。

降水是水文循环的主要环节之一，一个地区降水量的大小，决定了该地区水资源的丰富程度，对地下水资源的形成具有重要影响。大气降水入渗地下，对地下水的补给最为普遍，它是地下水最重要的来源。大气降水补给作用的强弱主要取决于两个力面：一方面是大气降雨强度、延续时间；另一方面是当地的入渗条件，如包气带的岩性和厚度、地形、植被等。若降雨强度大、延续时间长，则可能补给的地下水量就多；当入渗条件好，如地表岩土透水性好、地形平坦、植被良好，则入渗作用就强，补给地下水量就多。

不同类型的降雨对地下水的补给是不一样的。

（1）暴雨。历时短而强度大。按气象部门的惯例，当日降雨量大于50mm或12h内降雨量大于30mm的称为暴雨。这种雨一般笼罩面积不大，降雨过程短，一般来说降雨大部分来不及渗入地下而变为地表径流流走，而且往往强烈冲刷地表，甚至改变地表原来的结构。但在平坦的、裸露的砂砾石层地区和植被覆盖较好的地区，仍然可有相当多的水渗入地下。

（2）细雨。历时不久，雨量小，雨滴小。这种雨往往一边下，一边极易蒸发，对地下水补给的意义不大。

（3）淫雨。历时久，强度小，笼罩面积大，在地表条件适当时，这种雨可以大量地补给地下水，对地下水的补给具有很大的意义。

（4）暴淫雨。历时久，平均强度大，常常酿成地面的洪涝灾害，它对地下水的影响也是显著的。它也常常破坏地表原有的结构，给矿坑和某些工程带来威胁。

我国幅员辽阔，地势复杂，各地区降水分布极不均匀。总的来说，由沿海向内陆地区降水量逐渐减少；南方降水量大于北方；山区降水量又常比附近平原区多。在台湾省的中央山脉区，年平均降水量在3 000mm以上；长江流域年降水量在1 000mm以上；黄河流域年降水量多为500mm以上；西北地区年降水量多在250mm以下；塔里木盆地年降水量不足50mm，新疆若羌年降水量不足5mm，是我国最干旱的地区。

我国降水主要集中在夏季，其中以七、八月份为最多，这种情况，在东北及华北最为显著。

在分析大气降水的补给作用时，不但要考虑绝对的降水量，还应考虑降水的性质（如延续时间、强度），降水形式（液态、固态）和降水的类型等。在水文地质调查时，应搜集降水的月平均、年平均及多年平均资料。

4）蒸发

水在常温下，由液态变为气态的过程称为蒸发。自然界的蒸发可以在水面、岩石土壤表面和植物的枝叶上进行。所以根据蒸发性质的不同，可分为水面蒸发、土面蒸发和叶面蒸发三种。蒸发量仍以水层厚度（mm）表示。

（1）水面蒸发。指在一个地区一定时间内地表水体表面水分的蒸发。其蒸发量的大小用水面蒸发皿来测定，其值用蒸发度表示，它体现了一个地区蒸发能力的大小。

水面蒸发量的大小受许多因素影响，其中主要决定于气温和绝对湿度的对比关系。气温决定了空气的饱和水汽含量，而绝对湿度则是该温度下空气中实际的水汽含量，此两水汽含量之差称为饱和差（d），即 $d=E-e$。蒸发速度或强度与饱和差成正比，即饱和差越大，蒸发速度也越大。同理，相对湿度愈小，饱和差越大，则蒸发速度也越大。另外，蒸发还与风速、气压等有关系，风速越大，气压越低，则蒸发速度越快，蒸发量越大。

（2）土面蒸发。是指在一个地区一定时间内土壤表面水分的蒸发。土面蒸发量除了气温、饱和差、风速、气压外，还与地下水的埋藏条件、土壤性质有关；一般当地下水埋藏较浅时，由于土壤毛细作用，将地下水吸至地表，蒸发量加大；埋藏较深，蒸发量就小。土壤颗粒越细，土壤层经常保持的水分较多，则蒸发量大。

（3）叶面蒸发。是指在一个地区一定时间内某种植物叶面水分的蒸发，其蒸发过程叫蒸腾（蒸散）。

必须注意的是，气象部门提供的蒸发量，只能说明蒸发的相对强度（蒸发度），它不代表实际的蒸发水量。

5）气压

大气的质量施加于地面的压力称为气压，常用毫米汞柱高度表示。在标准状态下（气温为0℃、纬度为45°的海平面上）的气压为760mm汞柱高度，即相当于10^5Pa。

各地气压的差异引起空气流动，冷暖空气交锋，形成降雨。我国东部地区广受季风气候的影响，故降雨大多集中于夏季，而冬季寒冷干燥。气压变化可影响地下水位升降，从而引起泉水流量变化。若气压下降，则泉水流量会有增大的现象。

以上各种气象资料，可从各地气象站搜集到，这些资料在进行水文地质调查时都是必要的，它可以帮助分析地下水的形成，预测地下水的变化。对搜集的气象资料要进行整理，整理的图件有两种类型：一种为等值线图，是一种用于大范围的平面图；另一种为变化过程曲线图。

1.2.2 影响地下水的水文因素

地表水主要以河流、湖泊、海洋等形态出现。水文因素这里主要针对河流而言，因为湖泊也是属于河流系统的一部分。在自然界几乎所有的河流都与地下水有密切的联系，一般情况下，河流上游往往排泄地下水，下游往往补给地下水。因此河流对地下水的形成起着很大的作用。

1）水系和流域

降水或由地下涌出地表的水，汇集在地面低洼处，在重力作用下，经常或周期性地沿着河流本身造成的槽形凹地流动，这就是河流。河流沿途接纳很多支流，水量不断增加，这种干流和支流组成的系统称为水系。两个相邻不同水系之间的界线（也即最高点的连线）称为分水线或分水岭。分水线或分水岭所包围的区域称为流域（图1-2）。流域内平面面积称为该河流（或水系）的流域面积或集水面积，其单位常用km^2表示。每条河流（水系）有它的流域，就是河流的任一支流，也有相应的流域。在同一流域内，全部地表水和地下水都汇集于一个水系中。

与地表水一样，地下水分水岭所包围的区域称为地下水流域。地下水分水岭往往与地表水分水岭一致。但有时也可以不一致，除受地质构造因素影响外，与河间分水岭地带岩石的透水性及在地下水渗流方向上的两河的水位标高有关（图 1－3）。

2）径流及其表示方法

径流是指一个流域内的降水除去消耗于蒸发以外的全部水流。径流有地表径流和地下径流之分。一般所说的径流往往是指地表径流。

在水文地质学中常用流量、径流总量、径流深度、径流模数和径流系数等特征值来表示地表径流。水文地质学中一般也采用相应的特征值来表征地下径流。

（1）流量（Q）。指单位时间内，经过河流某一断面的水量。用下式表示：

$$Q = v\omega \quad (1-5)$$

式中：v 为水的平均流速，m/s；ω 为过水断面

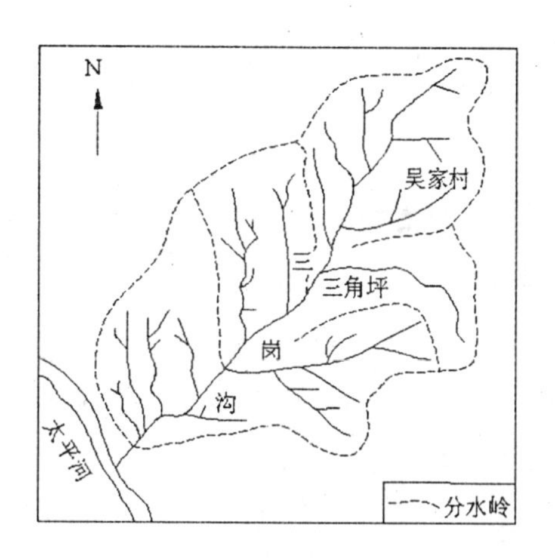

图 1－2 流域形势图

（据潘宏雨等，2008）

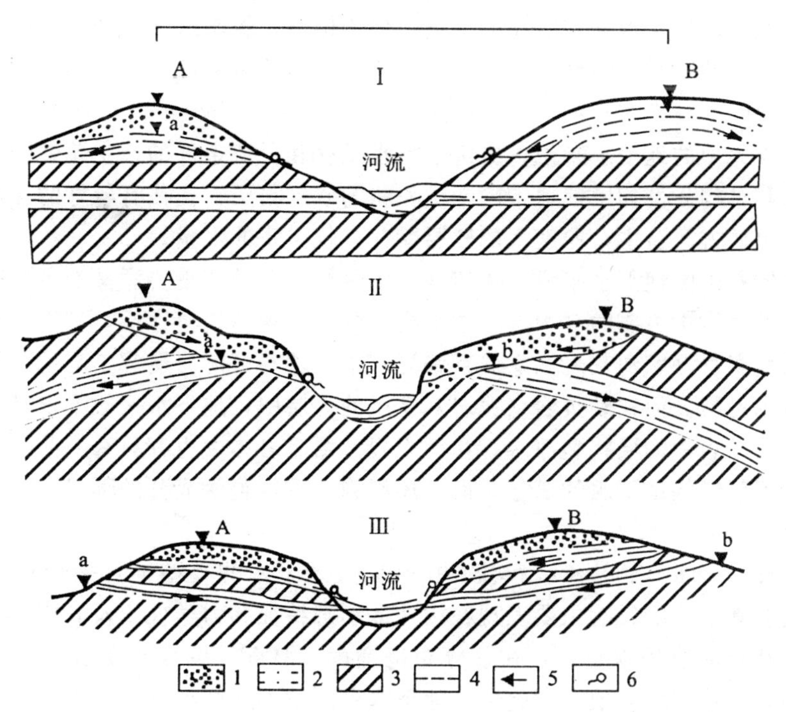

图 1－3 地表径流和地下径流流域的关系

AB—地表径流流域；ab—地下径流流域；Ⅰ—地表径流与地下径流流域一致；Ⅱ、Ⅲ—地表径流和地下径流流域不一致；1—砂；2—含水砂；3—黏土；4—潜水位；5—潜水流向；6—泉

面积，m^2；Q 为流量，m^3/s。

（2）径流总量（W）。指在该断面以上的集水面积内，某一时段（T）流出的总水量，单位为 m^3。用下式表示：

$$W = QT \quad (1-6)$$

(3) 径流模数 (M)。指单位流域面积 (F, 单位为 km^2) 上平均产生的流量，其单位为 L/ (s·km^2)。其计算公式为：

$$M=\frac{Q\times 10^3}{F} \tag{1-7}$$

(4) 径流深度 (Y)。指河流在某一时间内 (年、季、月) 的径流总量 (W)，均匀分布于测流断面以上的流域面积内所形成的水层厚度，单位为 mm。其计算公式为：

$$Y=\frac{W}{F\times 10^3} \tag{1-8}$$

(5) 径流系数 (α)。指在一定时间内，径流深度 (Y) 与同期降水量 (X) 之比，用小数或百分数表示。其计算公式为：

$$\alpha=\frac{Y}{X} \tag{1-9}$$

1.2.3 影响地下水的地质因素

影响地下水的地质因素，主要是指地层岩性、地质构造和地貌条件，特别对基岩地下水的富集来说，地层岩性是地下水赋存的基础；地质构造是控制地下水埋藏、分布和运动的主导因素；而地貌条件则是影响地下水补给、径流、排泄的重要条件。

1) 地层岩性

对松散沉积物中的地下水来说，决定地下水赋存和径流条件的，主要是松散沉积物的成因、物质成分和结构。例如山前地带的冲洪积相的砂砾石层，往往有较好的孔隙含水层；在大面积冲积平原的古河道中，厚度大的砂层赋存有较丰富的水量。

对于坚硬岩石中的地下水来说，决定地下水赋存和运动有重要意义的主要是可溶性岩石的分布。在坚硬岩石中主要的含水层和透水层是洞穴发育的岩溶地层，其中含有丰富的地下水。如华北的奥陶系马家沟灰岩和寒武系张夏灰岩，这些可溶岩层都是当地坚硬岩石中透水性最强的最富水地层。而在砂页岩 (泥岩) 互层的地层中，地下水一般不丰富，只有一些层面裂隙水和厚层砂岩中的层状裂隙水；在火山岩和结晶岩体中也都只有一些裂隙水。

地层岩性不仅影响地下水的赋存，而且还影响地下水化学成分的形成。

2) 地质构造

地下水的埋藏、水质、补给、径流、排泄以及地下水的类型都直接受到地质构造的控制。地质构造对地下水的影响主要表现在构造的形态特征和力学性质及其规模上。如在大的向斜盆地和大断裂形成的地堑中，往往分布范围广、厚度大的含水层，地下水资源非常丰富。反之，在较小的向斜盆地或背斜中，地下水资源就不那么丰富。

断层的力学性质对地下水的赋存条件有较大的影响。按地质力学的观点，同一构造体系的结构面力学性质不同，其富水性必有差异。一般认为张性断裂带及断裂构造的交汇处，地下水往往比较富集。在压性断层破碎带，除裂隙密集带和影响带有利于地下水富集以外，一般来讲是起相对隔水作用的。扭性断裂带，如果有低次序的延伸远、发育深度大的构造裂隙，其导水性和富水性也比较好。

一般情况下，大断裂往往是水文地质分区的边界。构造破碎带通常是地下水的储存场所和运动通道。导水断层不仅可以使不同含水层发生水力联系，并且储存有丰富的地下水。而阻水断层虽使地下水流受阻，但常在断裂带强透水一侧聚集有丰富的地下水。

3）地形地貌

地形地貌不仅控制着地下水的补给、径流和排泄条件，而且还能反映出地下水的分布状况和埋藏条件等。

地形形态直接影响降水的入渗量，在补给区面积和岩性相同的条件下，平缓地形比陡倾地形接受降水的入渗量要有明显的增多。

地壳强烈上升的山区，地下径流条件好，而平原区则径流条件差。

河谷密度和切割深度是决定地下水排泄的重要条件。如山西太行山沟多谷深，泉多流量大。

当距排泄基准面的地形高差越大时，地下水埋藏就越深，反之，地下水埋藏就越浅。

另外，在地下水活动强烈的岩溶地区，还可借助地表岩溶形态的分布规律，寻找其地下的岩溶水。例如，发育在岩溶峰丛山区的地下暗河，在地表常有与暗河位置相应的干谷、串珠状洼地、漏斗、落水洞等明显的岩溶地貌标志，据此可以寻找地下暗河（图 1－4）。

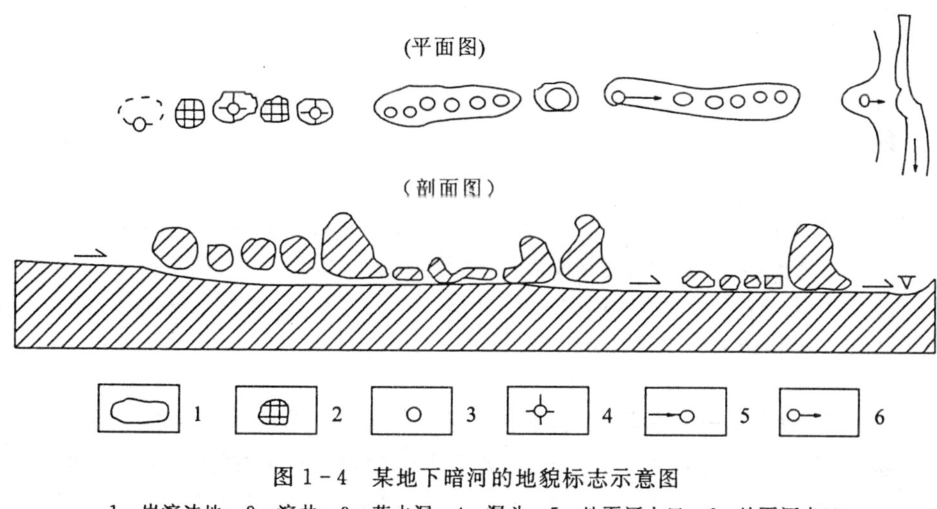

图 1－4　某地下暗河的地貌标志示意图

1—岩溶洼地；2—溶井；3—落水洞；4—漏斗；5—地下河入口；6—地下河出口

1.2.4　影响地下水的人为因素

随着国民经济建设的飞速发展，人类活动对自然界的影响和改造越来越大。如开发地下水、兴修水利、发展灌溉、矿山排水和人工回灌等，对地下水的形成和变化有着很大的影响。

为各种目的开采利用地下水，大量集中地抽取地下水，造成地下水位下降，从而形成以开采区为中心的降落漏斗（图 1－5）。这必将引起开采区附近地下水补给、径流和排泄条件发生较大的变化，过量开采还会使生产井的储水量不断减少，甚至会导致水质恶化。

兴修水利工程不仅能调节地表径流和改善气候条件，还能增加地表径流入渗地下的水量，促使地下径流条件发生改变。

季节性地集中引进地表水进行大面积农田灌溉，也能直接或间接地增加地下水的入渗量，使地下水位逐渐抬高。

在矿区采掘过程中，随着矿井数量、开采面积和开采深度的不断增加，排水量的逐渐加大，地下水位也相应持续下降，促使矿区地下水的补给、径流、排泄条件发生较大的变化。补给源和补给范围也均随之改变，甚至可变排泄区为补给区（图 1－6）。

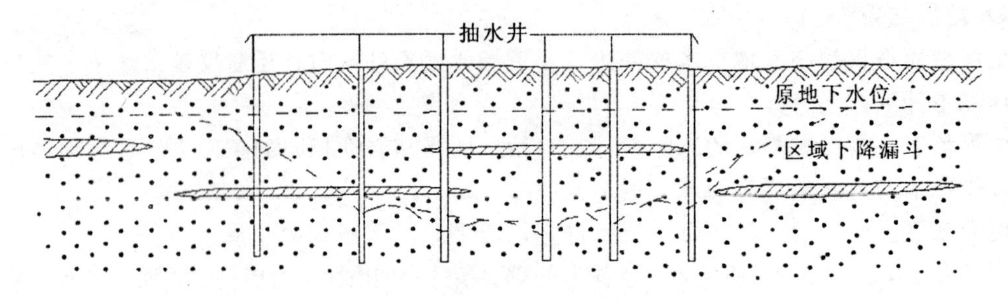

图 1-5　区域降落漏斗示意图

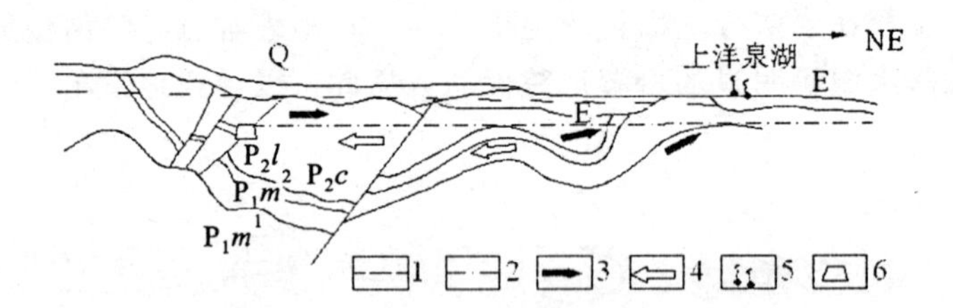

图 1-6　地下水补给剖面示意图

（据王德明等，1991）

1—未排水前的地下水位线；2—大量排水后的地下水位线；3—未排水前的地下水流向；4—大量排水后的地下水流向；5—泉群；6—矿坑

P_1m^1、P_1m^2—下二叠统茅口组下部和上部；P_2l—上二叠统龙潭组；P_2c—上二叠统长兴组；E—古近纪；Q—第四纪

利用管井人为地将地表水引流或将其加压注入含水层，不仅可以增加地下水量，提高区域地下水位，防止地面沉降，而且可以改变地下水的物理性质和化学成分。例如，上海市自1965年开始大规模地利用管井进行人工回灌，使区域地下水位迅速提高，随后地面沉降也初步得到控制。

未对工业或城市生活污水进行妥善处理，或对农药、化肥和引污水灌溉使用不当，都可能造成地下水水质的污染，其结果将是严重影响人民的生命和健康。

总之，研究地下水的形成和变化，不能只注意研究自然条件下地下水的形成和变化，还要研究人为影响下的地下水运动状态的转化特点，以及新的补给源和新的排泄途径。

上述各种因素对地下水的综合作用就形成了所谓的“水文地质条件”。水文地质条件在一定地区是具体的，由于影响地下水的各种自然因素和人为因素的作用性质、程度和方式不同，不同地区的水文地质条件可以是千差万别的。

1.3　地下水的赋存条件及特征

1.3.1　岩石的空隙性

地壳表层10km范围内，或多或少都存在着空隙，特别是浅部1～2km以内，空隙分布较为普遍。这就为地下水的赋存提供了必要的空间条件。按维尔纳茨基的形象说法，“地球表层就好像饱含着水的海绵”。

岩石空隙既是地下水的储存场所，又是地下水的运动通道。岩石空隙的大小、多少、连通程度及分布状况等性质，统称为岩石的空隙性（图 1－7）。而正是这岩石的空隙性，决定了地下水的分布和运动特点，因而研究岩石的空隙性就成为研究地下水形成及其运动的基础，而空隙岩层又被称为介质。

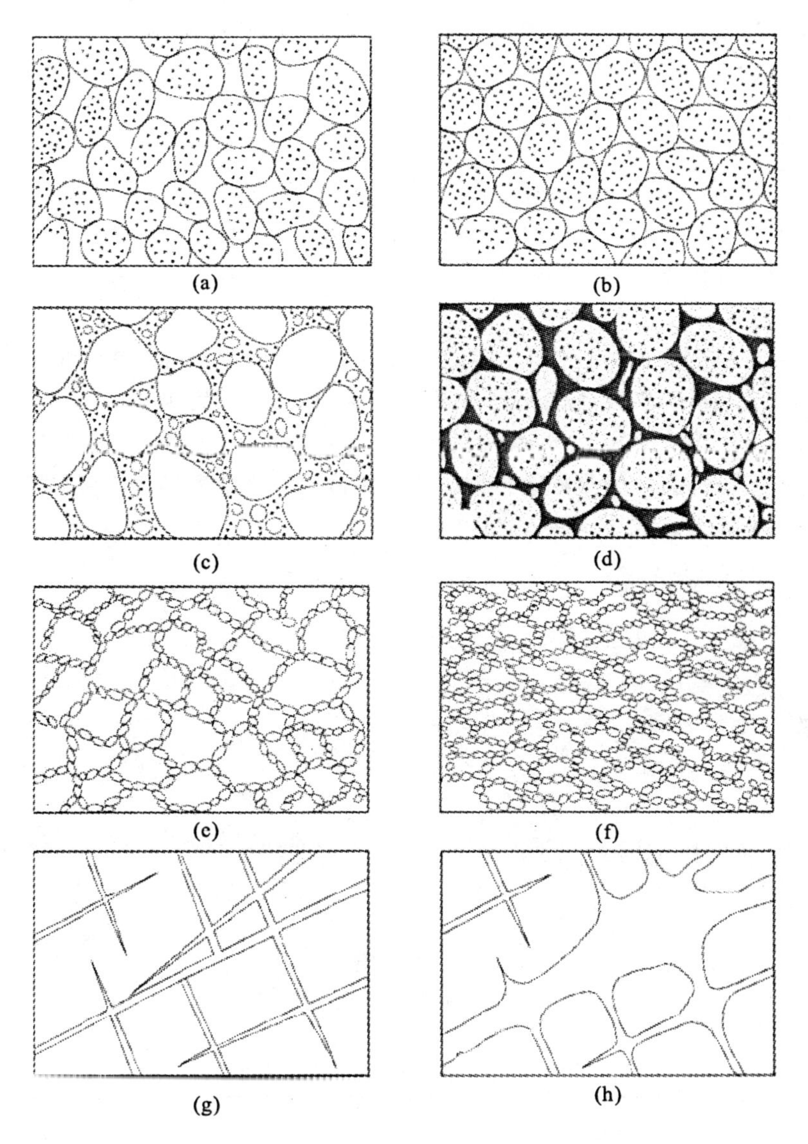

图 1－7　岩石的空隙

(a) 分选良好，排列疏松的砂；(b) 分选良好，排列紧密的砂；(c) 分选不良的，含泥砂的砾石；(d) 经过部分胶结的砂岩；(e) 具有结构性孔隙的黏土；(f) 经过压缩的黏土；(g) 发育裂隙的基岩；(h) 具有溶隙及溶穴的可溶岩

岩石空隙的差异，取决于空隙的成因。根据岩石空隙成因和空间形态的不同，空隙可以分为三类：松散岩石中的孔隙，坚硬岩石中的裂隙，可溶岩石中的溶穴。

1.3.1.1　孔隙

松散（半松散）岩石是由大小不等的颗粒组成的。颗粒或颗粒集合体之间的空隙称为孔隙。

孔隙的多少，决定了岩石储容水的能力，在一定条件下还影响着岩石保持、释出和传输水的能力。岩石孔隙的多少用孔隙度（孔隙率）表示。孔隙度（n）是单位体积岩石（包括孔隙在内）中孔隙所占的比例。n 表示孔隙度，V 表示包括孔隙在内的岩土体积，V_n 表示岩石中孔隙体积，则：

$$n=\frac{V_n}{V}\text{或}\ n=\frac{V_n}{V}\times 100\% \tag{1-10}$$

孔隙度是个比值，通常用百分比表示，也可用小数表示。

粗粒土（砂、砾）孔隙度的大小主要取决于颗粒排列情况及分选程度；另外，颗粒形状及胶结情况也影响孔隙度。对于黏性土，结构及次生孔隙常是影响孔隙度的重要因素。

1）排列方式

为了说明颗粒排列方式对粗粒土孔隙度的影响，可以假设一种理想的情况，即颗粒均为大小相等的圆球。当其为立方体排列时［图 1－8（a）］，孔隙度为 47.64％；为四面体排列时，孔隙度仅为 25.95％［图 1－8（b）］。颗粒受力排列发生变化时，可使其密集程度不同。由几何学可知，六方体排列为最松散排列，四面体排列为最紧密排列，而自然界中松散岩石的孔隙度与此大体相近，或介于两者之间（表 1－3）。

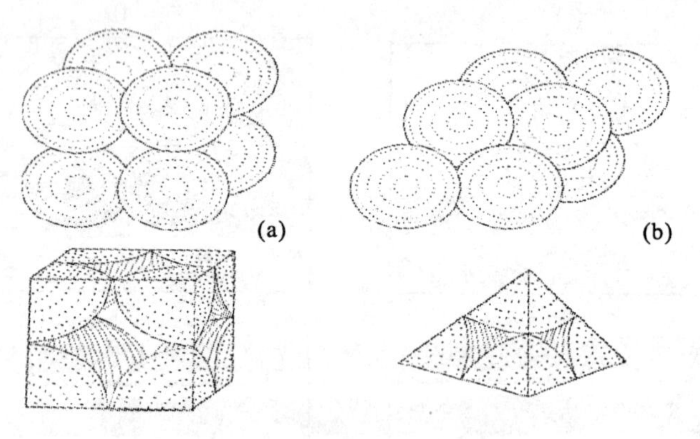

图 1－8　颗粒的排列方式

（a）立方体排列；（b）四面体排列

表 1－3　松散岩石孔隙度参考数值

岩石名称	砾石	砂	粉砂	黏土
孔隙度变化区间	25％～40％	25％～50％	35％～50％	40％～70％

（据弗里泽等，1987）

应当注意的是，上述讨论并未涉及圆球的大小，因为孔隙度的大小与颗粒大小无关（图 1－9）。

2）分选程度

自然界并不存在完全等粒的松散岩石。分选性愈差，颗粒大小愈不相等，孔隙度便愈小。

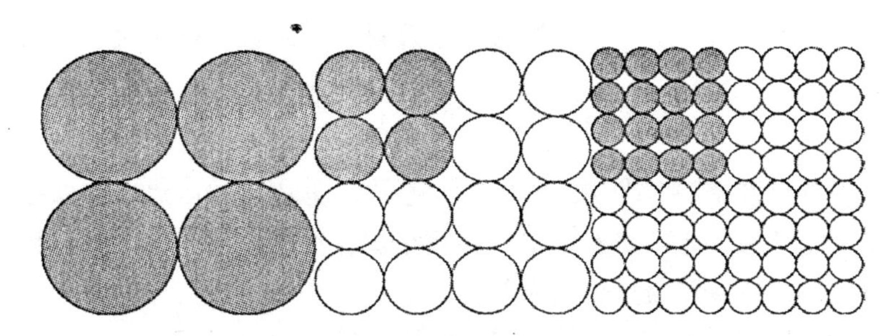

图 1-9 不同粒度等粒岩石的孔隙度与孔隙大小

(据 СеМИХаТОВ，1954)

这是因为细小颗粒充填于粗大颗粒之间的孔隙中，自然会大大降低孔隙度［图 1-7 (c)］。我们可以假设一种极端的情况：如果一种等粒砾石孔隙度 $n_1=40\%$，另一种等粒的极细砂的孔隙度 $n_2=40\%$，而极细砂完全充填于砾石孔隙中，则此混合砂砾石的孔隙度 $n_3=n_1\times n_2=16\%$。

3）颗粒形状

自然界中岩石的颗粒形状也多是不规则的。组成岩石的颗粒形状越是不规则，棱角越明显，孔隙度就越大，因为这时突出部分相互接触，会使颗粒架空。

4）胶结充填

松散沉积物受到不同程度的胶结，由于胶结物的充填，孔隙度有所降低［图 1-7 (d)］。

5）黏土

黏土的孔隙度往往可以超过上述最大孔隙度值。因为黏土颗粒表面常带电荷，在沉积过程中黏土颗粒聚合而形成颗粒集合体，可形成直径比颗粒还大的结构孔隙［图 1-7 (e)、(f)］。此外，黏土中往往还发育有虫孔、根孔、干裂缝等次生孔隙，有时也有胶结物。

孔隙大小对地下水的运动影响极大，孔隙通道最细小的部分称作孔喉，最宽大部分称作孔腹（图 1-10)；孔喉对地下水流动的影响更大，讨论孔隙大小时可以用孔喉直接进行比较。

影响孔隙大小的主要因素是颗粒大小。颗粒大则孔隙大，颗粒小则孔隙小。需要注意的是，对分选不好，颗粒大小悬殊的松散沉积物来说，孔隙大小并不取决于颗粒的平均直径，而主要取决于细小颗粒的直径，其原因是细小颗粒把粗大颗粒的孔隙充填了［图 1-7 (c)］。颗粒排列方式也影响孔隙大小。仍以理性等粒圆球状颗粒为例，设颗粒直径为 D，孔喉直径为 d，则为四方体排列时，$d=0.414D$［图 1-11 (a)］；为四面体排列时，$d=0.155D$［图 1-11 (b)］。除此以外，孔隙大小还与颗粒形状以及胶结程度有关。

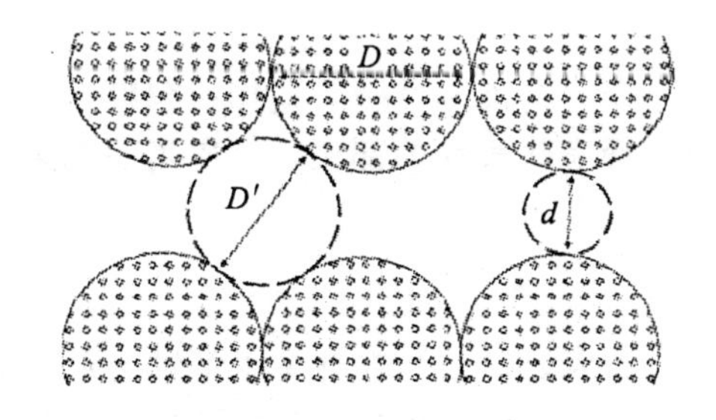

图 1-10 孔喉 (D') 与孔腹 (d) 通过孔隙通道中心切面图

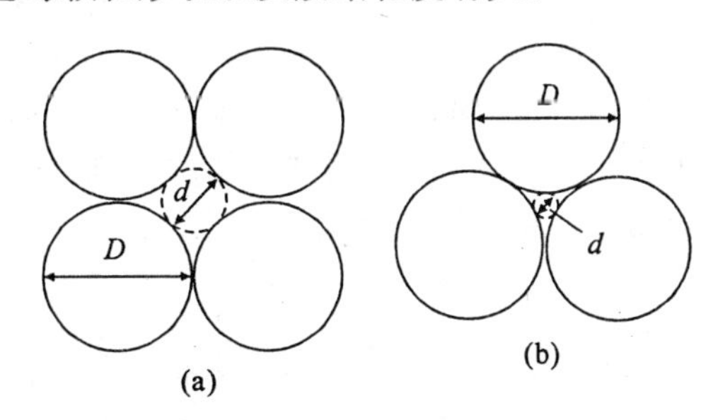

图 1-11 排列方式与孔隙大小关系

(a) 立方体排列；(b) 四面体排列

对于黏土，决定孔隙大小的不仅是颗粒大小及排列，结构孔隙及次生孔隙的影响也是不可忽视的。

1.3.1.2　裂隙

裂隙是坚硬岩石中发育的各种裂缝空隙。它是岩石形成过程中或岩石形成以后的地质历史时期中地质作用的结果。坚硬岩石中不存在或很少存在颗粒之间的空隙，其空隙按成因不同可分为成岩裂隙、构造裂隙与风化裂隙等。

成岩裂隙是岩石形成过程中，由于冷凝收缩（岩浆岩）或固结干缩（沉积岩）而产生的。成岩裂隙在岩浆岩中较为发育，如玄武岩的柱状节理。构造裂隙是岩石在构造变动过程中受力产生的，具有方向性，分布不均，如各种构造节理、断层。风化裂隙是在各种物理与化学等因素的作用下，岩石遭受破坏而产生的裂隙，主要分布于地表附近。

裂隙的多少以裂隙率表示。裂隙率（K）多采用三种方法表示。

（1）体积裂隙率（K_r）。是测定岩石裂隙体积（V_r）与该岩石（包括裂隙在内）的体积（V）之比，用小数或百分数表示。即：

$$K_r=\frac{V_r}{V}\text{或}K_v=\frac{V_r}{V}\times100\% \tag{1-11}$$

（2）面积裂隙率（K_a）。是测定岩石面积上裂隙面积 $\Sigma l\cdot b$ 与该岩石（包括裂隙在内）的面积（F）之比，用小数或百分数表示。即：

$$K_a=\frac{\Sigma l\cdot b}{F}\text{或}K_a=\frac{\Sigma l\cdot b}{F}\times100\% \tag{1-12}$$

（3）线裂隙率（K_l）。是测定岩石直线上裂隙宽度之和 Σd 与该测定直线长度 l 之比，用小数或百分数表示。即：

$$K_l=\frac{\Sigma d}{l}\text{或}K_l=\frac{\Sigma d}{l}\times100\% \tag{1-13}$$

可以利用岩芯求某一深度上的线裂隙率。其方法是在取出的岩芯上顺着钻进的方向选择能代表裂隙发育的三条线，逐一测量各段线裂隙的宽度，得出该线段上裂隙的总宽度（Σd_1、Σd_2 和 Σd_3）然后求出平均宽度 Σd：

$$\Sigma d=(\Sigma d_1+\Sigma d_2+\Sigma d_3)/3 \tag{1-14}$$

最后，将 Σd 代入式（1-13）即可求得线裂隙率。

裂隙率可在野外或在坑道壁测量裸露岩层表面的裂隙求得，也可以利用钻孔中取出的岩芯测定。在测定裂隙率时，一般应测定裂隙的方向、延伸长度、宽度、充填情况等。因为这些对地下水的运动有很大影响。

裂隙发育一般不均匀，即使在同一岩层中，由于岩性、受力条件等的变化，裂隙率与裂隙张开程度都会有很大差别。因此，进行裂隙测量应选择有代表性的部位，且应当明确某一裂隙测量结果所能代表的范围。

1.3.1.3　溶穴

溶穴（隙）是可溶岩（石灰岩、白云岩、大理岩、石膏、盐岩）在地下水溶蚀下产生的空洞。它有时可以形成高、宽数十米的巨大洞穴。溶穴是地下水对可溶岩长期溶蚀作用的结果。溶穴包括溶孔、溶蚀裂隙、溶洞和暗河等。

溶穴的多少以岩溶率来表示。岩溶率（K_K）是岩石溶穴的体积（V_K）与该岩石（层）

总体积（V）之比，用小数或百分数表示。即：

$$K_K=\frac{V_K}{V}或K_K=\frac{V_K}{V}\times100\% \tag{1-15}$$

与裂隙率一样，岩溶率也可以用线溶隙率来表示。

岩溶发育极不均匀，大者宽达数百米，高达数十米乃至上百米，长达数十千米或更多；小的直径只有几毫米，并且往往在相距极近的地方岩溶率相差极大。例如在具有同一岩性成分的可溶岩层中，岩溶通道带的岩溶率可能达百分之几十，而附近地区的岩溶率可能几乎是零。

1.3.1.4 空隙小结

自然界岩石中空隙的发育状况远较上面所讨论的复杂。例如松散岩石固然以孔隙为主，但某些黏土干缩后可产生裂隙，而这些裂隙的水文地质意义，甚至远远超过其原有的孔隙。固结程度不高的沉积岩，往往既有孔隙，又有裂隙。可溶岩石，由于溶蚀不均一，有的部分发育溶穴，而有的部分则为裂隙，有时还可能保留原生的孔隙与裂缝。因此，在研究岩石空隙时，必须注意观察，搜集资料，在事实的基础上分析空隙形成原因及控制因素，查明其发育规律，只有这样，才能较好地分析地下水储存与运移的条件。

岩石中的空隙，必须以一定的方式连接起来构成空隙网络，才能成为地下水有效的储容空间和运移通道。松散岩石、坚硬基岩和可溶岩石中的空隙网络具有不同的特点。

松散岩石中的孔隙分布于颗粒之间，连通良好，分布均匀，在不同方向上，孔隙通道的大小和多少都很接近。赋存于其中的地下水分布与流动都比较均匀。松散岩石颗粒变化较小，对某一类岩石所测得的孔隙率具有较好的代表性，可以适用于一个相当大的范围。

坚硬基岩的裂隙是宽窄不等、长度有限的线状裂缝，往往具有一定的方向性。只有当不同方向的裂隙相互穿切连通时，才在某一范围内构成彼此连通的裂隙网络。裂隙的连通性远较孔隙差。因此赋存于裂隙基岩中的地下水相互联系较差。坚硬岩石由于受到岩性及应力的控制，其裂隙一般发育颇不均匀，于某一处测得的裂隙率只能代表一个特定部位的状况，适用范围有限。

可溶岩石的溶穴是一部分原有裂隙与原生孔缝溶蚀扩大而成的，空隙大小悬殊且分布极不均匀。因此，赋存于可溶岩石中的地下水分布与流动通常极不均匀。岩溶发育极不均匀，利用现有办法，实际上很难测得能够说明某一岩层岩溶发育程度的岩溶率，即使求得了某岩层的平均岩溶率，也仍然不能真实地反映岩溶发育的情况。

1.3.2 水在岩石中存在的形式

岩石空隙中的水可以分为两大类：岩石骨架中的水以及岩石空隙中的水。存在于岩石空隙中的水按其物理性状的不同，分为结合水、重力水、毛细水、气态水、固态水。岩石骨架中还有矿物中的水。水文地质学着重研究的是岩石空隙中的水。

1）结合水

松散岩石中的颗粒表面及坚硬岩石空隙壁面均带有电荷。水分子是偶极体，由于静电吸引，固相表面具有吸附水分子的能力。因此，离固相表面很近的水分子，受到强大的吸力，排列十分紧密。随着距离增大，吸引力减弱，水分子排列较稀疏。受到固相表面的吸引力大于其自身重力的那部分水便是结合水（图 1-12）。它被束缚于颗粒表面及裂隙壁上，不能在自身重力影响下运动。根据固相表面对水分子吸引作用的强弱，把结合水分为强结合水（或吸着水）和弱结合水（或薄膜水）。

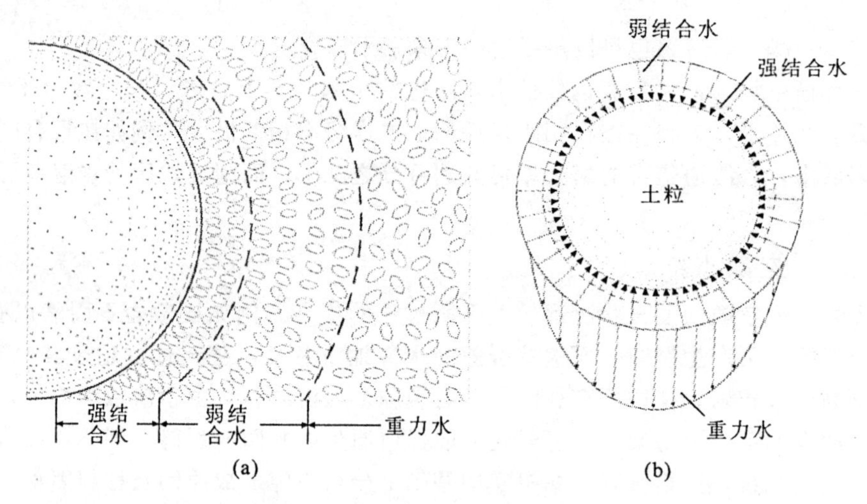

图 1-12　结合水与重力水

注：(a) 中椭圆形小颗粒代表水分子，结合水部分的水分子带正电荷一端朝向颗粒；
(b) 中箭头代表水分子所受合力方向。

最接近固相表面的水称为强结合水。其厚度说法不一，相当于几个、几十个或上百个水分子直径，其吸引力可相当于 $101\ 325\times10^4$ Pa，密度平均为 2g/cm^3 左右，不能流动，但可以转化为气态水而移动。

结合水的外层，称作弱结合水。其厚度说法不一，相当于几十、几百或上千个水分子直径。固相表面对它的吸引力较弱，水分子排列不如强结合水规则和紧密，其溶解盐类的能力较低。弱结合水的外层水膜能被植物的根系吸收。

结合水与普通液态水的最大区别就是结合水具有抗剪强度，即必须施一定的力方能使其发生变形。结合水的抗剪强度由内层向外层减弱。当施加的外力超过其抗剪强度时，外层结合水可发生流动。

2）重力水

距离固体表面更远的那部分水分子，重力对它的影响大于固体表面对它的吸引力，因而能在自身重力影响下运动，这部分水称为重力水（图 1-12）；换言之，当岩石的空隙全部被水填充时，其中能在重力作用下自由运动的水都是重力水。

通常人们所称的地下水实际是指重力水。因为只有重力水才能从井中抽出或从泉中流出。重力水是水文地质学研究的主要对象。

3）毛细水

松散岩土中的细小空隙通道就像毛细管，在毛细力的作用下，地下水沿着细小空隙上升到一定高度，这种既受重力又受毛细力作用的水，称为毛细水。

毛细水广泛存在于地下水面以上的包气带中。根据毛细水在包气带岩土空隙与地下水面的关系和充水程度，毛细水可分为如下几种形式。

(1) 支持毛细水。由于毛细力的作用，水从地下水面沿着小孔隙上升到一定高度，在地下水面以上形成毛细水带，此带毛细水有地下水面支持，故称为支持毛细水［图 1-13（a）］。愈是靠近地下水面，含水量愈大。毛细水带随地下水面的变化和蒸发作用而变化，但其厚度基本不变。观察表明，毛细水带除了做上述垂直运动外，由于其性质近似重力水，故也随重力水向低处流动，只是运动速度较小而已。

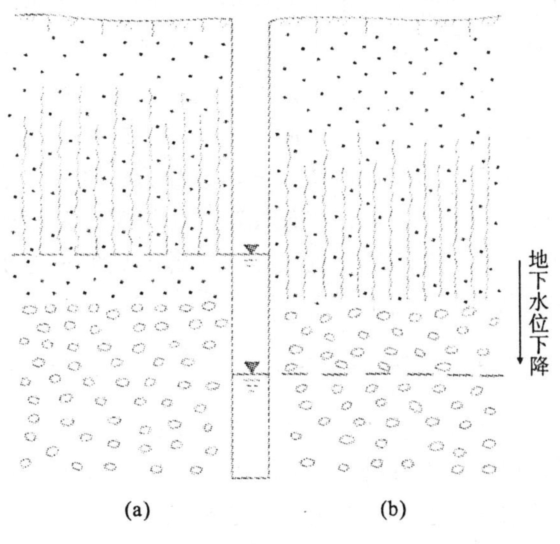

图 1-13　支持毛细水与悬挂毛细水

（a）支持毛细水；（b）悬挂毛细水

（2）悬挂毛细水。地下水由细颗粒层次快速降到粗颗粒层次中时，由于上下弯液面毛细力的作用，在细土层中会保留与地下水面不相连的毛细水，这种毛细水称为悬挂毛细水［图 1-13（b）］。

（3）孔角毛细水。在包气带中颗粒接触点上或许多孔角的狭窄处，水呈个别的点滴状态，在重力作用下也不移动，因为它与孔壁形成弯液面，结合紧密，将水滞留在孔角上，这种毛细水称为孔角毛细水（图 1-14）。

4）气态水

气态水是指以水蒸气状态存在于非饱和含水岩土空隙中的水。它可以随空气的流动而运动，即便是空气不流动，气态水本身也可以发生迁移，由绝对湿度大的地方向绝对湿度小的地方迁移。当岩石空隙内空气水汽增多而达到饱和时，或当温度变化而达到露点时，水汽开始凝结，成为液态水。气态水与大气中的水汽常保持动平衡状态而互相转移。气态水在一处蒸发，而在另一处凝结，对岩石中水的重新分布有着一定的影响。

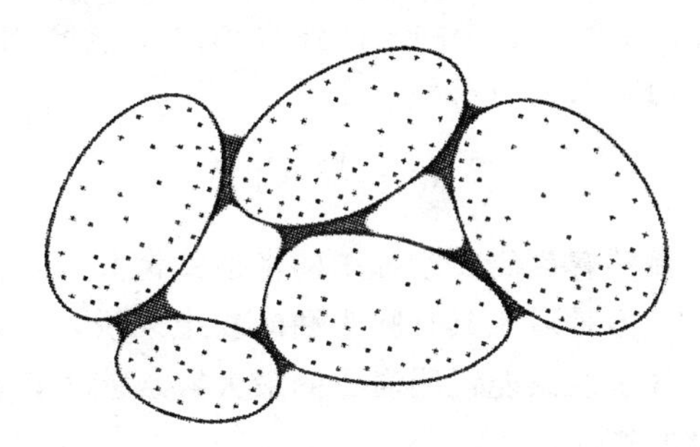

图 1-14　孔角毛细水

5）固态水

当岩石的温度低于 0℃时，空隙中的液态水转为固态水。我国北方冬季常形成冻土。东北及青藏高原，有一部分岩石中的地下水多年保持固态，这就是所谓多年冻土。

除了存在于岩石空隙中的水之外，还有存在于矿物结晶内部及其间的水，这就是沸石水、结晶水和结构水。如方沸石（$Na_2Al_2Si_4O_{12} \cdot nH_2O$）中就含有沸石水，这种水在加热时可以从矿物中分离出来。

上述各种形态的水在地壳岩石空隙中的分布是有一定规律的。当我们在砂土层挖井，开始挖时，看到砂土层是干的，但其中就存在气态水和结合水，再往下挖时砂土层的颜色渐渐变暗、潮湿，说明土中已存在毛细水了。随着距离的增加，潮湿程度加大，毛细水量增多，虽然井壁已经很湿了，但井中却没有水，这是因为毛细水的弯液面阻止着毛细水进入井中。

再往下挖一定深度，水便开始渗入井中，逐渐形成一个自由水面，这个水面就是地下水面，其下主要就是重力水了。地下水面以下岩土空隙全部被水填充，称为饱水带。地下水面以上，空隙未被完全填充，包含有与大气连通的气体，故称为包气带。毛细水带实际上是饱水带与包气带的过渡带，降雨时或降雨后，在包气带中也可存在渗透形成的重力水和悬挂毛细水（图 1-15）。

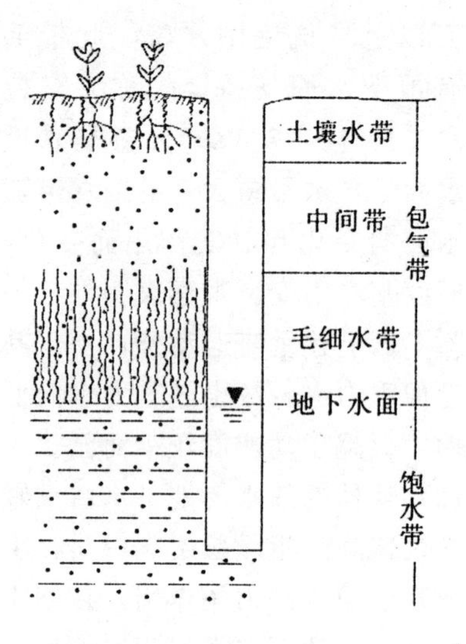

图 1-15 包气带与饱水带

（据王大纯等，1986）

1.3.3 岩石的水理性质

岩石的空隙为地下水的储存和运动提供了空间条件，但水能否自由地进入这些空间，以及进入这些空间的地下水能否自由地运动和被取出，这就需要研究岩石与水接触过程中，岩石表现出来的控制水分活动的各种性质，如容水性、持水性、给水性和透水性等，这些性质统称为岩石的水理性质。

1）容水性

岩石具有能容纳一定水量的性能称岩石的容水性，在数量上用容水度来衡量。容水度（W_n）是指岩石中的水达到饱和时所能容纳的最大的水体积（V_n）与岩石总体积（V）之比，以小数或百分数表示：

$$W_n = \frac{V_n}{V} \times 100\% \tag{1-16}$$

显然，当岩石空隙中的水达到饱和时，其容水度在数值上与孔隙度（裂隙率、岩溶率）相当。但是对于具有膨胀性的黏土来说，充水后体积扩大，其容水度可能大于孔隙度。

容水度只能说明岩石的最大容水能力，而不能反映岩石含水的真实状况，故又引入了含水量的概念。

含水量指松散岩石实际保留水分的状况。松散岩石空隙中所含水的重量（G_w）与干燥岩石重量（G_s）的比值，称为重量含水量（W_g），即：

$$W_g = \frac{G_w}{G_s} \times 100\% \tag{1-17}$$

含水的体积（V_w）与包括空隙在内的岩石总体积（V）的比值，称为体积含水量（W_v），即：

$$W_v = \frac{V_w}{V} \times 100\% \tag{1-18}$$

2）给水性

饱水岩石在重力作用下能自由流出（排出）一定水量的性质，称为岩石的给水性，可用给水度来衡量。

若地下水位下降，则下降范围内饱水岩石及相应的支持毛细水带中的水，将因重力作用下移并部分地从原先赋存的空隙中释出。我们把地下水位下降一个单位深度，从地下水位延伸到地表面的单位水平面积岩石柱体，在重力作用下释出的水的体积，称为给水度（μ）

(图 1－7)。例如地下水位下降 2m，对 $1m^2$ 水平面积岩石柱体来说，其在重力作用下释出的水的体积为 $0.2m^3$（相当于水柱高度为 0.2m)，则给水度为 0.1 或 10%。

对于均质的松散岩石，给水度的大小与岩性、初始水位埋藏深度以及地下水位下降速率等有关。

岩性对给水度的影响主要表现在空隙的大小上，颗粒粗大的松散岩石，裂隙比较宽大的坚硬岩石，以及有溶穴的可溶岩石，其空隙宽大，主要含重力水，当由于重力释出水时，滞留于岩石空隙中的结合水与孔角毛细水较少，理想条件下给水度值接近容水度（相当于孔隙度、裂隙率或岩溶率)，若空隙细小（如黏土)，重力释水时大部分以结合水与悬挂毛细水形式滞留于空隙中，给水度往往很小，甚至等于 0。

当初始地下水位埋藏深度小于最大毛细水上升高度时，地下水位下降后，重力水的一部分将转化为支持毛细水而保留于地下水面之上，从而使给水度偏小。另外观测与实验表明，当地下水水位下降速率大时，给水度偏小，此点对于松散岩石尤为明显（张蔚榛等，1983；裴源生，1983)。对于均质的颗粒较细小的松散岩石，只有当其初始水位埋深足够大，水位下降速率十分缓慢时，释水才比较充分，给水度才能达到其理论最大值。

给水度是水文地质计算中很重要的参数，几种常见松散岩石的给水度可参见表 1－4。

表 1－4 砾石及砂给水度参考值

松散岩石名称	给水度	松散岩石名称	给水度
砾石	0.30～0.35	细　砂	0.15～0.20
粗砂	0.25～0.30	级细砂	0.05～0.15
中砂	0.20～0.25		

3）持水性

饱水岩石在重力作用下，排出重力水后仍能保持一定水量的性能称岩石的持水性，在数量上用持水度来衡量。如前所述，地下水位下降时，一部分水由于毛细力等的作用而仍旧反抗重力保持于空隙中。地下水位下降一个单位深度，单位水平面积岩石主体中反抗重力而保持于岩石空隙中的水量，称作持水度（S_r)。在重力影响下，岩石空隙中所保持的水包括结合水及毛细水。

显然，给水度、持水度与容水度的关系是：

$$\mu + S_r = W_n \tag{1-19}$$

由此可见，影响给水度的因素，同时也就是影响持水度的因素。

4）透水性

岩石允许水透过的性能称为岩石的透水性。衡量透水性大小的指标是渗透系数，它是水文地质计算中很重要的参数。自然界中各种不同的岩石具有不同的透水性能，如砾石具有较大的透水性，而黏土的透水性就非常小。

我们以松散岩石为例，分析一个理想孔隙通道中水的运动情况，图 1－16 表示圆管状孔隙通道的纵剖面，孔隙的边缘上分布着在寻常条件下不运动的结合水，其余部分都是重力水，结合水一般不流动，邻接结合水的重力水由于隙壁的吸引流动缓慢；最近边缘的重力水流速趋于零，中心部分流速最大。由此可知：孔隙直径愈小，结合水所占据的无效空间愈大，实际渗流断面就小；同时孔隙直径愈小，可能达到的最大流速愈小。因此孔隙直径愈小，透水性就愈差。当孔隙直径小于两倍结合水层厚度时，在寻常条件下就不透水。

如果我们把松散岩石中的全部孔隙通道概化为一束相互平行的等径圆管（图 1－17），则可以看出，当孔隙度一定而孔隙直径愈大，则圆管管道数量少，但是有效渗流断面愈大，透水能力就强；反之，孔隙直径愈小，透水能力愈弱。

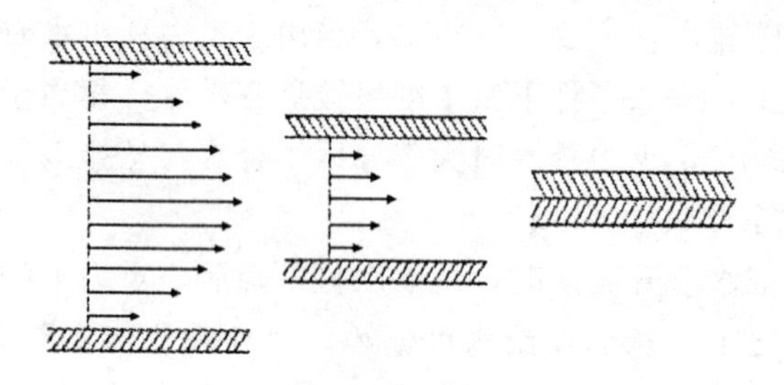

图 1－16　理想圆管状孔隙中重力水流速分布

（据王大纯等，1995）

注：斜线代表结合水，箭头长度代表重力水质点实际流速。

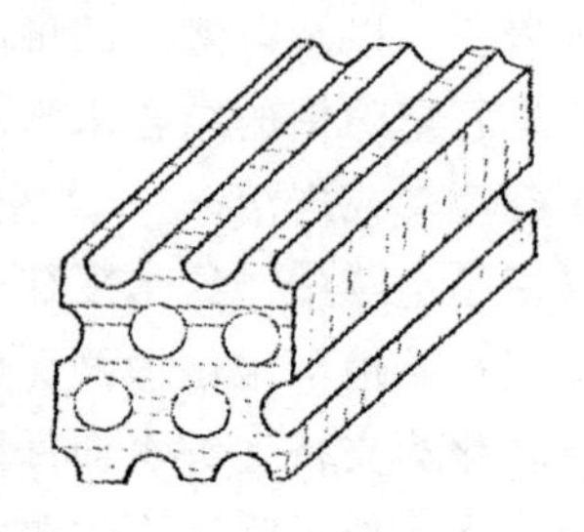

图 1－17　理想化孔隙介质

（据王大纯等，1995）

由此可见，影响松散岩土渗透性的因素，首先是孔隙的大小。孔隙愈大，透水性愈好。寻常条件下，孔隙细小时，不透水或微弱透水。当孔隙达到能够透水时，孔隙度愈大，透水性愈好。

然而，实际的孔隙通道并不是直径均一的圆管，而是直径变化、断面形状复杂的管道系统（图 1－18）岩石的透水能力并不取决于平均孔隙直径，而在很大程度上取决于最小的孔隙直径。

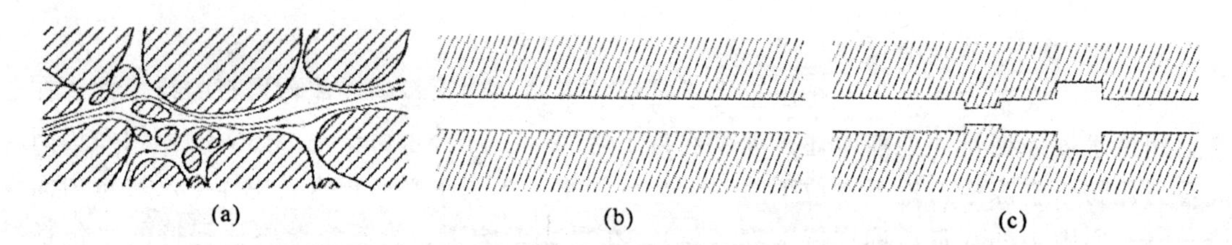

图 1－18　实际孔隙通道及其概化

(a) 孔隙通道原型；(b) 概化为沿程等径的圆管；(c) 概化为沿程不等径的圆管

此外，实际的孔隙通道也不是直线的，而是曲折的。孔隙通道愈弯曲，水质点实际流程就愈长，克服摩擦阻力所消耗的能量就愈大。颗粒的分选性，除了影响孔隙的大小，还决定着孔隙通道沿直径的变化和曲折性，因此，分选程度对于松散岩石透水性的影响，甚至可以超过孔隙度。

对于坚硬的基岩，空隙的数量对其透水性影响甚为显著，裂隙率、岩溶率愈高，说明裂隙、溶穴数量愈多，透水性就愈好。

还应当指出的是，同一种岩石在不同方向上透水性也会不同。例如地下水平行砂砾石层的透水性较垂直该层的透水性要大；坚硬岩层，由于地质构造影响，其裂隙及溶穴具有明显的方向性，因而透水性也具有明显的方向性。

岩石的这些水理性质，显然受到岩石空隙性的控制，同时与岩石空隙中水的存在形式也有密切联系。因此岩石的水理性质之间也有着极为密切的联系。例如，松散的沉积物，一般而言，其颗粒直径越大，孔隙越大，则给水性就越好，透水性就越强，持水性就越弱。相反，颗粒直径越小，孔隙越小，则持水性就越好，给水性及透水性就越弱。岩石的透水性好，其给水性也较好。

1.3.4 含水层与隔水层

1.3.4.1 含水层与隔水层的概念

含水层是指饱水并能够透过与给出相当数量水的岩层。含水层不断储存有水，而且水可以在其中运移。隔水层是指那些不能透过与给出水的岩层，或者透过与给出水的数量微不足道的岩层，一般它起着阻隔重力水通过的作用。

1）含水层的构成

含水层的构成是由多种因素所决定的，概括起来应具备下列条件。

（1）具有储存重力水的空间。构成含水层，首先要具有良好的储水空间，也就是说应当具有孔隙、裂隙或溶穴等空间。岩层的空隙越大、数量越多、连通性越好，则透水性能就好，重力水越易入渗，容易流动，这种条件有利于形成含水层。如透水性强的砂砾石层通常会形成良好的含水层；裂隙发育的坚硬砂岩也可以构成含水层。

（2）具备储存地下水的地质构造。岩层具备了储水空间，即有了良好的透水性，但能否保存地下水，即把地下水储存起来，还必须具备一定的地质构造条件。

有利于地下水储存的地质构造条件，归纳起来为：在透水性良好的岩层下有隔水（不透水或弱透水）的岩层存在，以免重力水向下全部漏失；或在水平方向上有隔水层阻挡，以免全部漏空。只有这样，运动于空隙中的重力水才能较长久地储存起来，充满空隙岩层，形成含水层［图 1-19（b）］。如果地质构造不利于地下水储存，那么岩层即使透水，也只能起暂时的透水通道作用，这种岩层为透水而不含水的岩层，即透水层［图 1-19（a）］。

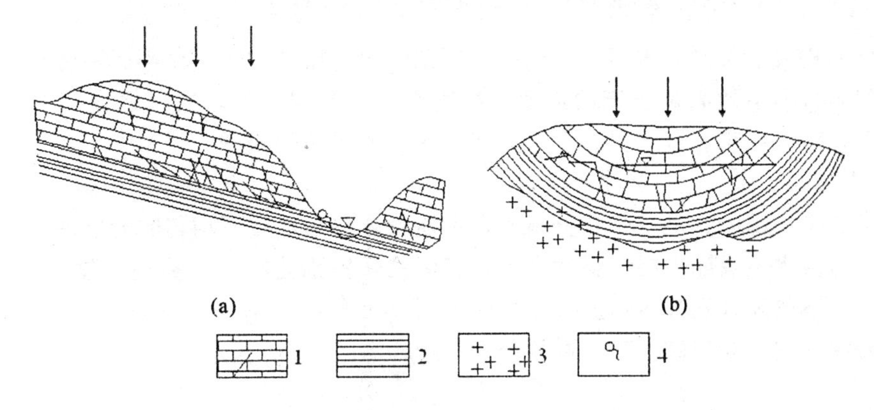

图 1-19 地质构造影响岩层储水条件示意图

1—溶穴发育的石灰岩；2—页岩；3—侵入岩体；4—泉

（a）透水层；（b）含水层

（3）具有良好的补给来源。岩层具备了良好的储水空间和构造条件，如果水源不足，仍不能成为含水层，因为这种岩层在枯水期往往干枯。只有当岩层有了充足的补给来源，对供水、排水有一定实际意义时，才能构成含水层。

2）含水层与隔水层的相对性

隔水层是相对含水层而存在的，自然界没有绝对不透水的岩层，只是其透水性有强弱之分，我们把那些透水性小、含水少的岩层称为隔水层。因此，含水层与隔水层有其相对性。

（1）含水层与隔水层的划分是相对的，并不存在明显的界限。例如，砂岩层中的泥质粉砂夹层，由于粗砂的透水和给水能力比泥质粉砂强，相对而言，后者可以视为隔水层；而同样的泥质粉砂岩若夹在黏土层中，由于其透水和给水的能力比黏土强，又当视为含水层了。

（2）实际工作中区分含水层与隔水层，应当考虑岩层所给出水的数量大小是否有实际意义。例如，利用地下水供水时，某一岩层能够给出的水量较小，对于水源丰沛、需水量很大的地区，由于远不能满足供水需求，而被视为隔水层。但在水源匮乏、需水量又小的地区，同一岩层便能在一定程度上满足，甚至充分满足实际需要，此时，该岩层便可看做含水层。

（3）含水层和隔水层在一定条件下还可以互相转化。例如，在寻常条件下，黏土层，特别是不具有大孔隙的黏土层，由于饱含结合水，不能透水与给水，起着隔水层的作用。但在较大的水头差作用下，由于部分结合水发生运动，使黏土层能透水，并给出一定数量的水，把它当做完全的隔水层就不合适了。事实证明，黏土层往往在水力条件发生不大的变化时，就可以由隔水层转化为含水层，这种转化实际上是相当普遍的。对于这种兼具隔水与透水性能的岩层，可称为弱透水层。所谓的越流，很多情况下正是在这类岩层中进行的。

（4）严格地说，自然界中并不存在绝对不发生渗透的岩层，只不过某些岩层的透水性特别低罢了。从这个角度说，岩层是否透水还取决于时间尺度。当我们所研究的某些水文地质过程设计时间相当长时，任何岩层都可以视为可透水的。例如，裂隙极不发育的基岩，无论对于供水还是矿坑排水，都是典型的隔水层；但是对于核废料处置，就必须看作隔水层，因为核废料放射性衰减达到无害，需要上万年时间，渗透性很差的岩层，在如此漫长的时间里，也可能导致核泄漏。

1.3.4.2　含水带、含水段、含水岩组与含水岩系

含水层的构成条件是含水层划分的一般原则，但运用到实际工作中时，含水层、隔水层这种简单的划分尚不能满足生产的需要，特别是山区基岩地区，这种划分并不符合客观实际。为此需要对含水带、含水段、含水岩组、含水岩系进行划分。

1）含水带

含水带是指局部的、呈条带状分布的含水地段。在含水极不均匀的岩层中，如果简单地把它们划归为含水层或隔水层，显然是不合实际的，特别是在裂隙或溶穴发育的基岩山区，应按裂隙、岩溶的发育和分布情况，在平面上划分出含水地段——含水带。例如，穿越不同时代地层岩性的饱水断裂破碎带，可划分为一个含水带。

2）含水段

含水段是指同一厚度较大的含水层，按其含水程度在剖面上（垂向上）划分的区段。

3）含水岩组

把几个水文地质特征基本相同（相似）且不受地层层位限制的含水层归并在一起，称为含水岩组。有些第四系松散沉积物的砂层中，常夹有薄层（透镜状）黏土，它们有时有水力联系，有统一的地下水位，化学成分亦相近，可划归为一个含水岩组。

4）含水岩系

当在大范围研究地区的含水性时，往往将几个水文地质条件相近的含水岩组划为一个含水岩系。同一个含水岩系的几个含水岩组彼此之间可以有隔水层存在。例如，第四系含水岩系，基岩裂隙水含水岩系或岩溶水含水岩系等。

思考题 1

1. 什么叫自然界的水文循环？自然界的水文循环有哪几种？为什么要研究自然界的水文循环？

2. 大气降水是怎样产生的？降水对地下水有什么影响？影响入渗作用进行的因素有哪些？

3. 蒸发作用是怎样产生的？蒸发有哪几种？影响蒸发作用的因素有哪些？蒸发对地下水有什么影响？

4. 什么叫径流？径流的表示方法有哪些？径流系数的大小说明什么问题？

5. 影响地下水的地质因素有哪些？它们是怎样影响地下水的？

6. 什么是岩石的空隙性？为什么要研究岩石的空隙性？自然界岩石的空隙有哪几种？各用什么指标来表示？

7. 影响孔隙度大小的因素有哪些？影响孔隙大小的因素有哪些？

8. 岩石中水可以分为哪几类？结合水、重力水、毛细水各有何特点？

9. 什么是岩石的水理性质？岩石的水理性质有哪些？各用什么指标表示？它们之间有什么关系？岩石的给水性和透水性的大小主要取决于哪些因素？

10. 什么是含水层、隔水层？为什么含水层与隔水层具有相对性？

2　地下水的物理性质与化学成分

地下水与纯水相比，虽然都是由氧元素和氢元素组成的，但是，地下水是良好的溶剂，不断与岩土发生物理、化学反应，并在与大气圈、水圈和生物圈进行水量交换的同时，交换化学成分，构成复杂的液体。

研究地下水的物理性质和化学成分具有一定的意义。通过对它们的研究，可以更好地对地下水水质作出评价，以满足国民经济各部门对地下水水质的要求。例如，饮用水需要无色、透明、无沉淀、无有害成分（Pb、Cu、As、Hg、H_2S 及有机质等）；灌溉用水需要考虑水温和盐对农作物生长的影响。利用水化学方法可以指导找矿，不仅能找到出露地表的矿体，而且还可能发现很厚覆盖层下面的矿体。可根据地下水中气体、化学成分、水位、水温等变化进行地震预报。通过测定水中的氢氧同位素，可以确定地下水的年龄，查明地下水的成因、确定不同含水层界限等。

另外，人类活动在许多情况下会深刻改变地下水的化学面貌。

地下水的化学成分是地下水与环境——自然地理、地质背景以及人类活动长期相互作用的产物。因此不能从纯化学的角度，孤立静止地研究地下水的化学成分及其形成，而必须从水与环境长期相互作用的角度出发，去解释地下水化学演变的内在依据与规律。

2.1　地下水的物理性质

地下水的物理性质反映了溶解和悬浮在水中的物质成分以及水所处的地质环境，也是水质评价的直接指标。地下水的物理性质有温度、颜色、透明度、嗅、味、比重、导电性、放射性等。

2.1.1　温度

自然界中，地下水的温度变化很大。地下水的温度一般与存在区域的地温相适宜。地壳表层有两个热能来源：一个是太阳辐射；另一个是来自地球内部的热流。根据受热源影响情况，地壳表层可分为变温带、常温带及增温带。

变温带是受太阳辐射影响的地表极薄的地带，随着太阳辐射能的周期变化而呈现昼夜变化和季节变化，此带下限深度一般为 15～30m。

变温带以下是一个厚度极小的常温带。地温一般比当地平均气温高出 1～2℃。在粗略计算时，可将当地的多年平均气温作为常温带地温。

常温带以下地温受地球内热影响，通常随深度加大而有规律地升高，为增温带。增温带中地温变化可用地温梯度表示，地温梯度是指每增加单位深度时地温的增值，一般以℃/100m为单位。

地下水的温度受其赋存与循环所处的地温控制。处于变温带中的浅埋地下水显示微小的水温季节变化，常温带的地下水水温与当地年平均气温很接近，这两带的地下水，常给人以冬暖夏凉的感觉。增温带的地下水随其赋存与循环深度的加大而提高，称为热水甚至水蒸气。如西藏羊八井的钻孔曾获得温度为160℃的热水与水蒸气。

若已知年平均气温 t、年常温带深度 h、地温梯度 r 时，可以概略计算某一深度 H 的地下水水温 T，即：

$$T=t+\frac{(H-h)}{100}r \tag{2-1}$$

同样，利用地下水水温，也可以推算其大致循环深度：

$$H=h+\frac{T-t}{r}\times 100 \tag{2-2}$$

地温梯度的平均值约为3℃/100m，通常变化于（1.5～4℃）/100m之间，但一般近代火山活动区可以很高，如西藏羊八井的地温梯度为300℃/100m。

水温变化对水的物理性质、化学成分有很大影响。水温越高，化学反应速度越快，矿化度增加，并引起化学成分的变化。按照地下水的温度，通常将地下水分为五类（表2-1）。

表2-1　地下水按温度的分类

水温（℃）	地下水类型
<0	过冷水
0～20	冷水
20～42	温水
42～100	热水
>100	过热水

2.1.2　颜色

地下水一般是无色的，有时由于含有某种离子较多，或者富集悬浮物质和胶体物质，可以显示出各种各样的颜色（表2-2）。

表2-2　水中存在物质与水的颜色关系

水中存在物质	硬水	低价铁	高价铁	硫化氢	硫细菌	锰的化合物	腐殖酸盐
水的颜色	浅蓝	灰蓝	黄褐	暗绿	红色	暗红	暗黄或灰黑

水的颜色测定是用标准颜色的溶液或有色玻璃片与水样相比较。通常使用铂-钴标准溶液，即每升水样中含有相当于1毫克铂（以氯铂酸离子存在）所形成的色度，称为1色度。若水样混浊时，应用分离机分离后，取上层清液测定。

我国规定饮用水不超过20色度，有颜色的水对于纺织、造纸等工业不利。

2.1.3　透明度

地下水一般是透明的，水中若含有泥沙、腐殖质等可使水变得混浊。悬浮物质的含量越大，则透明度越小。根据透明度可将地下水分为透明的、微浑浊的、浑浊的及极浑浊的四级（表2-3）。

2.1.4　嗅（气味）

地下水通常是无气味的，水中的气味取决于所含的气体成分与有机物质。例如，硫化氢气体使水具有臭鸡蛋味；腐殖质使水具有霉味；亚铁离子使水具有铁腥味；人为产生的气味存在于某些工业污水中，含有石油、酚、氯酚等。地下水的气味根据强度可分为六个等级

（表 2－4）。

表 2－3　地下水透明度的野外鉴定特征

分级	野外鉴定特征
透明的	无悬浮物及胶体，60cm 水深可见 3mm 的粗黑线
微浑浊的	有少量悬浮物，大于 30cm 水深可见 3mm 的粗黑线
浑浊的	有较多的悬浮物，半透明状，小于 30cm 水深可见 3mm 的粗黑线
极浑浊的	有大量悬浮物或胶体，似乳状，水深很小也不能清楚看见 3mm 的粗黑线

表 2－4　水中气味强度等级

等级	程度	说　明
0	无	没有任何气味
Ⅰ	极微弱	有经验分析者能察觉
Ⅱ	弱	注意辨别时，一般人能察觉
Ⅲ	显著	易于察觉，不加处理不能饮用
Ⅳ	强	气味引人注意，不适饮用
Ⅴ	极强	气味强烈扑鼻，不能饮用

另外，气味与水温有很大的关系，水温增高时往往气味增强，一般在冷却时（20℃）及热时（60℃）作定性的描述。

2.1.5　味（口味）

纯水淡而无味，地下水的味道取决于水中溶解的盐类和有机质（表 2－5）。含较高二氧化碳的水清凉可口；含重碳酸钙、镁的水味美适口；含氯化钠的水具咸味；含硫酸钠的水具涩味；含氯化镁或硫酸镁的水具苦味；含氧化亚铁的水具墨水味；含氧化铁的水具铁锈味；有机质或腐殖质含量较高时水具甜味，但不宜饮用。

鉴定地下水的口味时，可将清洁的水加热至 30℃左右，取部分含在口内数分钟（但不要咽下）描述口味。

表 2－5　水中矿物质的最高含量（mg/L）及水味的变化

矿物质	水味		
	略有感觉	明显有味	令人难受
NaCl	165	495	660
Na_2SO_4	150	450	/
$NaNO_3$	170	205	345
$NaHCO_3$	415	480	/
$CaSO_4$	70	140	/
$MgCl_2$	135	400	535
$MgSO_4$	250	625	750
$FeSO_4$	1.6	4.8	/

2.1.6 导电性

地下水的导电性取决于其中所含电解质的数量及性质，即各种离子的含量及离子价。离子含量越高，离子价越高，导电性越强。温度对导电性也有影响，温度越高，离子活动能力越强，导电性越强。例如，海水的导电性随着氯离子含量的增多和温度的升高而明显增强。

根据地下水的导电性，可以区分含水层和隔水层、矿水和淡水，圈定富水地段，寻找断裂破碎带等。

2.1.7 放射性

地下水一般都具有极其微弱的放射性，其放射性取决于其中放射性物质的含量，通常以铀、镭、氡居多。循环于放射性矿床、石油层、酸性火成岩地区的地下水放射性含量较高，例如，铀矿床地区的水中铀可达 2×10^{-4}g/L。

地下水按放射性强度可分为三级（表 2－6）。当水中放射性含量达 3.5 马赫时，已具医疗作用。

表 2－6 地下水按放射性分级

分级	氡水中射气含量（埃曼）	镭水中镭的含量（g/L）
强放射性水	＞300	$>10^{-9}$
中等放射性水	100～300	$10^{-10}\sim10^{-9}$
弱放射性水	35～100	$10^{-11}\sim10^{-10}$

注：1 马赫＝3.64×10^{-10}cj（居里）＝3.64 埃曼；1 埃曼＝10^{-10}cj；1cj＝3.7×10^{10}Bq（贝可）。
（据《水文地质手册》，1978）

2.2 地下水的化学特征

地下水是由各种无机物和有机物组成的天然溶液，从化学成分来看，它是溶解的气体、离子以及来源于矿物和生物胶体物质的复杂综合体。

地下水的化学成分总的特点是复杂，自然界所发现的元素中绝大部分在地下水中均有出现，含量的多少一是取决于各种元素在地壳中的丰度，二是取决于其溶解度，如钾、钙、钠、镁在地壳中的含量较多，在地下水中含量也较多，另外，氯在地壳中含量尽管较少，但其化合物溶解度高，在地下水中含量较高，而硅、铁虽然在自然界丰富，但溶解度低，在地下水中含量也较少。

2.2.1 地下水的主要化学成分

1）地下水中主要气体成分

地下水中常见的气体成分有 O_2、N_2、CO_2、CH_4 及 H_2S 等，以前三种为主。通常地下水中气体成分含量不高，一般为 $10^{-4}\sim10^{-1}$g/L，但有重要意义。一方面，气体成分能够说明地下水所处的地球化学环境；另一方面，有些气体会增加地下水溶解某些矿物组分的能力。

（1）氧气（O_2）、氮气（N_2）。地下水中氧气和氮气主要来源于大气。它们随同大气降水及地表水补给地下水，与大气圈关系密切的地下水中含 O_2 和 N_2 比较多。溶解氧含量多，说明地下水处于氧化环境。O_2 的化学性质远比 N_2 活泼，在相对封闭的环境中，O_2 将逐渐耗尽而只留下 N_2。因此，N_2 的单独存在，通常说明地下水起源于大气并处于还原环境。另外结晶岩地区一些构造破碎带的低矿化度温泉以及火山热液气体成分中，经常含有氮气（表 2－7）。

表 2－7　火山热液气体成分的含量（%）

CO_2	O_2	CO	H_2	CH_4	N_2
0.3	11.2	0.0	0.0	0.0	88.5

（2）二氧化碳（CO_2）。降水和地表水补给地下水时会带来 CO_2，但通常含量较低。地下水中的 CO_2 主要来自于土壤中有机质残骸的发酵作用与植物的呼吸作用。另外含碳酸盐的岩石，在深部高温下也可变质生成 CO_2，与酸性矿水作用也能生成 CO_2：

$$CaCO_3 \xrightarrow{400℃} CaO + CO_2 \uparrow$$

$$CaCO_3 + H_2SO_4 \longrightarrow CaSO_4 + H_2O + CO_2 \uparrow$$

地下水中的 pH 值决定了各种形式碳酸的含量（表 2－8）。地下水中二氧化碳含量通常为每升几十毫克，一般不超过 150mg/L，由于二氧化碳的存在，使水的类型、侵蚀性、矿化度等发生了变化。

表 2－8　碳酸和碳酸形态之间的关系

pH	在水溶液中含量（%）		
	游离 CO_2	HCO_3^-	CO_3^{2-}
5	96.62	3.38	/
6	70.08	25.02	/
7	22.22	77.74	0.04
8	2.76	96.72	0.052
9	0.88	97.46	1.66
10	0.27	94.62	5.11
11	0.02	64.94	35.04

（据谢尔巴可夫等，1974）

（3）硫化氢（H_2S）和甲烷（CH_4）。在与大气比较隔绝的还原环境中，地下水中出现 H_2S 和 CH_4，这是微生物参与的生物化学作用的结果。

2）地下水中主要离子成分

地下水中离子成分是水溶解矿物盐分的产物。一般地下水中分布最广泛的离子有 Cl^-、SO_4^{2-}、HCO_3^-、Na^+、K^+、Ca^{2+}、Mg^{2+} 七种。这七种离子在很大程度上决定了地下水化学的基本特性。

（1）氯离子（Cl^-）。氯离子是地下水中分布最广的阴离子，溶解度比较高，几乎存在于所有的地下水中，其含量由每升水数毫克至百余克，在弱矿化的地下水中，氯离子含量极少，随着矿化度的增加，氯离子含量有所增加。在干旱地区的潜水中，氯离子含量与矿化度成正比。

地下水中氯离子来源于盐岩矿床、岩浆岩的风化矿物（如氯磷灰石、方钠石）、火山喷发物质等。此外，还来源于生活污水，工、农业废水。在沿海地区由于海水入侵使氯离子含量增高。

（2）硫酸根离子（SO_4^{2-}）。地下水中硫酸根离子的含量每升中由十分之几毫克至数十毫克不等，由于钙离子的存在使硫酸根离子的含量受到限制，因为它们能形成溶解度很小的 $CaSO_4$ 沉淀。在中等矿化的水中，硫酸根离子可成为含量最高的阴离子。

地下水中硫酸根离子来源于石膏及其他硫酸盐沉积物的溶解，硫化物和自然硫的氧化。

另外，火山喷发时，有相当数量的硫化物和硫化氢气体喷出后被氧化成硫酸根离子。硫酸根离子也来自有机质的分解及某些工业废水，因此，居民点附近地下水中硫酸根离子的存在往往和污染有关。

（3）重碳酸根离子（HCO_3^-）。重碳酸根离子是地下水重要的组成部分。它是低矿化水的重要阴离子成分，常和钙、镁离子共存，其含量一般在 1g/L 以内。当地下水中有大量二氧化碳时，重碳酸根离子的浓度大大增高。在碳酸水中可达 1.24g/L 或更多，而在河水、湖水中不超过 250mg/L。

地下水中重碳酸根离子主要来源于碳酸盐岩类（如石灰岩、白云岩、泥灰岩等）的溶解。

$$CaCO_3 + CO_2 + H_2O \rightleftharpoons Ca^{2+} + 2HCO_3^-$$

$$MgCO_3 + CO_2 + H_2O \rightleftharpoons Mg^{2+} + 2HCO_3^-$$

在岩浆岩与变质岩地区，重碳酸根离子来自于铝硅酸盐矿物（如钠长石、钙长石）的风化。

（4）钠离子（Na^+）。天然水中钠离子的分布在阳离子中占首位，海水中钠离子含量占全部阳离子的 84%。钠盐具有较高的溶解度，在低矿化水中钠离子含量为每升几毫克至几十毫克，随着矿化度的增加钠离子的含量也增加，在卤水中最高含量可达每升数十至百克。

地下水中钠离子来源于岩盐矿床及火成岩和变质岩中含钠的矿物（如钠长石、斜长石、霞石）的风化。

钠还可以由含有吸附钠的岩石与含有钙离子的水发生离子吸附交替作用，使原来岩石上吸附的钠离子转入地下水中产生。

（5）钾离子（K^+）。钾离子来源于含钾盐沉积物的溶解及岩浆岩、变质岩中含钾矿物的风化。

钾同钠一样，与主要阴离子组成易溶化合物（KCl、K_2SO_4、K_2CO_3）。钾盐的溶解度较大，但在地下水中钾离子的含量却很少，一般只有钠离子含量的 4%～10%，其原因是钾离子易被植物吸收和黏土胶体吸附，可形成难溶的次生矿物（如水云母等）。

（6）钙离子（Ca^{2+}）。钙离子是低矿化水的主要阳离子，由于钙盐的溶解度很小，因此，在天然水中钙离子的含量并不高，一般很少超过 1g/L。只有在深层的氯化钙卤水中钙离子含量才能达到几十克每升。

钙离子主要来源于石灰岩、白云岩和含钙硫酸盐的溶解及岩浆岩与变质岩中含钙矿物的风化。

（7）镁离子（Mg^{2+}）。镁盐的溶解度大于钙盐，但在地下水中镁离子的含量较钙离子少，其主要原因是镁离子易被植物摄取，且易参与次生矿物生成。

镁离子的主要来源是白云岩、泥灰岩的溶解或基性、超基性岩石中某些矿物（黑云母、橄榄石、角闪石等）的风化和分解。

3）地下水中的其他组分

除了以上主要离子成分外，地下水中还有一些其他离子，如 H^+、Fe^{2+}、F^{3+}、Mn^{2+}、NH_4^+、OH^-、NO_3^-、NO_2^-、CO_3^{2-}、SiO_3^{2-} 及 PO_4^{3-} 等。

地下水的微量组分，有 Br、I、F、B、Sr 等。

地下水中以未离解的化合物构成的胶体，主要有 $Fe(OH)_3$、$Al(OH)_3$、H_2SiO_3 等。

有机质也经常以胶体的方式存在于地下水中。有机质的存在，常使地下水酸度增加，并有利于还原作用。

地下水中还存在各种微生物。例如，在氧化环境中存在硫细菌、铁细菌等；在还原环境中存在脱硫酸细菌等；此外，在受污染的水中，还含有各种致病细菌。

2.2.2 地下水的主要化学性质

由于地下水含有复杂的化学成分，因此具有相应的化学性质。主要化学性质有酸碱性、硬度和矿化度等。

1）酸碱性

地下水的酸碱性与氢离子浓度有关，通常用 pH 值表示，即水中氢离子浓度的负对数（$-\lg[H^+]$）。大部分天然水的 pH 值介于 6～8.5 之间（表 2-9）。地下水按 pH 值可以分为七类（表 2-10）。pH 值是确定很多化学成分（硫化氢、二氧化硅、重金属等）能否存在于水溶液中的指标。

表 2-9　天然水的 pH 值

天然水	pH 值
海水	8～9
河水	7
大气水	6
沼泽水	4

表 2-10　地下水按 pH 值的分类

名称	pH 值
强酸性水	＜3
酸性水	3～5
弱酸性水	5～6.5
中性水	6.5～7.5
弱碱性水	7.5～8.5
碱性水	8.5～9.5
强碱性水	＞9.5

2）硬度

水的硬度取决于钙、镁离子的含量，其他多价金属离子如铁、锰、铝、锶、锌等也能生成硬度，但在地下水中这些离子含量极少，可忽略不计。水的硬度可分为总硬度、暂时硬度、永久硬度及碳酸盐硬度。

（1）总硬度。水中所含钙、镁离子的总量称为总硬度。

（2）暂时硬度。将水加热至沸腾，由于脱碳酸作用的结果，水中的重碳酸根离子与钙、镁离子结合形成碳酸盐沉淀，呈碳酸盐沉淀的这部分钙、镁离子的数量称为暂时硬度。

$$Ca^{2+} + 2HCO_3^- \xrightarrow{\Delta} CaCO_3 \downarrow + CO_2 \uparrow + H_2O$$

$$Mg^{2+} + 2HCO_3^- \xrightarrow{\Delta} MgCO_3 \downarrow + CO_2 \uparrow + H_2O$$

(3) 永久硬度。指沸腾以后仍留在水中的钙、镁离子的含量，即总硬度与暂时硬度的差值称为永久硬度。

(4) 碳酸盐硬度。水中与重碳酸根离子含量相当的钙、镁离子的含量称为碳酸盐硬度。有时用碳酸盐硬度代替暂时硬度。实际上，碳酸盐硬度往往大于暂时硬度，因为水沸腾时，水中的重碳酸根离子不可能完全沉淀，其中有一部分重碳酸根离子因受热而分解成 CO_2 气体逸出了。

水中氢氧根离子、碳酸根离子、重碳酸根离子的总量称为水的碱度。如果一般水中不含氢氧根离子和碳酸根离子，则重碳酸根离子含量往往就是总碱度，总碱度减去总硬度就是负硬度。

硬度的表示方法很多，目前我国常用德国度和每升水中钙、镁离子的毫克当量数表示。根据硬度将水分为五类（表 2－11）。

水的硬度对工业及生活用水关系很大，硬水使锅炉产生锅垢，纺织品变脆，洗衣消耗大量的肥皂，饮用会影响肠胃消化功能。

3）矿化度

单位体积地下水中所含各种离子、分子与化合物的总量称为总矿化度（总溶解固体），以 g/L 表示。通常用在 105～110℃时将水蒸干所得的干涸残余物总量来表示总矿化度。计算矿化度时，一般用水分析所得阴阳离子、分子、化合物含量相加所得的总量减去重碳酸根离子含量的 1/2 而得。这是因为水在蒸干时重碳酸根离子分解，其数量的 1/2 形成二氧化碳逸出。

根据矿化度将地下水分为五类（表 2－12）。水的矿化度与化学成分有密切关系，低矿化度的水常以重碳酸根离子为主，中等矿化度的水以硫酸根离子为主，高矿化度的水以氯离子为主。在地壳正常的水动力带中，地下水的矿化度随深度而增加。

表 2－11　地下水按硬度分类

名称	硬度	
	毫克当量/L	德国度
极软水	＜1.5	＜4.2
软水	1.5～3.0	4.2～8.4
微硬水	3.0～6.0	8.4～16.8
硬水	6.0～9.0	16.8～25.2
极硬水	＞9.0	＞25.2

注：1 毫克当量/L＝2.8 德国度。

表 2－12　水的矿化度分类

类型	矿化度（g/L）
淡水	＜1
微咸水	1～3
咸水	3～10
盐水	10～50
卤水	＞50

2.3　地下水化学成分的形成作用

地下水主要来源于大气降水，其次是地表水（河流、湖泊、沼泽等）。这些水在进入含水层之前，已经含有某些物质，与岩土接触后再进一步发生各种物理化学及生物作用，使地下水的化学成分发生进一步变化。使地下水化学成分发生变化的各种作用，称为地下水化学成分的形成作用。

2.3.1 溶滤作用

在水与岩土相互作用下，岩土中一部分物质转入地下水中，这就是溶滤作用。溶滤作用的结果是使岩土中失去一部分可溶物质，地下水则补充了新的组分。实际上，当矿物岩类与水溶液接触时，同时发生两种方向相反的作用：溶解作用与结晶作用。溶滤作用的强度，即岩土中的组分转入地下水中的速率，取决于一系列因素。

第一，取决于组成岩土的矿物盐类的溶解度。显然，含岩盐沉积物中的 NaCl 将迅速转入地下水中，而以 SiO_2 为主要成分的石英岩，是很难溶于水的。

第二，岩土的空隙特征是影响溶滤作用的另一因素。对于缺乏裂隙的致密基岩，水难以与矿物盐类接触，溶滤作用也便无从发生。

第三，水的溶解能力决定着溶滤作用的强度。水对某种盐类的溶解能力随该盐类浓度增加而减弱。某一盐类的浓度达到其溶解度时，水对此盐类便失去了溶解能力。因此，总的来说，低矿化水溶解能力强而高矿化水溶解能力弱。

第四，水中 CO_2、O_2 等气体成分的含量决定着某些盐类的溶解能力。水中 CO_2 含量愈高，溶解碳酸盐及硅酸盐的能力愈强。水中 O_2 的含量愈高，溶解硫化物的能力愈强。

第五，水的流动状况是影响其溶解能力的一个关键因素。流动停滞的地下水，随着时间的推移，水中溶解盐类增多，CO_2、O_2 等气体耗失，最终将失去溶解能力，溶滤作用便告终止。地下水流动迅速时，含有大量 CO_2、O_2 的低矿化度的大气降水和地表水，不断入渗更新含水层中原有溶解能力降低了的水，地下水便经常保持强的溶解能力，岩土中的组分不断向水中转移，溶滤作用便持续地进行。由此可知，地下水的径流与交替强度是决定溶滤作用强度的最活跃、最关键的因素。

溶滤作用是一种与一定的自然地理和地质环境相联系的历史过程。经受构造变动与剥蚀的岩层，接受来自大气圈及地表水圈的入渗补给而开始其溶滤过程。假设岩石中原来含有氯化物、硫酸盐、碳酸盐及硅酸盐等各种矿物盐类。在开始阶段，氯化物由于最易于从岩层转入水中，而成为地下水中主要化学组分。随着溶滤作用的延续，岩层含有的氯化物由于不断转入水中被带走而贫化，相对易溶的硫酸盐成为迁入水中的主要组分。随着溶滤作用的持续，最后岩层中保留下来的几乎只是难溶的碳酸盐及硅酸盐，地下水的化学成分当然也就是以碳酸盐及硅酸盐为主了。因此，一个地区经受溶滤作用愈强烈，时间愈久，地下水的矿化度就愈低，愈是以难溶离子为其主要成分。

2.3.2 浓缩作用

流动的地下水把溶滤所得组分从补给区带到排泄区。在干旱、半干旱地区的平原与盆地的低洼处，地下水埋藏不深，蒸发为地下水的主要排泄途径。当水分蒸发时，盐分仍保留在余下的地下水中，则其浓度（即矿化度）相对增大，这种作用称为浓缩作用。浓缩作用的结果是，除矿化度增加外，溶解度较小的盐类在水中相继达到饱和而沉淀析出，易溶盐类的离子逐渐成为水中主要成分。

假设未经蒸发浓缩前地下水位低于矿化水，阴离子以 HCO_3^- 为主，其次是 SO_4^{2-}，Cl^- 的含量很小，阳离子以 Ca^{2+} 、Mg^{2+} 为主。随着蒸发浓缩，溶解度小的钙、镁的重碳酸盐部分析出，SO_4^{2-} 及 Cl^- 逐渐成为主要成分。随着浓缩作用的继续，水中硫酸盐达到饱和并开始析出，便形成以 Cl^-、Na^+ 为主的高矿化水。

产生浓缩作用必须同时具备下述条件：干旱或半干旱的气候；低平地势下地下水位埋藏较浅的排泄区；有利于毛细作用的颗粒细小的松散土层。这样，水流源源不断地带来的盐分就可以在地下水和土壤中不断累积。干旱气候下浓缩作用的规模从根本上取决于地下水流动系统的空间尺度以及持续的时间尺度。

当上述条件都具备时，浓缩作用十分强烈，有的情况下可以形成矿化度大于300g/L的地下咸水。

2.3.3 混合作用

成分不同的两种或多种水汇合在一起，形成化学成分不同的地下水，称为混合作用。如在海岸、湖畔、河边等，地表水往往混入地下水中；地下水补给浅部含水层时，则发生水的混合作用。

混合作用的结果，可能发生化学反应而形成化学类型完全不同的地下水。例如，以 SO_4^{2-}、Na^+ 为主的地下水，与以 HCO_3^-、Ca^{2+} 为主的水混合时石膏沉淀析出，便形成以 HCO_3^- 及 Na^+ 为主的地下水。

$$Na_2SO_4 + Ca(HCO_3)_2 \longrightarrow CaSO_4 \downarrow + NaHCO_3$$

两种水的混合也可能不产生明显的化学反应。例如当高矿化的氯化钠型海水混入低矿化的重碳酸钙镁型地下水中时基本上不产生化学反应，在这种情况下，混合水的矿化度与化学类型取决于参与混合的两种水的成分及其混合比例。

2.3.4 阳离子交替吸附作用

岩土颗粒的表面常带有负电荷，能够吸附某些阳离子，而将其原来吸附的阳离子转为地下水中的组分，即为阳离子交替吸附作用。如含硫酸钙或硫酸镁的地下水，在渗透过程中能交换海相黏土中的钠，其反应式如下：

$$CaSO_4 + 2Na^+ \rightleftharpoons Na_2SO_4 + Ca^{2+}$$

$$MgSO_4 + 2Na^+ \rightleftharpoons Na_2SO_4 + Mg^{2+}$$

阳离子交换吸附作用的强弱和以下因素有关系。

不同的阳离子，其吸附于岩土表面的能力不同，阳离子的电价越高，则吸附能力越强；在同一电价中，被吸附性随离子半径的增加而增大（H^+ 是例外）。例如，当以 Ca^{2+} 为主的地下水进入主要吸附有 Na^+ 的岩土时，水中的 Ca^{2+} 便置换出岩土所吸附的一部分 Na^+，使地下水中 Na^+ 增多，而 Ca^{2+} 减少。根据格德罗伊茨的资料，阳离子吸附能力自大而小的顺序为：

$$H^+ > Fe^{3+} > Al^{3+} > Ca^{2+} > Mg^{2+} > K^+ > Na^+$$

此外，地下水中某种离子浓度相对增大，则该种离子的交替吸附能力也随之增大。例如，当地下水中以 Na^+ 为主，而岩土中原来吸附有较多的 Ca^{2+}，那么水中的 Na^+ 将反过来置换岩土吸附的部分 Ca^{2+}，海水入侵陆相沉积物时，就是这种情况。

显然，阳离子吸附交替作用的规模取决于岩土的吸附能力，而岩土的吸附能力取决于岩土的比表面积。颗粒愈细，比表面积愈大，交替吸附作用的规模也就愈大。因此，黏土及黏土岩类最容易发生阳离子交替吸附作用，而致密的结晶岩实际上不会发生这种作用。

2.3.5 脱硫酸作用

在还原环境中，当有机质存在时，脱硫酸细菌能使 SO_4^{2-} 还原为 H_2S 的作用称为脱硫酸作用。其反应式如下：

$$SO_4^{2-}+2C+2H_2O \xrightarrow{\text{脱硫酸细菌}} H_2S\uparrow+2HCO_3^-$$

脱硫酸作用的结果：一方面，水中 SO_4^{2-} 减少以至消失；另一方面，HCO_3^- 增加，pH 值变大。

脱硫酸作用一般发生在封闭并有有机物存在的地质构造中，如储油构造，是产生脱硫酸作用的主要环境，因此油田水中出现 H_2S，而 SO_4^{2-} 减少以致消失，HCO_3^- 增加，pH 值变大。这一特征可以作为寻找油田的辅助标志。

2.3.6 脱碳酸作用

水中 CO_2 的溶解度随温度升高或压力降低而减小。当温度升高或压力降低时，一部分 CO_2 便会从水中逸出，这就是脱碳酸作用。脱碳酸作用的结果是，水中 HCO_3^-、Ca^{2+}、Mg^{2+} 减少，矿化度降低，其反应式如下：

$$Ca^{2+}+2HCO_3^- \rightleftharpoons CO_2\uparrow+H_2O+CaCO_3\downarrow$$

$$Mg^{2+}+2HCO_3^- \rightleftharpoons CO_2\uparrow+H_2O+MgCO_3\downarrow$$

岩溶地区溶洞内见到的石钟乳、石笋、石柱等现象，泉口的钙化，都是脱碳酸作用的结果。

2.3.7 人类活动对地下水化学成分的影响

随着社会生产力与人口的增长，人类活动对地下水化学成分的影响也愈来愈大。一方面，人类生活与生产活动产生的废弃物污染地下水；另一方面，人为作用大规模地改变了地下水形成条件，从而使地下水化学成分发生变化。

工业产生的废气、废水与废渣以及农业上大量使用化肥农药，使天然地下水富集了原来含量很低的有害元素，如酚、氰、汞、砷、亚硝酸等。

人为作用通过改变形成条件而使地下水水质变化表现在以下几个方面：滨海地区过量开采地下水引起海水入侵，不合理打井采水使咸水运移，这两种情况都会使水质良好的淡含水层变咸；干旱半干旱地区不合理地引入地表水灌溉，会使浅层地下水水位上升，引起大面积的次生盐渍化，并使浅层地下水变咸。原来地下咸水的地区，通过挖渠打井，降低地下水位，使原来的主要排泄途径由蒸发变为径流，从而逐步使地下水水质淡化。

人类干预自然的能力正在迅速增强。因此，防止人类活动对地下水造成的不良影响，采用人为措施使地下水水质向有利的方向演变，已经变得愈来愈重要了。

2.4 地下水化学成分的基本成因类型

不同领域的学者，目前得出了比较一致的结论：地球上的水圈是原始地壳生成后，氢和氧随同其他易挥发组分从地球内部圈层逸出而形成的。因此，地下水起源于地球深部圈层。

从形成地下水化学成分的基本成分出发，可将地下水分为三个主要成因类型：溶滤水、沉积水和内生水。

2.4.1　溶滤水

富含 CO_2 与 O_2 的渗入成因的地下水，溶滤它所流经的岩土而获得其主要化学成分，这种水称为溶滤水。因此，岩石中可溶盐的溶解是溶滤水成分的基本来源。

溶滤盐岩层的水，其成分往往以 Na^+ 及 Cl^- 为主。溶滤含石膏层的水，SO_4^{2-} 及 Ca^{2+} 含量增高。在酸性岩浆岩分布地区，地下水中阳离子以 Na^+、K^+ 为主要成分，在基性岩浆岩分布地区，地下水中 Mg^{2+} 含量增高。流经煤系地层的地下水也常出现较高含量的 SO_4^{2-}。

但是，如果简单地断定地下水流经什么岩土，就必定具有何种化学成分，那就把问题简单化了。发生溶滤时，岩土组分按其地球化学特性，迁移能力各不相同，使溶滤作用显示出阶段性。另外，气候是决定地壳浅部元素迁移的重要因素，就大范围来说，溶滤水的化学成分首先反映了气候的深刻影响。潮湿气候下多形成低矿化的、以难溶离子为主的地下水。干旱气候则形成高矿化的、以易溶离子为主的地下水。从大范围来说，溶滤作用主要受控于气候，显示气候控制的分带性。

绝大部分地下水属于溶滤水，这不仅包含潜水，也包含大部分承压水。位置较浅或构造开启性好的含水系统，由于其径流途径短，流动相对较快，溶滤作用发育，多形成低矿化的重碳酸盐水。构造较为封闭、位置较深的含水系统，则形成矿化度较高、以易溶离子为主的地下水。同一含水系统的不同部位，由于径流条件与径流长短不同，水交替程度不同，从而出现水平或垂直的水化学分带。

2.4.2　沉积水

沉积水是指与沉积物大体同时生成的、由古地表水演变而成的古地下水。

除了个别大陆淡水盆地中的沉积水外，沉积水一般具有很高的矿化度，普遍富集海洋中特有的某些微量元素，如溴、碘、钾等。

沉积水形成后，化学成分要发生变化，其形成过程与水文地质发育史密切相关，演变有两种基本形式：一是正向变质，水浓度向盐化方向发展；二是反向变质，水浓度向淡化方向发展。在沉积作用（或沉埋封闭作用）中，水化学变化的总方向是不断地浓缩盐化，为正向变质。水中盐分组分分异纯化，易溶组分向高度富集方向发展，而难溶组分不断贫化。还原环境的气体成分占绝对优势，标准组分如 H_2S、烷烃气体大量增高。而淋滤作用中，地下水化学成分变化的总方向与此相反。

埋藏在地层中的沉积水在经历若干历史时期后，由于地壳运动而被剥蚀出露地表，或者由于开启性构造断裂使其与外界相连通。经过长期入渗淋滤，沉积水有可能完全排走，而为溶滤水所替换。在构造开启性不太好时，则在补给区分布低矿化的以难溶离子为主的溶滤水，在较深处则出现溶滤水与沉积水的混合，而在深部仍分布高矿化的以易溶离子为主的沉积水。

2.4.3　内生水

早在 20 世纪初，曾把温热地下水看做岩浆分异的产物。后来发现，在大多数情况下，温泉是大气降水入渗到深部加热后重新升到地表形成的。近些年来，某些学者通过对地热系统的均衡分析得出：仅靠水渗入深部获得的热量无法解释某些高温泉的出现，认为应有10%～30%的来自地球深部层圈的高热流体的加入。这样，源自地球深部层圈的内生水说又逐渐为人们所重视。有人认为，深部高矿化卤水的化学成分也显示了内生水的影响。

内生水的典型化学特征至今并不完全清楚。内生水的研究迄今很不成熟，但由于它涉及水文地质学乃至地质学的一系列重大理论问题，将会促使今后水文地质学的研究领域向地球深部层圈扩展。

2.5　地下水化学成分的研究方法

2.5.1　地下水化学成分分析

地下水化学成分的分析是水文地质研究的基础。对于不同的工作目的与要求，需要分析的项目与精度也不同。在一般水文地质调查中，分析方法主要有简分析和全分析，有时为了配合专门任务，则要进行专项分析。

简分析用于了解区域地下水化学成分的概况，这种分析在野外可利用专门的水质分析箱就地进行。简分析项目少，精度要求低，简便快速，成本不高，技术上容易掌握。分析项目除物理性质（温度、颜色、透明度、气味等）外，还应定量分析以下各项：HCO_3^-、SO_4^{2-}、Cl^-、Ca^{2+}、Mg^{2+}、Na^+、K^+、总硬度、pH 值。

通过计算可求得水中各主要离子含量及总矿化度。定性分析的项目则不固定，一般分析 NO_3^-、NO_2^-、NH_4^+、Fe^{2+}、Fe^{3+}、H_2S、耗氧量等。分析这些项目是为了初步了解水质是否适于饮用。

全分析项目较多，要求精度高。通常在简分析的基础上选择有代表性的水样进行全分析，以较全面地了解地下水化学成分，并对简分析结果进行验核。全分析并非分析水中的全部成分，一般定量分析以下各项：HCO_3^-、SO_4^{2-}、Cl^-、CO_3^{2-}、NO_3^-、NO_2^-、Ca^{2+}、Mg^{2+}、Na^+、K^+、NH_4^+、Fe^{2+}、Fe^{3+}、CO_2、耗氧量、pH 值及干涸残余物。

在进行地下水化学分析时，必须对有关地表水体取样分析，也应考虑大气降水的化学成分，因为它们和地下水有水力联系，会直接或间接地影响或反映地下水的化学成分。

2.5.2　地下水化学成分的表示方法

1）离子表示方法

由于地下水中的成分主要是以离子状态存在的，所以水分析得出的结果应以离子的形成表示，才能代表其存在的真实情况。离子含量常用的有三种表示方法，即离子毫克数、离子毫克当量数、离子毫克当量百分数。

(1) 离子毫克数。用每升水中所含离子毫克数来表示化学成分的一种方法。这种表示方法可以反映水中各种成分的绝对含量，并未反映水溶液中各种离子之间的化合关系。

(2) 离子毫克当量数。元素互相化合时，皆以当量为准。以离子在水中的当量数来表示化学成分，可以反映各种离子之间数量关系和水化学性质。

某离子的毫克当量数按下式计算：

$$离子的当量=\frac{离子量（原子量）}{离子价} \tag{2-3}$$

$$1升水中某离子的毫克当量数=\frac{该离子的毫克数}{该离子的当量} \tag{2-4}$$

水中阴阳离子的当量总数应该相等，不相等就说明有错误或者还有某些离子没有测出。据此原理，可以检查分析成果的正确性。全分析时允许误差不超过 2%；简分析时不超过 5%。误差计算公式如下：

$$e=\frac{\Sigma a-\Sigma K}{\Sigma a+\Sigma K}\times 100\% \tag{2-5}$$

式中：Σa 为 1 升水中阴离子毫克当量总数；ΣK 为 1 升水中阳离子毫克当量总数；e 为误差的百分数。

（3）离子毫克当量百分数。为了将矿化度不同的水进行比较和确定水的化学类型，通常将阴（阳）离子当量总数各作为 100%来计算，某离子毫克当量百分数可按下式计算：

$$某阴（阳）离子毫克当量百分数（\%）=\frac{该离子毫克当量数}{阴（阳）离子毫克当量总数}\times 100\% \tag{2-6}$$

上述三种表示方法各有优缺点，所以在实际工作中通常三种方法同时使用，藉以互相补充。

2）库尔洛夫式表示法

库尔洛夫式是用分数的形式来表示水化学成分的。分子表示阴离子，分母表示阳离子，单位为毫克当量百分数，排列次序从左到右为含量减少方向，含量小于 10%毫克当量的离子不得列入式内。矿化度 M、气体成分及特殊组分，列在分式的左边，单位为 g/L；分式的右边列水温 $T_{t℃}$、pH 值等。表示式中各种含量一律标于该成分符号的右下角，将右下角的原子数移至右上角。例如：

$$Br_{0.002}H^{2}S_{0.01}M_{1.5}\frac{HCO^{3}_{84}SO^{4}_{10}}{Ca_{73}Mg_{10}}T_{18℃}$$

此法表示水化学成分简单，既能反映地下水的化学成分特征，又能据此直接确定出地下水化学类型。水化学类型定名时，只考虑毫克当量大于 25%的阴、阳离子成分。上例地下水类型可定为 HCO_3^- - Ca^{2+} 型水。

2.5.3　地下水化学分类及图示

自然界某些地区地下水化学成分可以显示出数十种阴、阳离子结合的各种盐类，因此，在进行区域水文地质调查时，当积累了大量的水质分析资料后，必须加以整理分类，以便帮助我们分析一个地区地下水化学成分的特征和变化规律。

1）舒卡列夫分类

我国常用的水化学分类方法，是前苏联学者舒卡列夫的分类（表 2 - 13）。

（1）分类原则。根据地下水中六种主要离子（K^+ 合并于 Na^+ 中）及矿化度进行划分，分类时只考虑其中含量大于 25%毫克当量的离子，并将阴、阳离子在不同状况下进行组合得出 49 型水，每型以一个阿拉伯数字作为代号。

同时根据矿化度不同，将每一类型地下水又划分为四组。A组矿化度小于1.5g/L；B

表 2-13 舒卡列夫分类表

大于25%毫克当量的离子	HCO_3^-	$HCO_3^-+SO_4^{2-}$	$HCO_3^-+SO_4^{2-}+Cl^-$	$HCO_3^-+Cl^-$	SO_4^{2-}	$SO_4^{2-}+Cl^-$	Cl^-
Ca^{2+}	1	8	15	22	29	36	43
$Ca^{2+}+Mg^{2+}$	2	9	16	23	30	37	44
Mg^{2+}	3	10	17	24	31	38	45
Na^++Ca^{2+}	4	11	18	25	32	39	46
$Na^++Ca^{2+}+Mg^{2+}$	5	12	19	26	33	40	47
Na^++Mg^{2+}	6	13	20	27	34	41	48
Na^+	7	14	21	28	35	42	49

组为1.5～10g/L；C组为10～40g/L；D组大于40g/L。

不同化学成分的水都可以用一个简单的符号代替，并赋予一定的成因特征。实际工作中很少使用表中水类型代号，而是用其水类型命名。命名的写法是：阴离子在前，阳离子在后，含量大的在前，含量小的在后。例如，1-A型，即矿化度小于1.5g/L的HCO_3^--Ca^{2+}型水，是沉积岩地区典型的溶滤水。而49-D型则是矿化度大于40g/L的Cl^--Na^+型水，可能是与海水及海相沉积有关的地下水，或者是大陆盐化潜水。

(2) 优、缺点。

a. 优点。舒卡列夫分类的优点是：简明易懂，适合水化学资料的初步分析；利用此表系统整理水质分析资料时，从表的左上角向右下角大体与地下水的矿化作用过程一致。

b. 缺点。舒卡列夫分类的缺点是：以25%毫克当量为划分水型的依据带有人为性；且当含量超过25%毫克当量的阴离子（或阳离子）多于两种时，其主次关系在分类原则中未加考虑，水质变化反应不够细致。

2) 布罗德斯基分类

(1) 分类原则。划分水类型时考虑到水中六种主要离子（HCO_3^-、SO_4^{2-}、Cl^-、Ca^{2+}、Mg^{2+}、Na^+）的含量及矿化度。

将含量最多和次多的各对阴、阳离子进行组合，得出36种地下水类型（表2-14）。并以毫克当量最多和次多的一对阴、阳离子进行命名。写法是阴离子在前，阳离子在后，含量大者在前，含量小者在后。

表 2-14 罗布德斯基分类表

阴离子		HCO_3^-		SO_4^{2-}		Cl^-	
阳离子		Cl^-	SO_4^{2-}	HCO_3^-	Cl^-	SO_4^{2-}	HCO_3^-
Ca^{2+}	Mg^{2+}	▽	○				
	Na^+		▽	△		▭	
Na^+	Ca^{2+}			○	□		
	Mg^{2+}			△	▭		
Mg^{2+}	Ca^{2+}					▭	
	Na^+					▭	

注：水的矿化度用一些特殊符号表示。如“▽”表示矿化度<0.5g/L，“○”表示矿化度为0.5～1g/L，“△”表示矿化度为1～5g/L，“▭”表示矿化度为5～30g/L，“□”表示矿化度>30g/L。

（2）该分类法的优、缺点。

a. 优点。该分类法较简单，突出显示了离子含量的主次关系，划分 36 种水不是以人为界限为标准。这种分类法适用于大面积、小比例尺的区域性水化学研究，在干旱地区、基岩山区和海滨地区效果较好。

b. 缺点。当两种离子含量相差不大时，原可划为同一类型，但按布罗德斯基分类法，不论相差多少，均划分为不同类型，甚至可能因分析误差所造成的差别，也被划分为不同类型水；有时地下水中可能某一离子占绝对优势（95%），其余含量很小，在阐明水化学成分特征和形成过程中意义不大，但按布罗德斯基分类却不考虑这些，一味强调表示出次要离子，有时使其主导规律模糊不清；水化学类型反映不够全面，一些三种主要阴离子（或阳离子）含量相差不大的水，在布罗德斯基分类中找不到恰当的位置。

3）地下水化学特征的派珀三线图解

派珀三线图解由两个三角形和一个菱形组成（图 2-1），左下角三角形的三条边分别代表阳离子 $Na^+ + K^+$、Ca^{2+}、Mg^{2+} 的毫克当量百分数；右下角三角三条边分别表示阴离子 HCO_3^-、SO_4^{2-}、Cl^- 的毫克当量百分数；引线相交于菱形中的交点上，以圆圈位置表示此水样的阴（阳）离子相对含量，以圆圈大小表示矿化度。派珀三线图把菱形分成九个区（图 2-2），落在菱形中不同区域的水样具有不同的化学特征（表 2-15）。

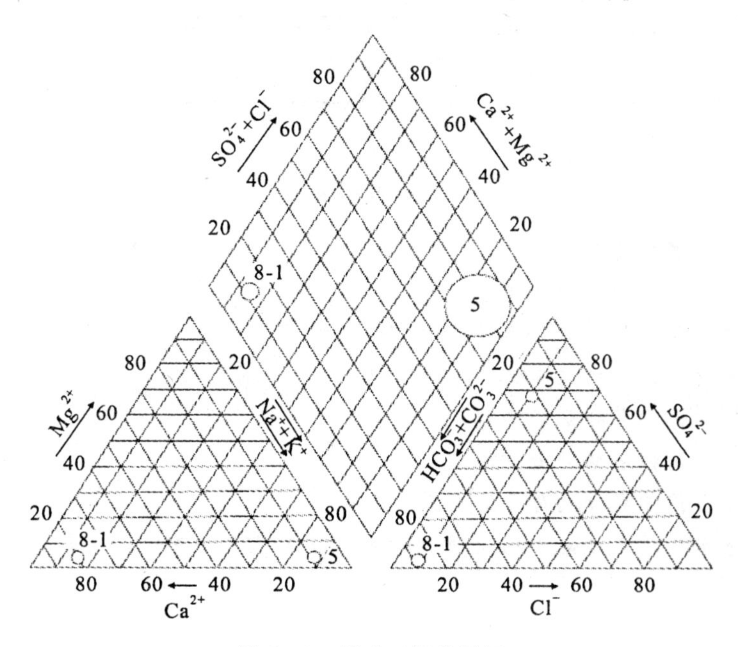

图 2-1　派珀三相线图解

（据 Piper，1953）

派珀三线图的优点是不受人为影响，从菱形中可以看出水样的一般化学特征，在三角形中可以看出各种离子的相对含量。将一个地区的水样标示在图上，结合水文地质条件可以分析地下水化学成分的演变规律等一系列问题。

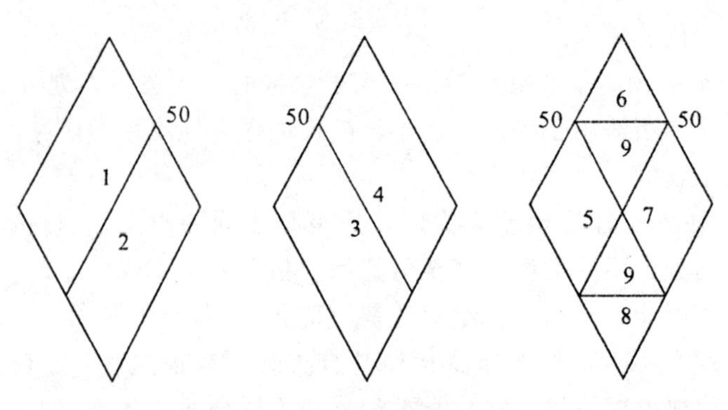

图 2-2　派珀三线图解分区
（据 Piper，1953）

表 2-15　派珀三线图分区水化学特征说明

分区代号	化学特征	分区代号	化学特征
1	碱土金属离子大于碱金属离子	6	非碳酸盐硬度＞50%
2	碱金属离子大于碱土金属离子	7	非碳酸盐碱＞50%
3	弱酸根大于强酸根	8	碳酸盐碱＞50%
4	强酸根大于弱酸根	9	无一对阴、阳离子＞50%
5	碳酸盐硬度＞50%		

思考题 2

1. 地下水的物理性质有哪些？
2. 研究地下水的化学成分有何意义？
3. 地下水中主要气体成分和离子成分有哪些？
4. 地下水主要的化学性质有哪些？
5. 简述地下水化学成分形成的作用。
6. 影响溶滤作用强度的因素有哪些？
7. 简述地下水化学成分的库尔洛夫式表示法。
8. 简述地下水化学成分舒卡列夫分类的原则、命名方法及优、缺点。

3　地下水类型及包气带地下水

从太空上观察到的地球表面蓝绿相间，这是因为地球表面拥有大量的水，对全球水资源的统计表明，海洋中的咸水占总水量的97.2%，陆地水占2.8%；如果将地球上的淡水视作100%，那么冰川占77.2%，地下水（4 000m深度范围内）占22.4%，江河湖泊水和沼泽水占0.36%，其他淡水占0.04%；冰川分布局限、利用困难，由此可见，人类目前利用最多、量最大的便是地下水资源。

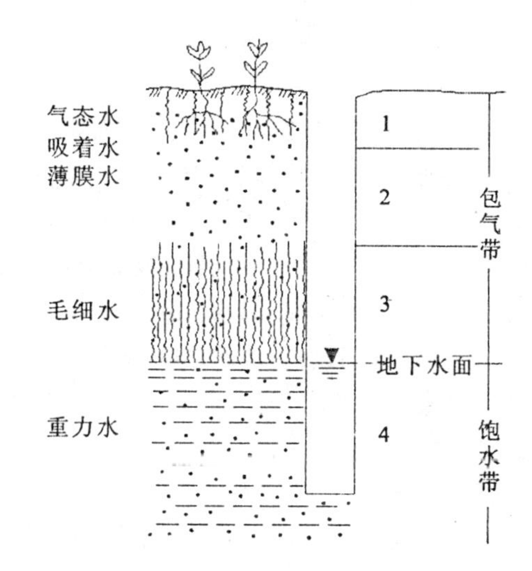

图3-1　各种形态的水在近地表的分布

（据李正根，1980）

1—土壤水亚带；2—中间过渡带；3—毛细管水亚带（1、2、3总称为包气带）；4—饱水带

地下水赋存在岩石的空隙空间中，按物理性质可分为气态水、结合水、液态水（自由水）、毛细水以及固态水；各种形态的水在地壳中的分布是有规律的，在地表附近岩层的垂直剖面上（图3-1），依次（从地表到深部）可以看见气态水、结合水（吸着水、薄膜水）、毛细水、重力水。

为了充分利用地下水资源并消除其危害，有必要对地下水进行合理分类，以全面综合地反映地下水的特征。

3.1　地下水类型的划分

地下水的分类是很复杂的，由于地下水在土壤及岩层中赋存的形式多样，地下水形成的原因复杂，分布、埋藏条件、运动形式、物理化学性质变化多样，给分类造成了困难；国内外有多种分类，其分类原则、方法各不相同，侧重角度也有所区别。

3.1.1　地下水分类概述

根据分类原则和方法的不同，可对地下水进行如下分类。

1）按埋藏条件和水力特征划分

（1）上层滞水。指位于不连续隔水层之上的季节性潜水。

（2）潜水。指位于地表下第一个隔水层之上、具自由水面的水。

（3）承压水。指充满两层隔水层之间、具压力水头的水。

2）按赋存形式和物理性质划分

（1）结合水。结合水被分子力吸附在岩土颗粒周围，形成极薄的水膜，可抗剪切，不受重力影响，不能传送静水压力，在110℃消失，主要存在于黏土中，影响其物理力学性质。

（2）毛细管水。毛细管水赋存于岩土毛细孔中，受毛细管力和重力的共同作用，可被植物吸收，影响岩土的物理力学性质，会引起沿海地区和北方灌区的土地盐碱化。

（3）重力水。重力水赋存于岩土孔隙、裂隙和洞穴中，不能抗剪切，受重力作用，可以传送静水压力。

3）按含水介质特征划分

（1）松散岩类孔隙水。主要赋存于第四系和古近系、新近系松散—半固结的碎石土和砂性土的孔隙中。

（2）碎屑岩类裂隙孔洞水。主要赋存于中、新生代红色岩层的孔隙、孔洞中。

（3）碳酸盐岩类裂隙溶洞水（岩溶水）。主要赋存于古生代、中生代灰岩、白云岩的裂隙溶洞中，有裸露型（灰岩、白云岩基本上出露）、覆盖型（灰岩、白云岩被第四系松散层覆盖）、埋藏型（灰岩、白云岩被非碳酸盐岩类覆盖）。

（4）火山岩裂隙孔洞水。赋存于火山岩的裂隙、孔隙、气孔、气洞（熔岩隧道）中。

（5）基岩裂隙水。块状岩类裂隙水（赋存于侵入岩、混合岩、正变质岩的裂隙中），层状岩类裂隙水（赋存于沉积岩、副变质岩的裂隙中）。

4）按地下水矿化度划分

（1）淡水（$M<1g/L$）。

（2）咸水（$M\geqslant 1g/L$）。咸水可分为微咸水（$1g/L\leqslant M<3g/L$）、半咸水（$3g/L\leqslant M<10g/L$）、盐水（$10g/L\leqslant M<50g/L$）和卤水（$M\geqslant 50g/L$）。

5）按地下水的出露温度 T 划分

（1）冷水。指水温低于当地年平均气温（即常温带温度），一般 $T<25℃$ 的水［据《地热资源地质勘查规范》（GB 11615—89）］。

（2）温水（低温热水）。指 $25℃\leqslant T<40℃$ 的水。

（3）温热水（中温热水）。指 $40℃\leqslant T<60℃$ 的水。

（4）热水（高温热水）。指 $60℃\leqslant T<100℃$（沸点）的水。

（5）过热水（超高温热水）。指 $T\geqslant 100℃$ 的水。

6）按地下水化学类型划分

常用舒卡列夫分类，将水中大于25毫克当量的六种常见离子（HCO_3^-、Cl^-、SO_4^{2-}、Ca^{2+}、Mg^{2+}、Na^+（包括 K^+）组成49种水型，按阴离子在前、阳离子在后的组合形式分类命名，如 $HCO_3^- - Ca^{2+}$ 型、$SO_4^{2-} - Mg^{2+}$ 型、$Cl^- - Na^+$ 型、$HCO_3^- \cdot Cl^- - Ca^{2+} \cdot Na^+$ 型等。

7）按含水层埋藏深度划分

这种分类用于存在多层地下水的大型自流盆地、三角洲平原和滨海平原，按地区不同，划分有所不同。

（1）浅层水。指埋深小于30m的地下水，多属潜水或微承压水。

（2）中层水。指埋深介于30～200m的承压水，多属温水。

（3）深层水。指埋深介于200～500m的承压水，多属温热水。

（4）超深层水。指埋深大于500m的承压水，为温热水或热水，部分为咸水。

地下水的分类原则和方法各异，有的从地下水的某一特征进行分类，有的根据地下水的若干特征进行综合分类，现在广泛采用的是后者。

3.1.2 地下水类型的划分

根据地下水的水力特征和埋藏条件，分为包气带水、潜水和承压水（图 3-2）。

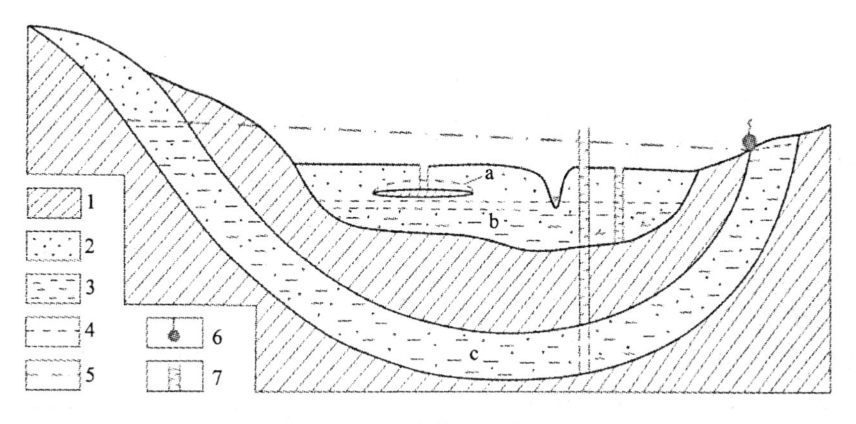

图 3-2 地下水类型划分示意图

1—隔水层；2—透水层；3—饱水部分；4—潜水位；5—承压水测压水位；6—泉（上升泉）；7—水井；a—上层滞水；b—潜水；c—承压水

（1）在重力水面以上，土壤岩石中的空隙未被水饱和，包含大量的空气，称为包气带，包气带中的水主要有土壤水和上层滞水。

（2）埋藏在地表以下第一个稳定的隔水层以上、具有自由水面的重力水称为潜水。

（3）承压水是指埋藏在地表以下两个隔水层之间、具有压力的地下水。当人们凿井打穿不透水层，揭露含水层顶板的时候，承压水便会在水头的作用下上升，直到达到某一高度才会稳定下来。

3.2 包气带地下水

包气带水是指储存在包气带（含有空气的岩土层）中以各种形式存在的水，位于地下水面以上的地带称为包气带，包气带中的水主要有土壤水和上层滞水。

3.2.1 土壤水

土壤水是指土粒表面靠分子引力从空气中吸附气态水并保持在土粒表面的水分，它主要靠大气降水的渗入、水汽的凝结及潜水补给。土壤学中所指的土壤水是指在一个大气压下，在 105℃条件下能从土壤中分离出来的水分，是包气带水的一种，包括包气带土壤孔隙中存在的和土壤颗粒吸附的水分。土壤水通常有下列四种形式。

（1）吸附在土壤颗粒表面的吸着水（又称强结合水），土壤颗粒对它的吸力很大，离颗粒表面很近的水分子，排列十分紧密，受到的吸引力相当于 1 万个大气压，这一层水溶解盐类能力弱，－78℃时仍不冻结，具有固态水性质，不能流动，但可转化为气态水而移动。

（2）在吸着水外表形成的薄膜水，又称弱结合水。土粒对它的吸引力减弱，受吸力为

6.25～31个大气压，与液态水性质相似，能从薄膜较厚处向较薄处移动。

（3）依靠毛细管的吸引力被保持在土壤孔隙中的毛细管水。所受的吸力为0.08～6.25个大气压。毛细管水可传递静水压力，被植物根系全部吸收。

（4）受重力作用而移动的重力水，具一般液态水的性质。除上层滞水外不易保持在土壤上层。

土壤水的增长、消退和动态变化与降水、蒸发、散发和径流有密切关系。

广义的土壤水是土壤中各种形态水分的总称，有固态水、气态水和液态水三种，主要来源于降雨、雪、灌溉水及地下水。固态水为土壤水冻结时形成的冰晶。气态水即存在于土壤空气中的水蒸气。液态水根据其所受的力一般分为吸湿水、毛细管水和重力水，分别代表吸附力、毛细管力和重力作用下的土壤水。土壤水是土壤的重要组成，是影响土壤肥力和自净能力的主要因素之一。

影响土壤水分状况的主要因素如下。

（1）气候。降雨量和蒸发量是两个相互矛盾的重要因素，在一定条件下，不受人为控制。

（2）植被。植被的蒸腾消耗土壤的水分，而植被可以通过降低地表径流来增加土壤水分。

（3）地形和水文条件。地形地势的高低，影响土壤的水分。在园林绿化生产中，要注意平整土地。对易遭水蚀的地方，要注意修成水平梯田。

（4）土壤的物理性质。土壤质地、土壤结构、土壤松紧度、有机质含量都对土壤水分的入渗、流动、保持、排除以及蒸发等产生重要的影响，在一定程度上决定着土壤的水分状况。与气候因素相比，土壤物理性质是比较容易改变的而且是行之有效的。

（5）人为影响。主要是通过灌溉、排水等措施，调节土壤的水分含量。

3.2.2 上层滞水

上层滞水是存在于包气带中局部隔水层之上的重力水，是大气降水或地表水沿岩石孔隙、裂隙渗入到地下局部隔水层或弱透水层之上停滞而形成的，一般分布不广（图3-3），但在不同类型的第四纪松散沉积物或坚硬岩层风化壳上部都可遇见。

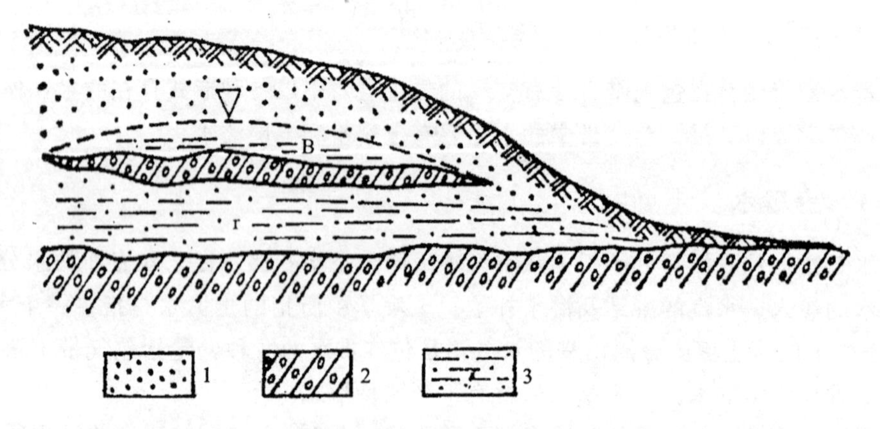

图3-3 上层滞水埋藏图

1—透水层；2—隔水层；3—含水层（B—上层滞水；r—潜水）

由于上层滞水的分布最接近于地表，因而它和气候、水文条件的变化密切相关。上层滞水主要接受大气降水与地表水的补给，而消耗于蒸发和逐渐向下渗透补给潜水，其补给区与分布区一致。由于分布范围很小，故水量随季节有较大变化，一般仅在补给量较多的季节水量较多，而在干旱季节枯竭，其动态变化极不稳定。

上层滞水与土壤水有明显区别，上层滞水底部有不透水的隔水层存在，故可容纳重力水，以作为村民供水水源；而土壤水是没有隔水底板的，它多以悬挂毛细水的状态存在于土壤中，一般仅能做垂直方向运动（渗入和蒸发），不能保持重力水，无供水意义，仅对植物生长有作用。

上层滞水形成条件（图 3－4）的一个主要因素是岩性。在坚硬岩层分布区的某些风化裂隙及构造裂隙中，由于局部岩性变化或裂隙的闭合，可形成上层滞水。在可溶岩分布区，当可溶岩层中夹有非可溶性岩层透镜体（或透镜层）时，则在上下两层可溶性岩层中各自发育一套溶洞系统，其上层的岩溶水常具有上层滞水的性质。在松散沉积物中，上层滞水与岩性密切相关，在冲积、洪积的粗碎屑的沉积物中，常夹有黏土层或亚黏土层透镜体，此时就可能形成上层滞水。上层滞水形成的另一个因素是地形。一般地形坡度较大的地区，地表径流较强，大气降水多以地表水的形式排走，因而不易形成上层滞水；在地形坡度较平缓，尤其是能汇集雨水或保存融雪的低洼地区，最易形成上层滞水。有时在坡度较陡峻的山区，由于岩性的突变及人为因素的影响，也可形成上层滞水。如滑坡、坡积物下部及由于矿山开采而堆积的废石堆下部存在的水，也具有上层滞水性质。

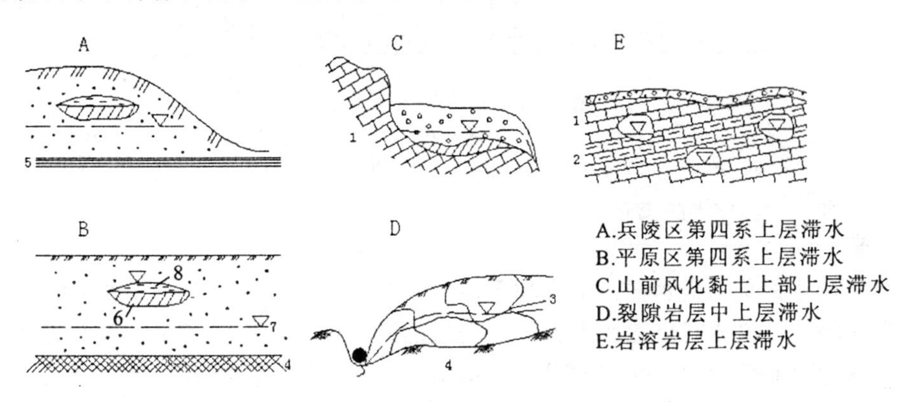

图 3－4　上层滞水形成条件示意图

1—石灰岩；2—泥质灰岩；3—裂隙发育的岩层；4—裂隙不发育的岩层；5—页岩；6—黏土；7—潜水面；8—上层滞水

上层滞水的动态主要决定于气候和隔水层的位置、分布范围、厚度及透水性等条件。当隔水层的分布范围小、厚度不大、隔水性不强及离地表较近时，上层滞水可因逐渐向四周流散、蒸发而在短时期内消失；随着隔水层深度加深、范围和厚度加大，其存在的时间也随之延长：在降水量较大、蒸发量小的地区，其水量较大，存在时间也较长。

由于上层滞水是随季节性的降水及地表水而存在，所以一般矿化度较低，由于其上直接与地表相通，故最易受到污染，在以它作为小型供水水源时，应加以注意。同时，由于它接近地表，有时对工程建筑产生不良影响（如地下室反潮等）。

3.3 潜水

3.3.1 潜水的概念及其特征

潜水是埋藏在地表以下第一个稳定的隔水层以上、具有自由水面的重力水（图 3－5）。一般多埋藏在地表的第四纪松散沉积物中，也可以形成于基岩中。

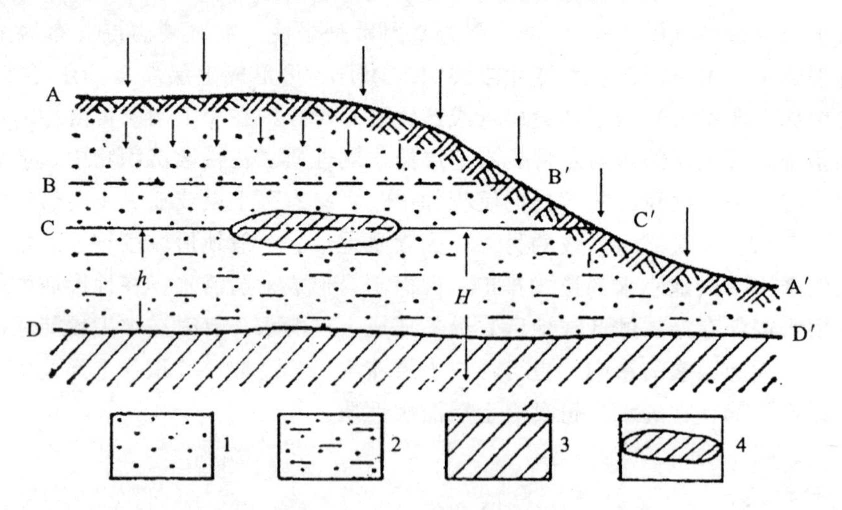

图 3－5 潜水埋藏示意图

AA′—地表；BB′—毛细带表面；CC′—潜水表面；DD′—隔水层表面；AC—包气带；BC—毛细水亚带；CD—饱水带（h－潜水含水层厚度）；H—潜水位；1—砂；2—含水砂；3—黏土；4—透镜体

潜水的自由水面称为潜水面，潜水面至地表的距离称为潜水的埋藏深度，潜水面上任一点的标高称为该点的潜水位，潜水面至隔水底板的距离称为含水层厚度。潜水有以下特征。

（1）潜水多半是无压水，所以它具有自由水面。当用钻孔揭露潜水时，初见水位与稳定水位一致。但是在个别的为隔水岩层所覆盖的地段，潜水可能有局部承压现象，在这些部位用钻孔揭露含水层时，初见水位低于稳定水位。潜水在重力作用下从高水位向低水位处流动，称为潜水流。一般潜水流的水力坡度都很小，常为千分之几至百分之几。

（2）潜水通过包气带与地表相连通。大气降水、凝结水、地表水通过包气带渗入，直接补给潜水。所以在一般情况下，潜水的分布区与补给区是一致的。

（3）潜水易受各种气象因素的影响，即潜水的水位、流量、化学成分等有季节性变化的特点。潜水水质易受人为因素或其他因素的影响。

（4）潜水常为民用水源及工、农业供水水源。

3.3.2 潜水面的形状及其表示方法

3.3.2.1 潜水面的形状及其影响因素

潜水面的形状是潜水的重要特征之一。它一方面反映各种外界因素对潜水的影响；另一方面也反映潜水流的特点（如流向、水力坡度、流速及潜水埋藏深度等）。

潜水由高处往低处流动过程中，水位不断下降，因而潜水面常常是倾斜的曲面（在垂直剖面上为曲线）。在某些情况下可以是水平的，或为上突半椭圆拱面（垂直剖面上为半椭圆曲线），拱顶端为地下水分水岭，分水岭两侧潜水分别向不同方向流动。潜水面的形状取决于地形地貌、降水补给情况、水文网特征、地质构造、含水层岩性、隔水底板的形状及人为因素等。

1）地形地貌的影响

潜水面的总的起伏常与地形一致。山区地形切割剧烈，潜水坡度大；平原地区地形平缓，切割微弱，潜水的坡度小。如川西冲积扇中潜水，在冲积扇的顶部地形坡度较大，故潜水的坡度也较大；在冲积扇边缘地形平缓，潜水的坡度较小；而在平原的广大区域，其潜水坡度则更小。由于与地形一致，故地形分水岭地区，一般也是潜水的分水岭。地下水面坡度常小于地形坡度，形状较地形平缓得多。

2）大气降水的渗入及水文网特征的影响

一个地区的潜水，只有获得大气降水渗入补给，并有水文网的切割，潜水排泄出地表时才能形成潜水分水岭。潜水分水岭形状在铅直剖面上为一上拱半椭圆曲线。潜水分水岭位置取决于潜水分水岭两侧河水位。当河水位同高时，潜水分水岭在中央；当河水位不同高时，分水岭偏向高水位一边，有时甚至消失而成为一抛物线形状（图 3－6）。在河间分水岭地区，如果透水性渐变时，潜水分水岭不位于两河中央，而偏向透水性弱的一岸（图 3－7）。在河网切割程度相同的情况下，河间地带岩石透水性越好，则地下水埋藏越深，地下水面越平缓；透水性越差，则地下水埋藏越浅，向沟谷排泄的坡度越陡（图 3－8）。

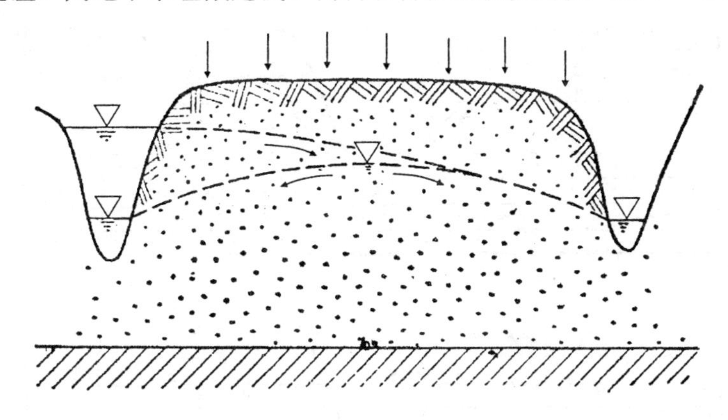

图 3－6　河间地带潜水分水岭的变化趋势

3）含水层的岩性及其厚度的影响

当含水层的岩性沿潜水流方向发生变化时，潜水面的形状亦相应地发生变化。如果沿潜水流方向颗粒变粗、透水性增强，则潜水面坡度趋于平缓，反之则变陡；当含水层厚度沿潜水流方向增厚时，潜水面坡度变缓，反之则变陡（图 3－9）。

4）隔水底板的形状对潜水面的影响

隔水底板的形态不同，则其对潜水面的影响不同，分为以下三种情况。

（1）隔水底板为洼地或盆地形状，特别是某些河谷盆地，在枯水季节，可成潜水湖，此

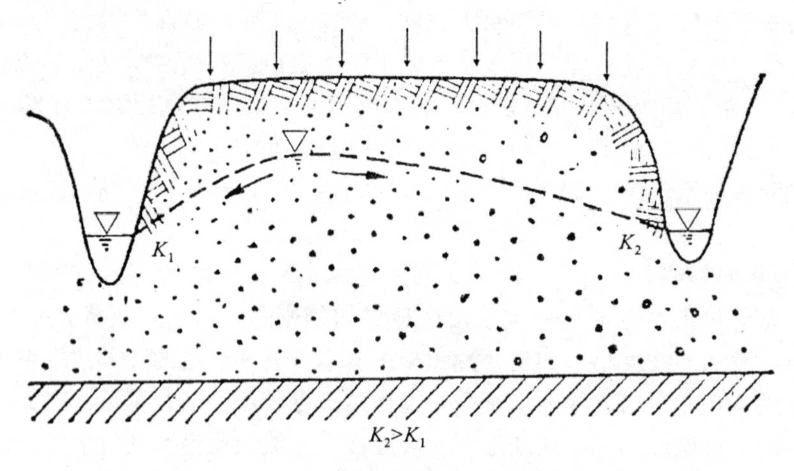

图 3-7 河间地带透水性渐变时潜水分水岭位置变化示意图

注：K_1、K_2 为渗透率。

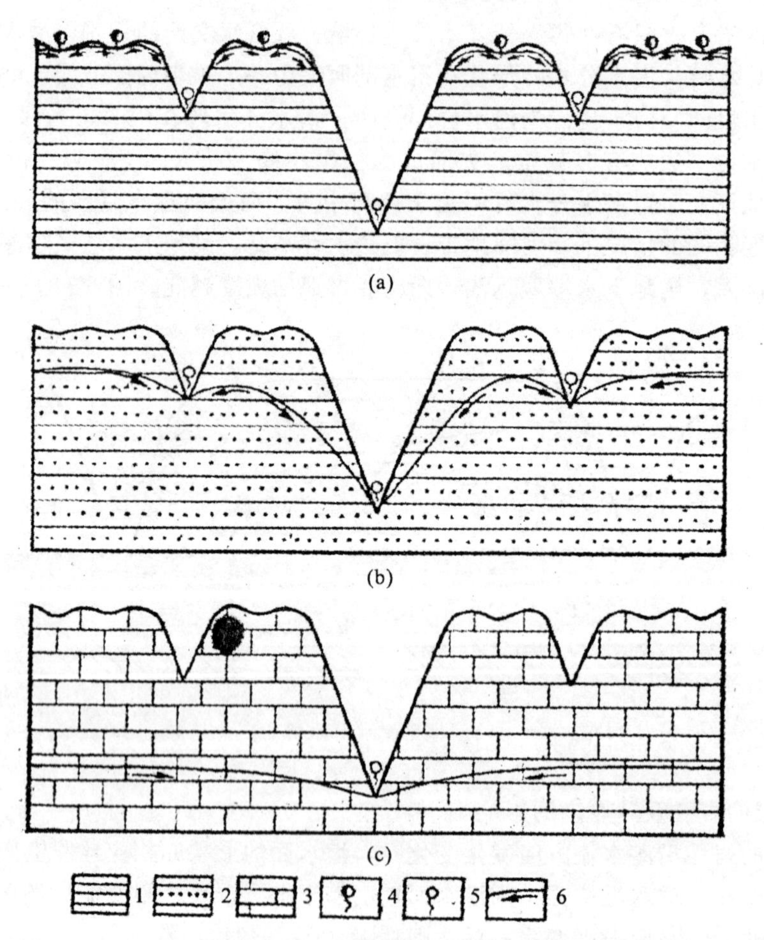

图 3-8 不同透水性岩层地区地下水埋藏情况与河网切割深度关系剖面示意图

(a) 页岩中地下水；(b) 砂岩中地下水；(c) 石灰岩中地下水

1—页岩（弱透水岩层）；2—砂岩（中等透水岩层）；3—石灰岩（强透水岩层）；

4—季节性泉水；5—常年性泉水；6—地下水位及流向

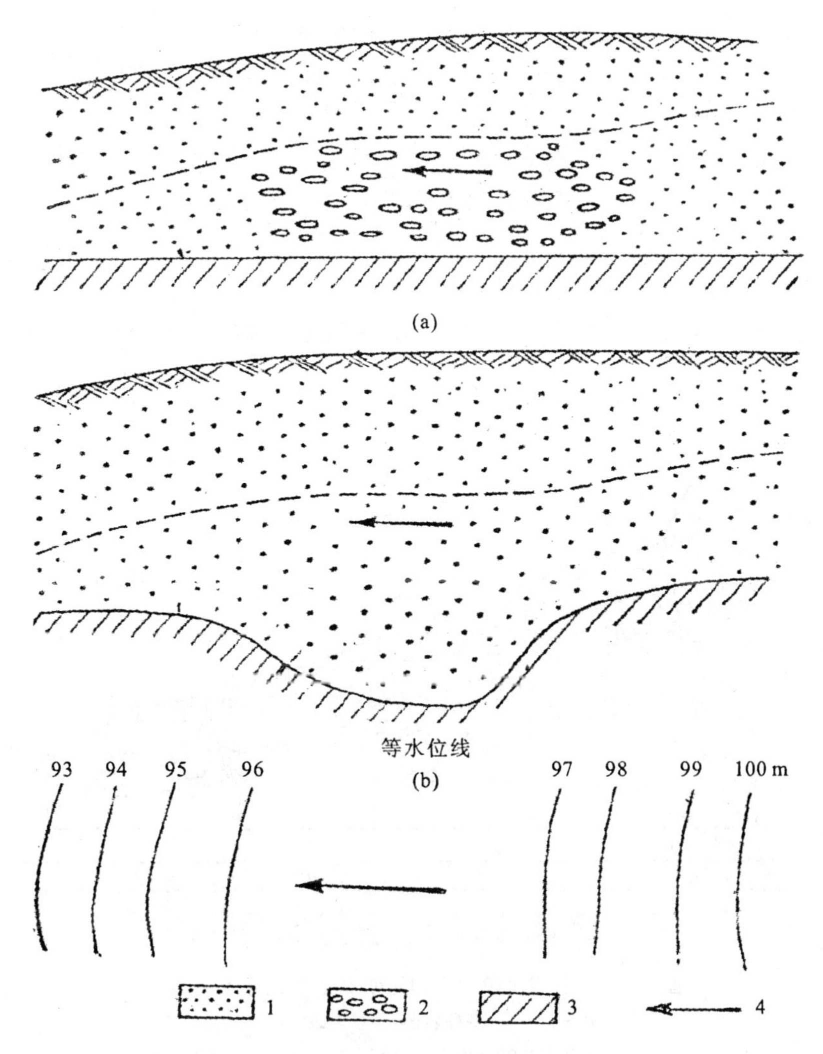

图 3-9 潜水面形状与岩层透水性及厚度的关系

(a) 岩层透水性沿流程变化；(b) 岩层厚度沿流程变化

1—含水砂；2—含水砾石；3—隔水底板；4—地下水流向

时潜水面为水平状，而当丰水季节时，水面上升高出盆地边缘的隔水底板，又可形成潜水流（图 3-10）。

(2) 隔水底板隆起形成一隆坎，此时潜水流在此隆坎处产生壅高现象，使水面坡度变缓，潜水可能溢出地表（图 3-11）。

(3) 隔水底板由于构造原因形成梯坎，此时潜水面往往也形成跌水现象。如甘肃古浪县保和附近，由于断层使基岩断裂形成陡坎，在断层上盘潜水埋深 32m，而在相距很近的断层下盘，打到 103m 尚未见水。根据物探结果，其地下水埋深在 145m 左右（图 3-12）。

此外，人工抽取潜水，可使潜水面形成一个以抽水井为中心的漏斗状曲面。潜水面倾斜的方向总是朝向排泄区，潜水面最大倾斜方向表示地下水的流向，其形状变化是各种自然及人为因素影响的结果。

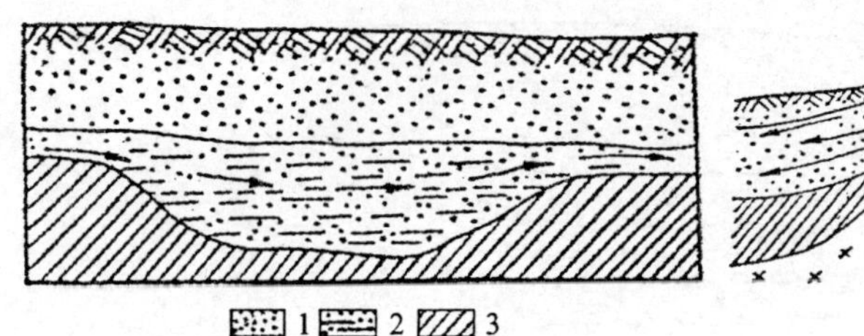

图 3-10 潜水流及潜水湖剖面示意图

1—砂层；2—含水砂层；3—隔水层

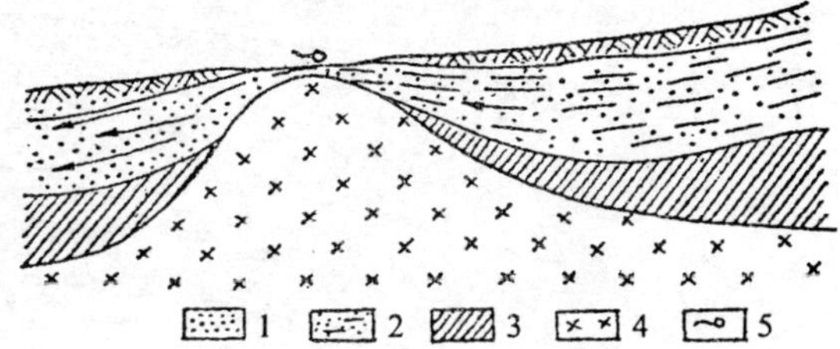

图 3-11 潜水流壅水现象

1—砂层；2—含水砂层；3—黏土；4—结晶岩层；5—泉

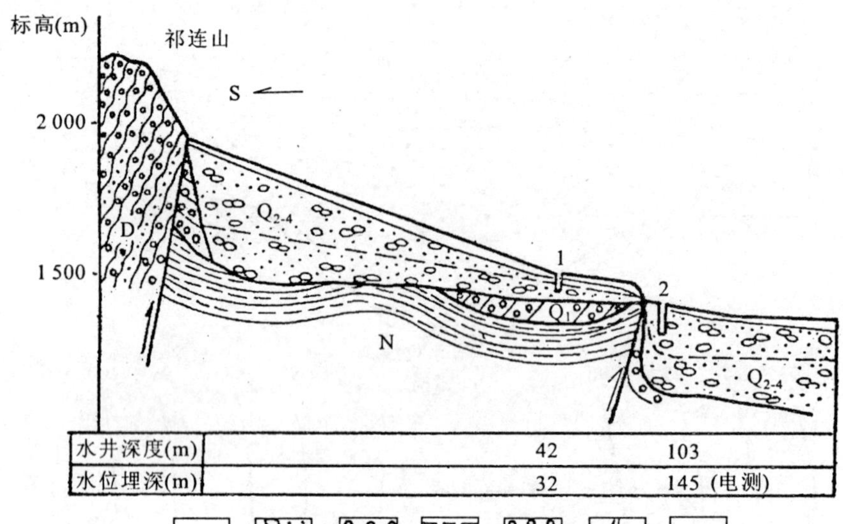

图 3-12 甘肃古浪保和附近水文地质剖面示意图

1—亚砂土；2—砂砾卵石层；3—砾岩；4—泥岩；

5—浅变质的砾岩及砂岩；6—逆断层；7—地下水水位

3.3.2.2 潜水面的表示方法及潜水等水位线图的意义

潜水面在图上的表示方法一般有两种形式，即水文地质剖面图和潜水等水位线图。这两种图都要在水文地质调查、勘探过程中获得有关水文地质资料并进行编制。这些资料除了包括地形图资料外，应当有潜水天然露头点位置及水位、水量、各勘探孔的位置标高、地下水位、含水层的岩性、厚度、成井工艺等。在基岩地区，应搜集岩芯获取率、岩芯素描及钻探情况（如冲洗液消耗量等），以及有关水文、气象资料。

1）水文地质剖面图

水文地质剖面图在具有代表性的剖面线上进行绘制，图中不但有水位，还应标出含水层岩性、厚度、隔水层位置以及它们的变化等（图 3-12）。剖面图上潜水面可以是倾斜曲线、水平线或上拱半椭圆曲线。

2）潜水等水位线图

潜水等水位线图即潜水面的等高线图，它是水文地质基本图件之一（图 3-13）。等水位线图与地形等高线图的作法相似。

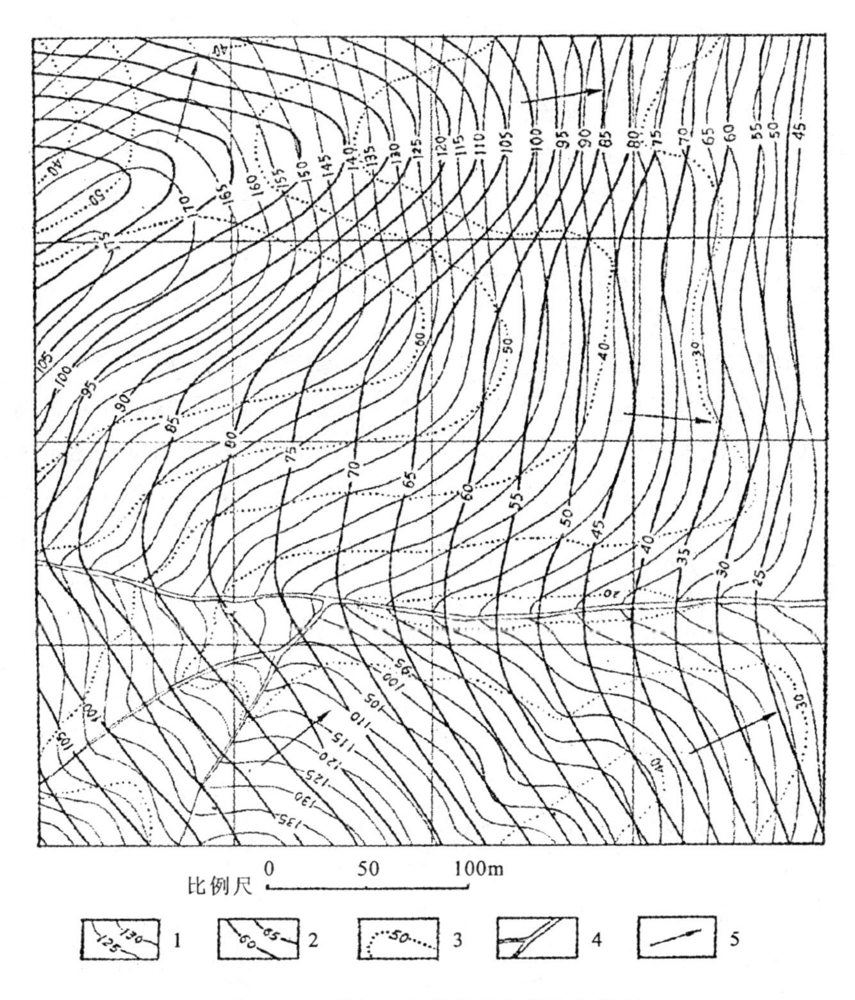

图 3-13 某坝址左岸枯水期等水位线图

1—地形等高线；2—潜水等水位线；3—潜水埋藏深度等值线；4—小溪沟；5—潜水流向

编制潜水等水位线图时，首先必须有足够的潜水天然露头点和人工露头点的水位资料，点的密度决定于测制该图的比例尺的大小。将这些点及其水位资料投于地形图上，根据各点水位大小，按等间距将各水位相同的点连结成线，这就是水位等高线，等水位线的间距大小，决定于比例尺和观测点的数目及潜水坡度的大小。

由于潜水随季节不同而发生变化，因此，在图上应注明测定水位日期及编制日期。最好编制不同季节的等水位线图，这样可表示不同时期潜水的状态，有助于对潜水进行全面了解。

3）潜水等水位线图的用途

潜水等水位线图的用途如下。

（1）确定地下水的流向（即地下水面坡度最大的方向）。垂直于等水位线，从高水位指向低水位的方向，即为地下水的流向。

（2）确定潜水面的坡度（水力坡度）。在潜水流向上任取两点的水位差，除以两点之间的实际距离，即得水力坡度。

（3）确定地下水的埋藏深度。利用地形等高线与等水位线之间的关系来确定，地形高程减去潜水位高程，即为潜水埋藏深度。根据各点潜水埋藏深度，将埋藏深度相同的点连结成等值线，可绘出潜水埋藏深度等值线图。

（4）确定潜水与地表水的补给关系（图 3-14）。

（5）确定含水层厚度及其变化情况。当已知隔水底板高程时，可用潜水高程减去隔水底板高程，即得该点含水层厚度。当已知各点隔水底板高程时，可类似等水位线作法，绘出隔水底板等高线，并根据此底板等高线与潜水等水位线的关系，求出各点含水层厚度，作出含水层等厚线图。

（6）可以用等水位线图分析推断含水层透水性、厚度的变化及地下隐伏构造。

（7）确定地下水给水工程位置，及判断其他工程施工是否需要采取排水措施。因为潜水等水位线图可以提供潜水补给、排泄、埋藏、分布、含水层厚度等情况，这就为地下水作为供水水源位置的选择提供了可靠的资料，为工程建筑的排水也提供了必要的资料。

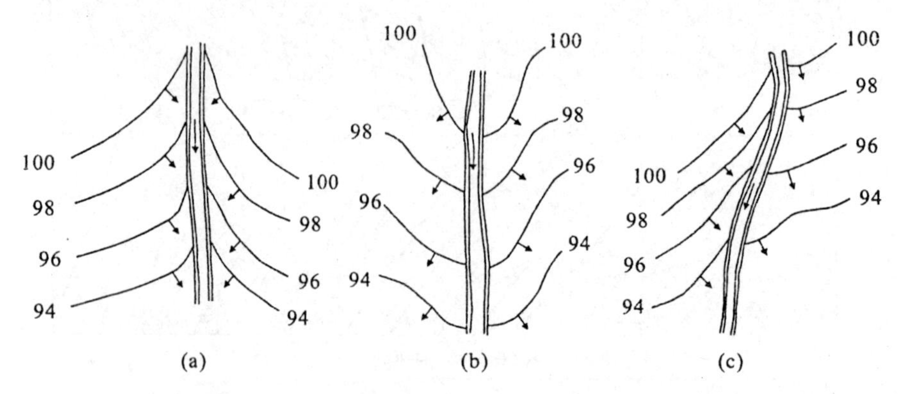

图 3-14　从潜水等水位线图上判读潜水与地表水补给关系

(a) 潜水补给河水；(b) 河水补给潜水；(c) 河水一侧接受补给，一侧排泄潜水

3.3.3　潜水的补给和排泄

3.3.3.1　潜水的补给条件

潜水含水层自外界获得水量称为补给。在补给过程中潜水的水质也随之发生相应的变化。潜水的补给条件包括补给来源、补给量、影响补给的因素等内容。潜水最普遍的和最大量的补给源是大气降水渗入。降水渗入使潜水水量增加，水位升高；缺水季节，潜水位下降，反映出相应的季节变化。潜水位的峰值与大气降水的峰值一致。在缺水的冬季，潜水位也最低，反映了降雨对潜水补给的控制作用。大气降水补给潜水的数量的多少，取决于降水量大小、降水性质及延续时间、植被覆盖、地表坡度、包气带厚度及包气带的透水性等。分析一个地区的补给时，应将这些因素综合考虑。若降水强度不大、延续时间长，则渗入量就多；包气带岩石渗透性越好，越有利于渗入，如广西岩溶地区地下径流系数可达 80%，说明大部分降水补给了地下水。当包气带厚度大（即潜水埋藏深度较大）时，渗入水到达潜水的时间延长，因而潜水位的峰值与降水量的峰值滞后时间延长。

地表水流补给潜水常发生在河流的下游，如我国黄河下游黄河大堤以内河床的地面标高，往往高于大堤以外几米至十几米，因此黄河水常补给附近的潜水。在河流中游常出现的情况是洪水期河水补给潜水，而枯水期潜水补给地表水。图 3－15 为地表水与潜水的几种补给关系示意图。地表水与潜水的补给关系往往并不固定，常随季节变化，所以在实际工作中必须根据它们之间的水位、流量、等水位线图及长期观测资料确定。

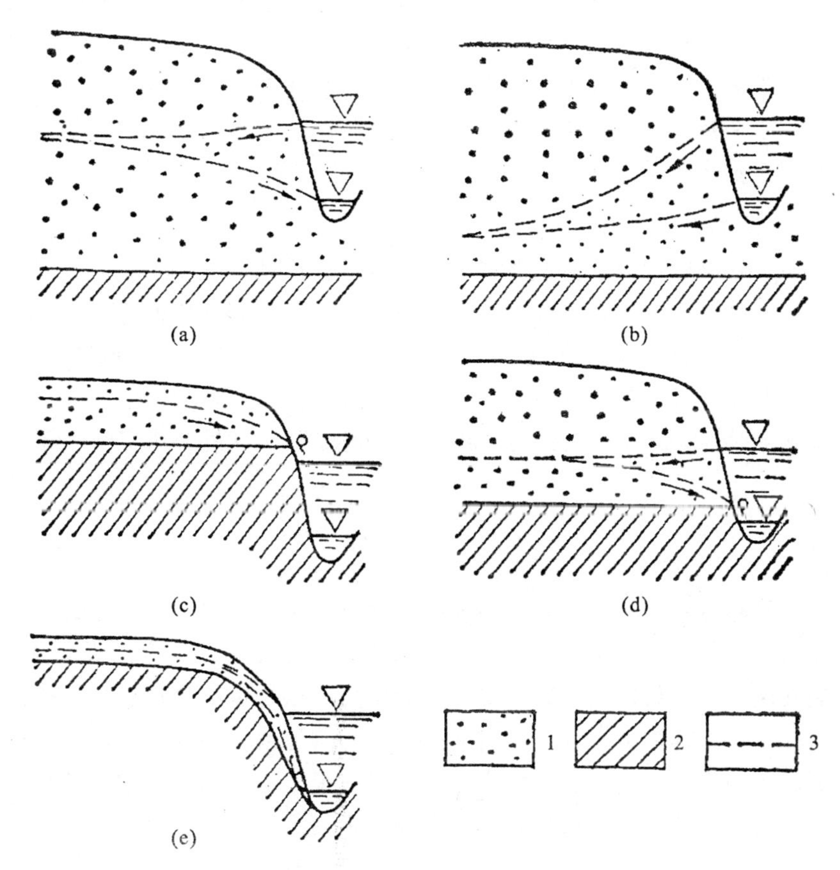

图 3－15 地表水与潜水在各种不同情况下的关系

(a) 枯水季节潜水面倾向河流，洪水季节潜水面背向河流；(b) 潜水面背向河流，潜水由河水补给；(c) 潜水和地表水没有水力关系；(d) 在高水位时，潜水和地表水有水力联系；(e) 仅在狭窄的沿岸地带河流对潜水位有影响

1—透水层；2—隔水层；3—潜水位

河水对潜水补给量的大小，主要取决于两者水位差的大小、洪水延续时间、河流流量及含水层的透水性等。河水位高出潜水位越多、洪水延续时间越长、流量越大、含水层透水性越好，则潜水获得补给量就大。当承压水的水位高于潜水时，承压水可以通过它们之间的弱透水层补给潜水，这种补给称为“越流补给”。越流补给可以在两个水位不同的含水层之间产生。凝结水的补给，在干旱气候条件下，也是地下水的重要补给来源。另外，人工补给也是地下水补给来源之一，利用人工设施（如人工盆地、渠道、漫灌等）将地表水灌入地下，以增加地下水量。目前，在一些国家人工补给的地下水占地下水总用水量的 30%左右，人工回灌已日趋为人们所重视。

3.3.3.2　潜水的排泄条件

潜水含水层失去水量的过程称为潜水排泄。在排泄过程中，潜水的水量、水质、水位都随之发生变化。在地形切割剧烈的山区，一般情况下，潜水顺着坡面流向沟谷，以泉的形式排泄于地表或补给地表水。潜水可以径流的形式排泄于承压含水层中，或因潜水水位高于承压含水层水位，透过弱透水层而产生越流补给，即潜水排泄于承压水。潜水另一个排泄途径就是蒸发。潜水埋藏越浅，蒸发作用越强烈，水量消耗于蒸发越大。气候条件对蒸发影响甚为强烈，如新疆干旱气候条件，潜水埋深为7～8m甚至更大深度，都受到强烈蒸发作用的影响。此外，人工抽水也是潜水排泄的方式之一。

3.3.3.3　潜水的水交替

自然界地下水从补给到排泄是通过径流来完成的，因此，地下水的补给、径流、排泄组成了地下水循环。地下水在循环过程中，其水质、水量都不同程度地得到更新置换，这种更新置换称为水交替。潜水水交替的强弱，表明了潜水循环的快慢。它取决于含水层的透水性、补给量的多少及地形条件。含水层透水性好、补给量多、地形坡度大、切割剧烈、排泄通畅，这时径流条件就好，水交替强烈，地下水循环就快。此外，水交替还随深度而减慢。

3.4　承压水

承压水是一种较常见的地下水，它多埋藏在地下较深的部位，与一定的地质构造有密切的关系。松散沉积物及坚硬的基岩中都可见到承压水。在隔水顶板未能破坏或未被打穿时，地下水被限制在两个隔水层之间，并承受一定的压力，当打穿不透水层，用钻孔揭露水层顶板后，承压水在水头的作用下上升，涌出地表，直到到达某一高度才会稳定下来。在适当的条件下，地下水可喷出地表，所以又称为自流水或喷泉。承压水是良好的供水水源，但对于工程建筑，特别是地下建筑或矿山采矿，常造成危害。

3.4.1　承压水的概念

据历史记载，我国承压水的发现及开凿最早，我们祖先在汉朝初年（2 000多年前）就曾在四川凿自流井取水煮盐，而国外文献记载欧洲最早的承压水发现于12世纪的法国。我国四川盆地、山东的淄博盆地等，均是承压水盆地。济南是我国著名的泉城，城南有奥陶纪石灰岩组成的山地，这些石灰岩岩溶比较发育，在济南附近没入地下，并受到不透水的侵入岩（辉长岩）岩体的阻挡，而上覆的第四纪山前堆积物透水性不好，从而形成承压水构造。它在山区接受大气降水补给，在城区则以上升泉形式涌出地表向外排泄。故济南有“家家泉水，户户垂杨”之说。泉水之多，闻名全国，有名的趵突泉，日涌水量可达7万m^3。近年来，由于大量人工开采，导致地下水位下降，有些泉甚至断流。所谓承压水是指埋藏在地表以下两个隔水层之间具有压力的地下水（图3-16）。当这种含水层中未被水充满时，其性质与潜水相似，称为无压层间水。

当钻孔揭露承压含水层时，由于水压力的影响，水位能上升到一定高度，图3-17中的H_1为承压水位（稳定水位），H'为初见水位，H_2为该处隔水顶板所受到的静水压力值，称为水头值。水头高出地表叫正水头，此时如果用钻孔钻穿该处隔水顶板，承压水便可溢出地表，

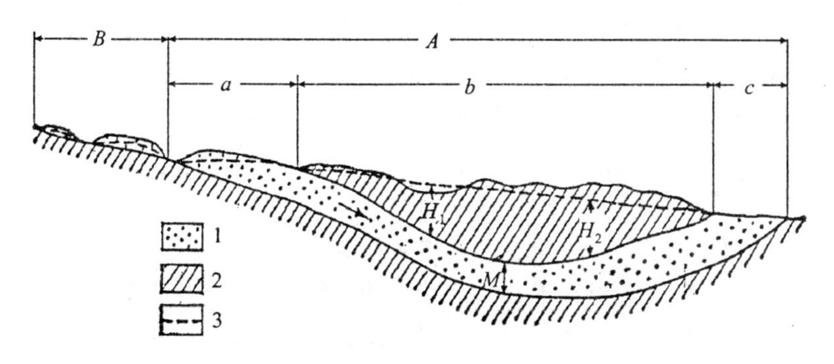

图 3－16　承压水埋藏分布图

A—承压水分布范围；B—潜水分布范围；a—承压水补给区和局部径流区；b—承压区；c—承压水泄水区；H_1—正水头；H_2—负水头；M—承压含水层厚度；1—含水层；2—隔水层；3—承压水位；箭头表示承压水流向

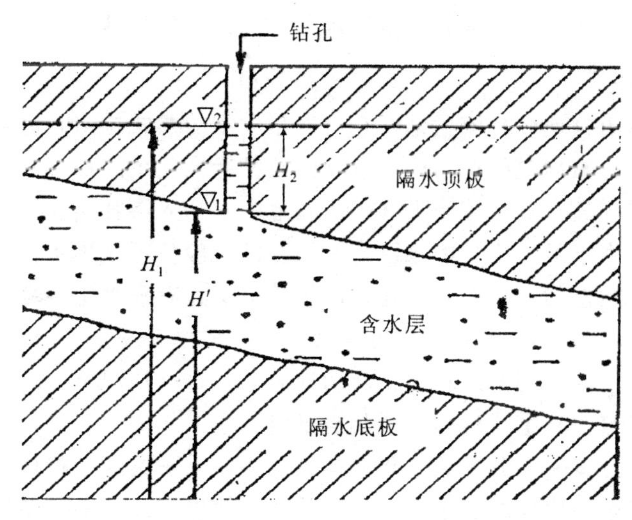

图 3－17　承压水水头示意图

H'—初见水位；H_1—稳定水位；H_2—水头高度

形成自流水井；水头低于地表称为负水头，用钻孔揭露该处承压水时，它不能溢出地表。

3.4.2　承压水的特征

承压水具有稳定的隔水顶板，只能间接接受其上部大气降水和地表水的补给，只要有适宜的地质构造（如盆地、向斜、凹陷、单斜等），孔隙水、裂隙水、岩溶水均可形成承压水，因此承压水受当地气象影响不太显著，存在滞后现象；而且由于隔水顶板的存在，承压水的补给区小于分布区，其动态变化较稳定，不易被污染，常用于供水及灌溉。

（1）承压水具有承压性能。当钻孔揭露承压含水层时，在静水压力的作用下，初见水位与稳定水位不一致，稳定水位高于初见水位。

（2）承压水的分布区与补给区不一致。因为承压水具有隔水顶板，因而大气降水及地表水不能处处补给它，故补给区常小于分布区。补给区往往处于承压区一侧，且位于地形较高的含水层出露的位置，排泄区位于地形较补给区低的位置。

(3) 受外界的影响相对要小，其动态变化相对稳定。由于承压水是自补给区流入广大的承压区，再向低处排泄，故承压水的水量、水质、水温等受气候的影响较小，随季节变化不大，而显得稳定。但从另一方面说，在积极参与水循环方面，承压水就不似潜水那样活跃，因此承压水一旦被大规模开发后，水的补充和恢复就比较缓慢，若承压水参与深部的水循环，则水温因明显增高，可以形成地下热水和温泉。

(4) 水质类型多样，变化大。承压水的水质从淡水到矿化度极高的卤水都有存在，可以说具备了地下水的各种水质类型。有的封闭状态极好的承压含水层，与外界几乎不发生联系，至今保留着古代的海相残留水，由于浓缩的缘故，其矿化度可达数百克每升之多，此外，承压水质常呈现垂直或水平分带的规律。

3.4.3 承压水的形成

承压水的形成主要取决于地质构造条件，只要有适合的地质构造，无论孔隙水、裂隙水或岩溶水都可以形成承压水。最适宜于承压水形成的是向斜构造和单斜构造。

3.4.3.1 向斜盆地构造

向斜盆地又称承压盆地或自流盆地，它可以是大型的复式构造，亦可以是单一的向斜构造。无论是哪一类，一般均包括补给区、承压区及排泄区三个组成部分。补给区通常处于盆地的边缘，地形相对较高，直接接受大气降水和地表水的入渗补给。从补给区当地来看，它是潜水，具有地下自由水面，不受静水压力。承压区一般位于盆地中部，分布范围较大，含水层的厚度往往因受构造的影响而有变化，由于其上覆盖有隔水层，含水层中的水承受静水压力，具有压力水头，如果承压水头高出地表，这时的水头称为正水头，反之，称为负水头。排泄区一般位于被河谷切割的相对低洼的地区，在这种情况下，地下水常以上升泉的形式出露地表，补给河流。其出流过程一般相当稳定。

我国承压盆地十分普遍，其中位于华北地区的寒武系—奥陶系构成的承压盆地，以及华南地区的石炭系—二叠系构成的承压盆地最为重要。此外，我国第四系坳陷所形成的自流盆地也有重要意义。这些盆地不但分布面积广，而且水质好、水量丰富，例如，陕西省关中平原、山西的汾河平原、内蒙河套平原以及新疆等地的许多山间盆地，都属第四系坳陷所构成的承压盆地。

3.4.3.2 承压斜地构造

承压斜地又称自流斜地，它主要由单斜岩层组所组成。它的重要特征是含水层的倾没端具有阻水条件。造成阻水条件的成因归纳起来主要有以下三种。

(1) 透水层和隔水层相间分布，并向一个方向倾斜，地下水充满在两个隔水层之间的透水层中，便形成承压水。

(2) 由于含水层发生相变或尖灭形成承压斜地。含水层上部出露地表，下部在某一深度处尖灭，即岩性发生变化，由透水层逐渐转化为不透水层，形成承压条件。

(3) 由于含水层倾没端被阻水断层或阻水岩体封闭，从而形成承压斜地。山东济南附近石灰岩层被闪长岩侵入体所掩盖，迫使岩溶水以泉的形式涌出地表，形成典型的承压水斜地。承压斜地亦可划分为补给区、承压区与排泄区三部分，但其相对位置则视具体情况而定。可以像自流盆地那样，补给区与排泄区位于两侧，中间为承压区；亦可能承压区位于一侧，而补给区与排泄区相邻。

3.4.4 承压水的补给、径流和排泄

3.4.4.1 承压水的补给条件

承压水的补给，一般在承压含水层出露地表且地形上和构造上较高的部位，这些部位主要由大气降水或地表水补给。补给的强弱取决于补给区分布范围及岩石的透水性。补给区的范围大，岩石透水性好，则有利于补给的进行；同时补给强弱与补给源水量的大小有密切关系。如降水量大或地表水流量大，则渗入补给就多。潜水也是承压水的重要补给来源，位于承压水补给区的潜水，可以向深部循环而补给承压水。潜水对承压水的补给还可以发生在承压区，当潜水水位高于承压水水位时，潜水可以通过断层或其他弱透水层的"天窗"而补给承压水。两承压含水层之间发生补给、排泄关系，主要取决于含水层之间水位差、处于它们之间的隔水岩层的厚度和透水性，以及水力联系通道情况。水位差大，高水位承压含水层可通过一定的通道，补给低水位的承压含水层。若水位差存在，但隔水层厚度大、透水性极差（即承压含水层封闭条件好），含水层之间就不一定发生水力联系。

3.4.4.2 承压水的排泄条件

承压水的排泄有以下几种形式：当承压水排泄区有潜水存在时，则直接排入潜水中；当水文网下切至承压含水层时，承压水可以排泄于河流或以泉的形式排泄于地表。承压水还可以通过导水断层向地表排泄。

3.4.4.3 承压水的循环条件

承压水的补给排泄是通过径流循环来完成的。承压水的循环条件较之潜水更多地受地质构造因素的控制。水交替的强弱，说明地下水循环的快慢。地下水循环的快慢可用水交替系数描述。水交替系数是指含水层全年的排泄量与其储水量之比。对于潜水来说，气候潮湿、水文网发育，此系数为 0.1～1.0。承压水的水交替可以小于 0.000 01，所以对于大型的承压盆地（或斜地），水的全面交替需要很长时间。

影响水交替强弱的因素有含水层分布范围大小、含水层的透水性、补给区与排泄区的水位高差、补给区与承压区面积比值以及气候因素等。

（1）含水层分布范围大、含水层厚度大，则渗透途径长，水交替就缓慢；反之，含水层分布范围不大、厚度不大，则水交替迅速。

（2）含水层的透水性愈好，则水交替愈快；反之，透水愈不好、水交替愈缓慢，这时水矿化度增高。

（3）补给区与排泄区之间的水头差愈大、承压含水层中地下水的运动速度愈快，水交替愈强；反之，水头差小，水交替弱。

（4）补给区与承压区面积的比值越大，气候潮湿多雨，则补给承压水的水量就大，水的交替就快。对于大型的承压盆地或斜地，地下水的交替具分带规律性，邻近补给区为水的积极交替带，沿水流方向向下为水的缓慢交替带和水的停滞带。此三带与水的化学成分的垂直分带规律相适应。水的积极交替带水化学类型常为 HCO_3^- 型淡水；第二带缓慢交替带水化学类型常为 SO_4^{2-} 型或 $SO_4^{2-}-Cl^-$ 型中等矿化水；第三带为水的停滞带，水化学成分进一步浓缩，形成高矿化的 Cl^- 型水，水中某些溶解度较低的物质成分，可以从水中沉淀出来。值

得注意的是，深部承压水中有时可以遇到矿化度较低的水存在，有人认为，这些水有的可能与古埋藏水有关。古埋藏水的矿化度和最初的沉积环境及其以后的地质历史变迁又有密切关系，因而组成承压水的化学成分常常是复杂的。

3.4.5　承压水等水压线

承压水的等水压线图与潜水等水位线图一样，是水文地质基本图件之一。它可以帮助我们分析承压水的形成条件，掌握承压水的补给、径流、排泄的情况，如确定地下水流向、水力坡度、各含水层及地表水之间的水力联系、含水层厚度及透水性的变化等，同时对于工程建筑及供水都有很大的实际意义。

所谓等水压线，就是压力水位标高相同点的连线。将这些等水压线绘制在同一图上，可得出承压水面，承压水面不同于潜水面，潜水面是一个实际存在的面，而承压水面是一个势面，这个面常与地形极不吻合，甚至高于地表（正水头区），钻孔钻到承压水位处是见不到水的，必须凿穿隔水顶板才能见到水，因此，通常在等水压线图上要附以含水层顶板等高线。

等水压线图绘制的方法与潜水等水位线图相同。制作时，将各钻孔及地下水的天然露头（泉）的承压水标高标于一定比例尺的地形图上，然后以内插法求出各等间距的等水压线，即得等水压线图（图 3-18）。

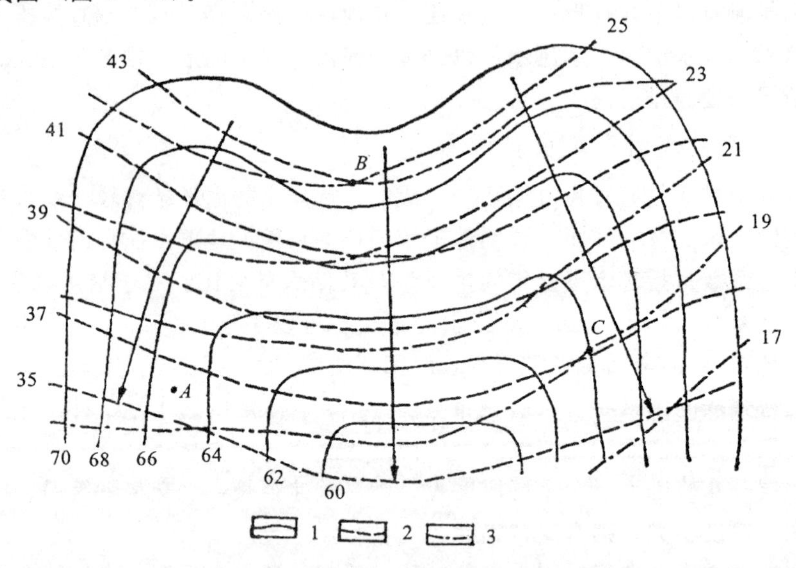

图 3-18　等水压线图

1—地形等高线；2—等水压线；3—含水顶板等高线

思考题 3

1. 什么叫包气带地下水？它是如何形成的？

2. 什么叫潜水？它有哪些特征？影响潜水面形状的因素有哪些？潜水面的表示方法有哪几种？潜水等水位线图有哪些用途？潜水的补给条件和排泄条件如何？

3. 什么叫承压水？它有些什么特点？它与潜水如何区别？承压含水层之间的补给关系取决于哪些因素？绘图说明承压水的补给区、承压区、排泄区的特点。

4. 地下水只要是“稳定水位高于初见水位”就可以判别是承压水，对不对？为什么？

4 地下水系统及地下水循环特征

4.1 地下水系统

系统是指由相互作用和相互依赖的若干组成部分结合而成的具有特定功能的整体。系统思想与系统方法的核心是将所研究的对象作为一个有机的整体，从整体的角度去考察、分析与处理事物。

地下水系统包括地下水含水系统与地下水流动系统（图 4－1）。

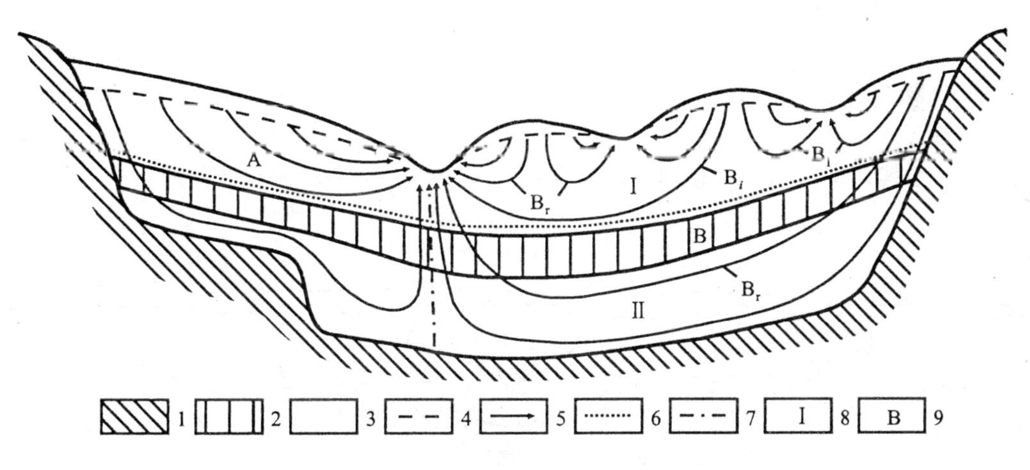

图 4－1 地下水含水系统与地下水流动系统

（据王大纯等，1995）

1—隔水基地；2—相对隔水层；3—透水层；4—地下水位；5—流线；6—子含水系统边界；7—流动系统边界；8—子系统代号；9—子流动系统代号

注：B_r、B_l、B_1 分别为流动系统的区域的、中间的与局部的子流动系统。

地下水含水系统是指由隔水或相对隔水层所圈闭的、具有统一水力联系的含水岩系。在含水系统中的任一部分加入（补给）或排出（排泄）水量，均会波及整个含水系统。一个含水系统通常由若干含水层和相对隔水层组成，其边界为隔水边界。控制含水系统发育的主要因素是地质结构。

地下水流动系统是指由源到汇的流面群构成的、具有统一时空演变过程的地下水体。沿水流方向，盐量、热量与水量发生有规律的变化。流动系统以流面为边界，是时空四维系统。控制地下水流动系统发育的主要因素是水势场。

含水系统与流动系统均具有级次性，即存在不同级次的子系统。在同一空间中，流动系统可以穿越子含水系统的边界，子含水系统的边界也可以限制流动系统的穿越。

4.2 地下水流动系统

地下水流动系统理论以势场及介质场的分析为基础，将渗流场、化学场及温度场统一于新的地下水流动系统概念框架之中。

4.2.1 水动力特征

地下水的流动，主要以重力势能作为主要的驱动能量，并在其流动过程中，受到黏滞性摩擦阻力的作用，机械能将逐渐降低。通常情况下，地形控制着重力势能的分布，地形高处常为势源，地形低洼处通常是势汇（低势区）。受地形控制的势能称为地形势。

在静止的水体中，各处的水头相等。在流动的水体中，在垂直断面上沿着流线方向，水头逐渐降低。在势源处任一点的水头均小于静水压力，而在势汇处任一点的水头均大于静水压力。

盆地的几何形态对地下水的径流存在重要影响。Tóth（1963）通过解析解将地下水流动系统划分为三类（图 4－2）：①局部流动系统，即补给区所在的地势高处与排泄区所在的地势低处相邻的系统，其埋藏较浅、流程较短，补给区面积占含水层分布范围的大部分；②中间流动系统，即补给区与排泄区之间存在一个或多个地势高处和低处的系统；③区域流

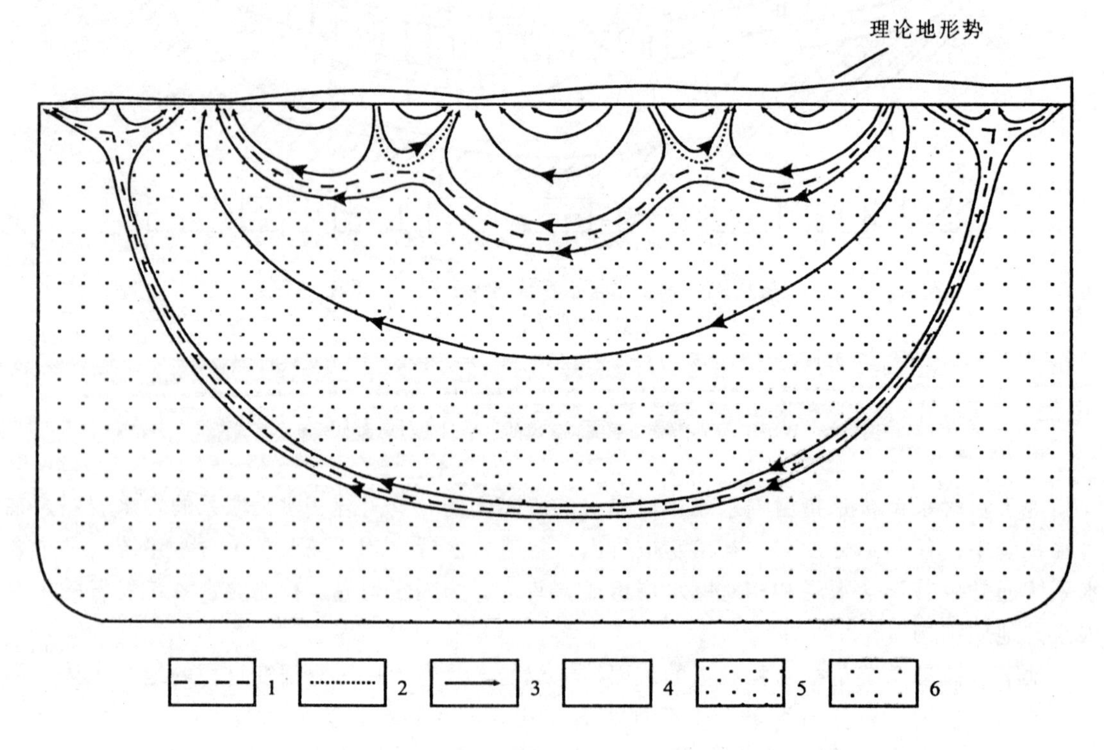

图 4－2　均质各向同性潜水盆地中的理论流动系统

（Tóth，1963，转引自王大纯等，1995）

1—不同级别流动系统的分界；2—同一级别流动系统的分界；3—流线；
4—局部流动系统；5—中间流动系统；6—区域流动系统

动系统，即补给区位于主要地势高点（分水岭）而排泄区位于主要地势低点（河谷底部）的流动系统，其补给区面积远小于该含水层的分布范围。

当同一介质场中存在两个或更多的地下水流动系统时，它们所占据的空间大小取决于两个因素：①势能梯度，等于源汇的势差除以源汇的水平距离，势能梯度越大的流动系统占据的空间也越大；②介质渗透性，透水性越好的流动系统，其所占据的空间也越大。

4.2.2　水化学特征

地下水水质的控制因素有：①输入水质；②流程；③流速；④流程上遇到的物质及其可迁移性；⑤流程上经受的各种水化学作用。

地下水流动的整个过程中，对流经岩土的溶滤将使其化学成分不断变化。当其他条件相同时，地下水在岩层中滞留的时间越长，从周围岩土中溶滤获得的组分就越多。因此，局部流动系统的地下水成分较简单、矿化度较低。区域流动系统的地下水成分复杂、矿化度高，但在补给区，其流程短、矿化度不高。

地下水流动系统中的不同部位，其主要化学作用不同。通常地下水流动系统的浅部为氧化环境，深部为还原环境（易发生脱硫酸作用）。地下水在向上流动过程中，随着压力的降低，将发生脱碳酸作用。在干旱气候条件下，排泄区浓缩作用显著。在不同流动系统的汇合处，将发生混合作用。

4.2.3　水温度特征

在常温层之下，温度随深度的增加而增大，大致呈水平分布。在地下水流动系统中，补给区的地下水受入渗水的影响，地温偏低。排泄区的地下水，由于上升水流较热，地温偏高。因此，在无地热异常的地区，可根据地下水温度的分布，判定地下水流动系统。

4.3　地下水补给

地下水补给是指含水层或含水系统从外界获得水量的过程。地下水通过补给获得水量，使地下水位升高，势能增加，促使地下水不停地流动。

地下水的补给来源有大气降水、地表水、凝结水、灌溉水以及人工补给等。其中大气降水与地表水是地下水的两种主要补给来源。

1）大气降水的补给

大气降水到达地面以后，一部分通过蒸发回到大气中，另一部分便向岩石、土壤的空隙中渗入，若降雨强度大于入渗强度，来不及渗入的水分则形成地表径流。

大气降水的入渗补给方式主要为活塞式与捷径式两种。活塞式入渗方式是入渗水的湿锋面整体向下推进。捷径式入渗方式是指降水强度较大时，一部分入渗水沿着渗透性较好的裂隙、大孔道等通道快速下渗，且在下渗过程中向周围的小孔隙流动。

影响大气降水补给地下水的因素如下。

（1）年降水总量。年降水总量越大，包气带的水文亏损就容易得到补足，进而利于补给地下水。

（2）降水特征。包括降水强度及降水时间，降水强度合适、降水时间长，有利于补给地下水。

(3) 包气带特征。包气带渗透性好、厚度适中，有利于大气降水入渗补给。

(4) 地形。平缓的地形及局部洼地，有利于滞积地表径流，增加地下水的补给量。

(5) 植被。森林、草地对坡流有阻滞作用，并能保护土壤结构，利于降水入渗。但浓密的植被，尤其是农作物，蒸腾作用强烈，将造成大量水分亏损。

2) 地表水的补给

地表水包括一切地表汇集的水体，如江、河、湖、海等，它们与地下水关系密切。

通常在河流中上游地带，河水位常低于地下水位，地下水补给河水。只有在洪水期间，河水位迅速上升，而地下水位上升较慢，河水补给地下水。山区河流流经山前洪积扇时，岩石透水性好，地下水位埋藏较深，河水补给地下水，甚至全部渗入地下。在平原地区，以河水补给地下水为主。

河水补给地下水时，补给量的大小取决于下列因素：透水河床的长度与浸水周界的乘积，河床的透水性，河水位与地下水位的高差，河床过水时间等。

3) 凝结水补给

凝结作用是指气温下降到一定程度由气态水转化为液态水的过程。一般情况下，凝结水补给地下水作用有限，但在降水少、地表径流贫乏而日温差较大的沙漠地区，凝结水补给是地下水的主要来源之一。

4) 灌溉水补给

灌溉水补给包括灌溉渠道和灌溉田间渗漏补给地下水，该补给水称为灌溉回归水。灌溉渠道的补给方式与地表水补给地下水类似，而灌溉田间渗漏补给地下水与大气降水入渗相似。灌溉水补给地下水的比例取决于灌水方式，喷灌亩次灌水量在 $20m^3$ 以下时，灌溉水很难下渗补给地下水；畦灌亩次灌水量为 $40\sim100m^3$ 时，下渗量可占灌水量的 20%～40%。因此，不合理的灌溉可引起潜水位大幅度地上升，导致土壤次生沼泽化与盐渍化。

5) 人工补给

地下水的人工补给是指采取有计划的人为措施，使地下水得到天然补给以外的额外补给。人工补给地下水可以利用含水层作为地下水库；可以维护和改善生态环境；可以防治自然灾害等。人工补给地下水常采用地面、河渠、坑塘蓄水下渗补给、井孔灌注等方式。

4.4 地下水排泄

地下水排泄是指含水层或含水系统失去水量的过程。其排泄方式有泉的溢出、向地表水泄流、蒸发、人工排泄等。

4.4.1 泉

泉是地下水的天然露头，常见于山区丘陵和山前地带的沟谷与坡脚，在平原地区很少见。泉是地下水的主要排泄方式之一。

根据补给泉的含水层的性质，泉可分为上升泉和下降泉。由承压含水层补给的泉为上升泉；由潜水或上层滞水补给的泉为下降泉。

根据泉的出露原因，泉可以分为侵蚀泉、接触泉、溢流泉、断层泉和接触带泉。侵蚀泉是由地形（沟谷、河流）切割地下水面而形成的泉，它既可以是切割潜水含水层形成的下降泉[图 4 - 3(a)、(b)]，也可以是切穿承压含水层的隔水顶板形成的上升泉[图 4 - 3(h)]。接触泉是地形切割达到含水层底板时，地下水被迫从两层接触处出露形成的下降泉[图 4 - 3(c)]。溢流泉是由于潜水流前方透水性急剧变弱，或下伏隔水底板隆起、潜水流动受阻而溢出地表形成的下降泉[图 4 - 3(d)、(e)、(f)、(g)]。断层泉是地下水在水压作用下沿导水断层上升至地表形成的上升泉[图 4 - 3(i)]。接触带泉是岩脉或岩浆侵入体与围岩的接触带，常因冷凝收缩而产生裂隙，地下水沿此接触带上升形成的泉［图 4 - 3（j)]。

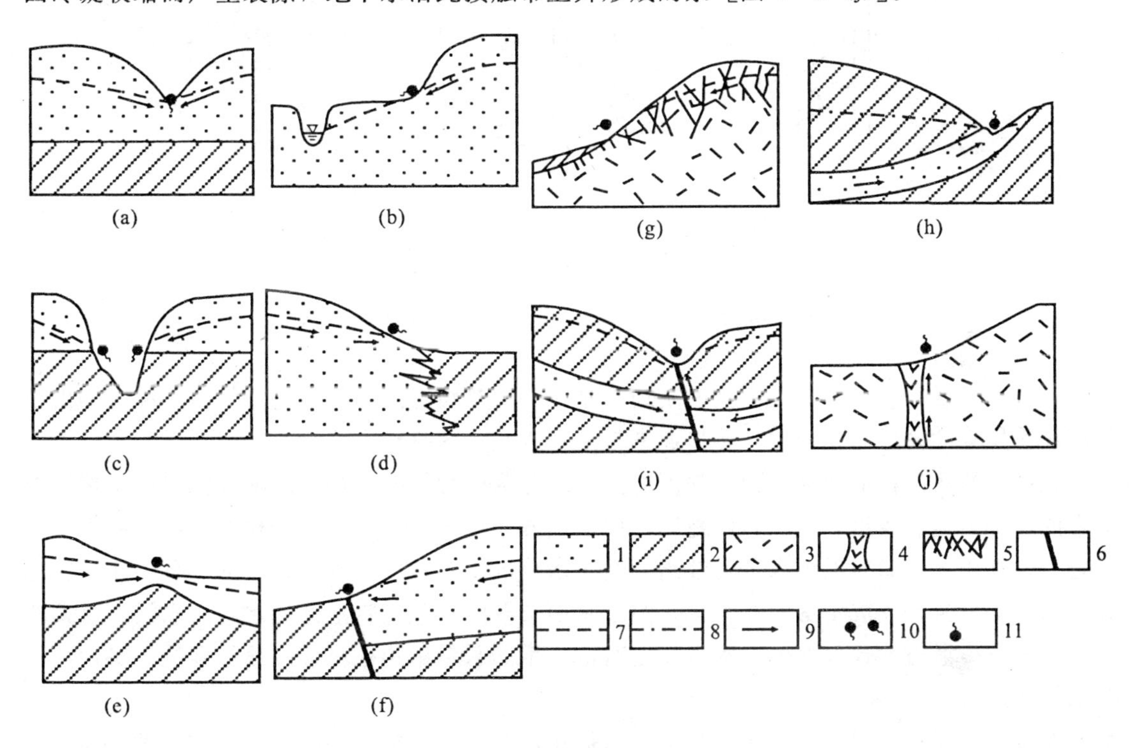

图 4 - 3　泉的类型

（据王大纯等，1995）

(a)、(b)、(h) 侵蚀泉；(c) 接触泉；(d) ～ (g) 溢流泉；(i) 断层泉；(j) 接触带泉

1—透水层；2—隔水层；3—坚硬岩基；4—岩脉；5—风化裂隙；6—断层；7—潜水位；8—测压水位；9—地下水位；10—下降泉；11—上升泉

4.4.2　泄流

当河流切割含水层时，地下水沿河呈带状向河流排泄，称作地下水的泄流。当地下水位高于地表水位时，泄流才会发生（图 4 - 4)，主要表现为地下水缓慢地沿河岸渗入或从河流底部渗入。泄流量的大小与含水层的透水性、河床切穿含水层的面积、地下水位与河流水位的高差有关。

4.4.3　蒸发

水分子不停地在液态与气态之间转换，若由液态转化为气态的水分子量多于由气态转化

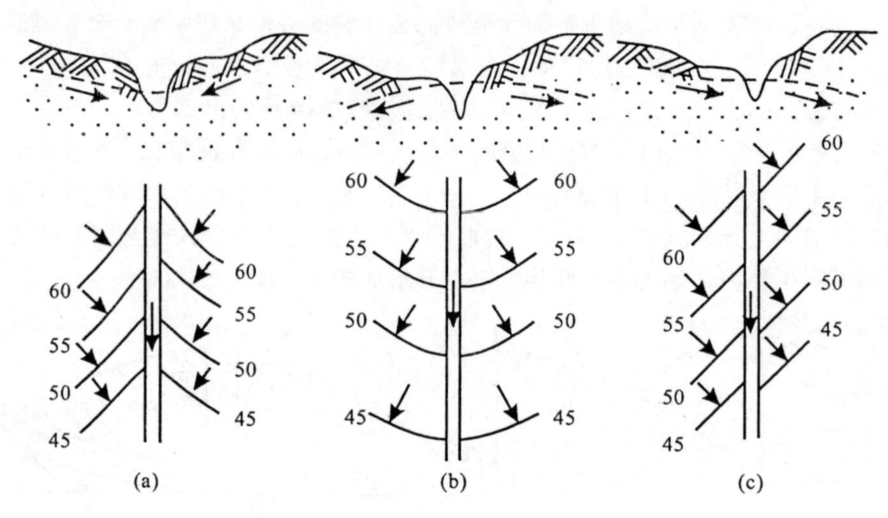

图 4-4 地下水与河水补给关系图

（据盛海洋等，2012）

(a) 地下水补给河水；(b) 河水补给地下水；(c) 河水与地下水互补

为液态的分子量，便发生蒸发。蒸发是地下水的一种排泄方式，特别是在气候干旱区的由松散沉积物构成的平原与盆地中，蒸发通常是地下水主要的排泄方式之一。

地下水的蒸发排泄与潜水面的深度有关，可分为两种情况。当潜水面较浅时，支持毛细水带的顶部离地表较近，甚至达到地表，由于蒸发作用，毛细水不断转化为气态，潜水在毛细管力的作用下不断对毛细水进行补给。由于水分的不断蒸发，水流带来的盐分便残留在毛细带的上部，常常造成土壤的盐渍化。当潜水面较深时，包气带上部的水与潜水没有直接联系，其蒸发排泄将消耗包气带的水量，但对饱水带的水量影响很小，一般不会使土壤盐渍化及地下水盐化。

潜水的蒸发将造成土壤盐渍化与地下水盐化，影响潜水蒸发的因素有气候、潜水埋藏深度、包气带岩性及地下水流动系统的规模。

4.4.4 蒸腾

植物生长过程中，不断由根系吸收水分，并在叶面转化成气态水而蒸发，即蒸腾。

蒸腾量与植被密度、土壤有效水分、植物根系分布深度、植物类型等因素有关。植被繁茂的土壤的蒸发量约为裸露土壤的两倍，个别情况下甚至超过露天水面蒸发量。当土壤含水量很低，表面张力大于根系的渗透压力时，地下水不能进入植物根系，此时根系延伸较深的植物可以吸取深部的地下水，具有较好的抗旱性。

4.5 含水层之间的补给与排泄

不同的含水层或含水系统，存在水力联系及势能差时，便会发生相互补给与排泄。常见的含水层之间的水力联系有：①通过含水层之间的重叠部分进行补给及排泄；②通过隔水层中的缺失部位“天窗”发生水力联系，或以越流的方式通过弱透水层进行水量交换；③通过切穿隔水层的导水断层发生水力联系；④通过穿越数个含水层的钻孔发生补给及排泄。

4.6 地下水的径流交替

地下水通过补给和排泄，不断得到交替更新，并从补给区向排泄区流动，形成径流。径流将地下水的补给区与排泄区紧密地联系在一起，是地下水循环系统的重要环节。

地下水的径流特征主要包括径流方向、径流速度、径流量等。地下水的径流方向是地下水在势能差的作用下从地下水补给区向排泄区流动，即从势能高处向势能低处流动。径流速度与含水层的透水性、补给区与排泄区间的水力坡度成正比。径流速度还与深度有关，通常随着深度增加，地下水径流强度逐渐减弱。在含水层的透水性、补给及排泄条件相同的情况下，含水层厚度越大，径流量越大。

地下水的交替类型可分为垂向交替、侧向交替和混合交替。垂向交替是指地下水的交替循环主要是在垂直方向上进行，一般在无出口的内陆盆地中表现明显，这种情况下，地下水的补给主要为大气降水渗入及河水垂直渗入，地下水的排泄以蒸发形式为主，并且盆地中部径流停滞，矿化度高，在盆地边缘存在微弱的地下水径流，矿化度低。侧向交替是指地下水的交替循环主要是在水平方向上进行，径流良好，地下水主要为淡水。混合交替是介于垂向交替与侧向交替之间的一种类型。自然界地下水基本都是混合交替的，有的以垂向交替为主，有的以侧向交替为主。

根据地下水的径流方向及交替特征可将地下水径流分为五种基本类型：畅流型、汇流型、散流型、缓流型和滞流型。

(1) 畅流型。地下水流线近于平行，水力坡度较大，侧向交替占绝对优势，垂向交替极其微弱，具有良好的补给排泄条件，径流通畅，地下水交替积极，因此地下水矿化度低，具有良好水质。具有良好补给排泄条件的单斜岩层中裂隙潜水、中小河谷中松散沉积物中的孔隙水及地下暗河中常见该类型的径流。

(2) 汇流型。地下水的流线在平面上呈汇集状，水力坡度常由小变大。汇流型潜水盆地的水交替为混合型，中间部位以垂向交替为主，盆地边缘以侧向交替为主。承压水则主要表现为侧向交替。汇流型的地下水交替积极，常形成淡水资源。该类型常见于有集中排泄点的地下水中，如有集中泉口排泄的潜水、基岩裂隙水等均是该类型的径流。

(3) 散流型。地下水主要由于集中补给、分散排泄，导致其流线在平面上呈放射状，水力坡度由大变小。地下水交替为混合型，以侧向交替为主，在潜水排泄区附近垂向交替增强。沿径流方向，径流交替由强变弱，形成水化学水平分带现象。山前洪积扇中的孔隙潜水的径流通常为散流型。

(4) 缓流型。地下水面近似水平，水力坡度很小，流速缓慢，地下水交替微弱，为混合交替，以垂向交替为主。地下水矿化度较高，水质欠佳。沉降平原中的孔隙水、排泄不良的自流盆地中的径流常为该类型。

(5) 滞流型。水力坡度趋于零，径流停滞。对于潜水，具有渗入补给和蒸发排泄，为垂向交替；对于承压水，可以存在垂直越流补给与排泄。通常形成的地下水矿化度较高、水质不良。该类型常见于平原地区局部洼地的封闭潜水盆地和无排泄的自流盆地。一些封闭很好的承压水不仅径流停滞，而且地下水交替也停止，常形成盐卤水、油田水等。

自然界地下水的径流交替复杂多变，可能出现上述类型的一些组合或过渡类型。

思考题 4

1. 简述地下水系统、地下含水系统及地下水流动系统的概念。
2. 简述地下水补给、排泄、径流的概念。
3. 简述影响大气降水补给地下水的主要因素。
4. 简述泉的概念、分类及其水文地质意义。
5. 简述含水层之间的补给与排泄。
6. 简述地下水径流的基本类型。

5　地下水的动态与均衡

5.1　地下水动态与均衡的概念

含水层（含水系统）经常与环境发生物质、能量与信息的交换，时刻处于变化之中。在与环境相互作用下，含水层各要素（如水位、水量、水化学成分、水温等）随时间的变化，称作地下水动态。地下水要素之所以随时间发生变动，是含水层（含水系统）水量、盐量、热量、能量收支不平衡的结果。例如，当含水层的补给水量大于其排泄水量时，储存水量增加，地下水位上升；反之，当补给量小于排泄量时，储存水量减少，水位下降。同样，盐量、热量与能量的收支不平衡，会使地下水水质、水温或水位发生相应变化。

以往，人们把地下水位的变化完全归之为水量均衡的反映，这是不全面的。地下水位的变化反映了地下水所具有的势能的变化。而地下水势能变化可以由于获得水量补给储存水量增加引起，也可以与水量增减无关。某一时间段内某一地段地下水水量（盐量、热量、能量）的收支状况称作地下水均衡。地下水动态反映了地下水要素随时间变化的状况，为了合理利用地下水或有效防范其危害，必须掌握地下水动态。地下水动态与均衡的分析，可以帮助我们查清地下水的补给与排泄，阐明其资源条件，确定含水层之间以及含水层与地表水体的关系。地下水动态提供给我们关于含水层或含水系统的不同时刻的系列化信息，因此，在检验所作出的水文地质结论或论证人们所采用的利用、防范地下水的水文地质措施是否得当时，地下水动态资料是最权威的判据。

迄今为止，人们只注意水位动态与水量均衡，因此，完善与发展地下水动态与均衡的理论与方法，是水文地质学者一项重要任务。

5.2　地下水动态

5.2.1　地下水动态的形成机制

地下水动态是含水层（含水系统）对环境施加的激励所产生的响应，也可理解为含水层（含水系统）将输入信息变换后产生的输出信息。以下我们举例加以说明。

我们试来分析一次降雨对地下水水位的影响。一次降雨，通常持续数小时到数天，我们不妨把它看做是发生于某一时刻的脉冲。降雨入渗地面并在包气带下渗，达到地下水面后才能使地下水位抬高。同一时刻的降雨，在包气带中通过大小不同的空隙以不同速度下渗。当运动最快的水滴到达地下水面时，地下水位开始上升，占比例最大的水量到达地下水面时，地下水位的上升达到峰值，运动最慢的水滴到达地下水面以后，降水的影响便告结束。这样，与一个降水脉冲相对应，作为响应的地下水位的抬升便表现为一个波形。或者说，经过含水层（含水系统）的变换，一个脉冲信号变成了一个波信号。与对应的脉冲相比较，波的出现有一个时间滞后 a，并持续某一时间延迟 b（图 5－1）。

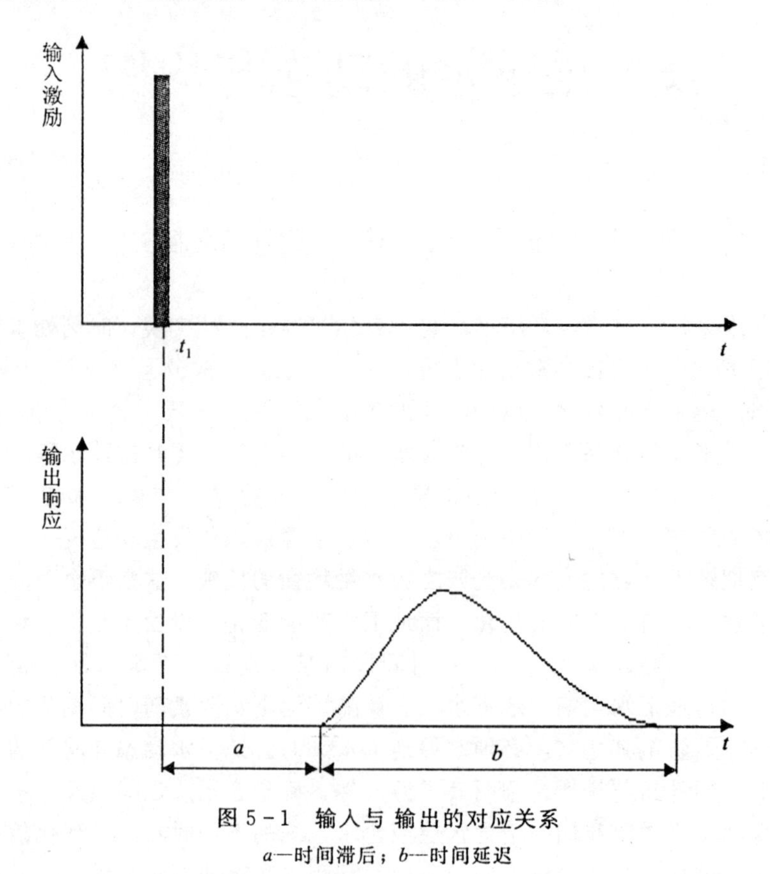

图 5－1 输入与 输出的对应关系

a—时间滞后；b—时间延迟

当相邻的两次或更多次降雨接近，各次降雨引起地下水抬升的波形便会相互叠合。当各个波峰某种程度叠加时，会叠合成更高的波峰［图 5－2（a)、(b)、(c)］，地下水位会出现一个峰值。然而，在实际情况下，往往各个波形的波峰与波谷叠合，削峰填谷，构成平缓的复合波形［图 5－2（d）、(e)、(f)］。

降水对泉流量的影响也会出现类似的情况。一次降雨使泉水量出现一个波形的增加，若干次降雨所引起的波形相叠合，削峰填谷的结果会使泉流量变得稳定。北方许多岩溶大泉流量动态之所以很稳定，原因就在于此。

由此可见，间断性的降水，通过含水层（含水系统）的变换，将转化成比较连续的地下水位变化或泉流量变化，这是信号延迟与叠加的结果。其作用相当于高频信号通过滤波器变换为低频信号输出的物理过程（陈爱光等，1987)。

5.2.2 影响地下水动态的因素

如果我们把地下水动态看做是含水层（含水系统）连续的信息输出，就可将影响地下水动态的因素分为两类，一类是环境对含水层（含水系统）的信息输入，如降水、地表水对地下水的补给，人工开采或补给地下水，地应力对地下水的影响等；另一类则是变换输入信息的因素，主要涉及赋存地下水的地质地形条件。

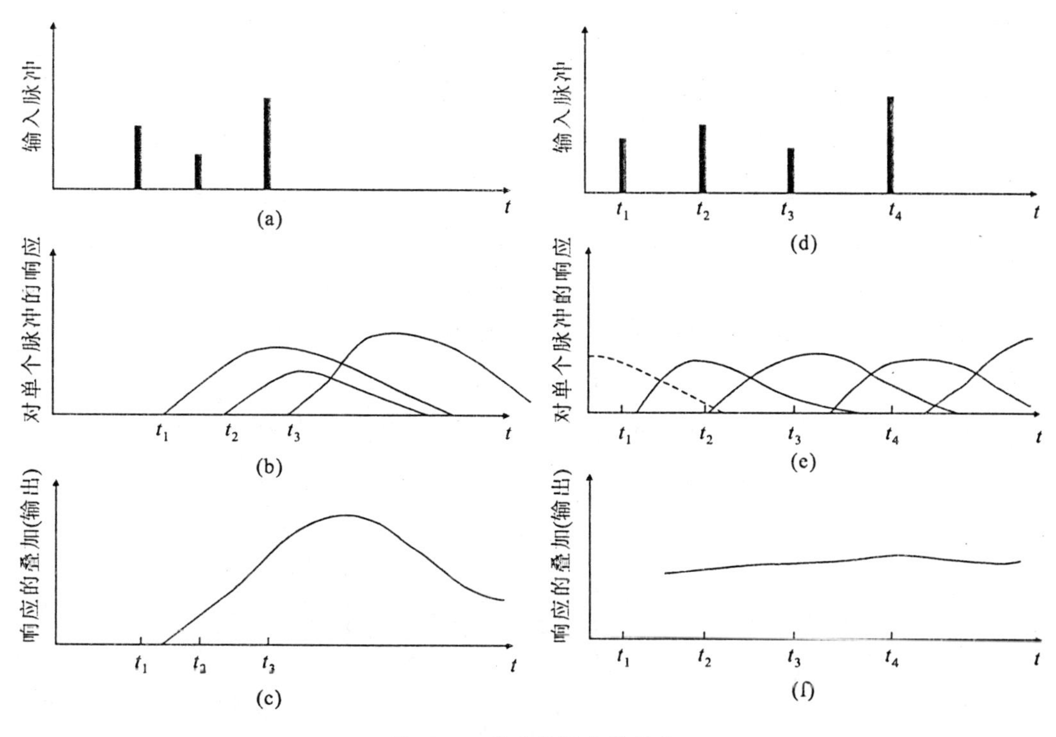

图 5-2 信息传输中的叠合

(据陈爱光等，1987，修改补充)

5.2.2.1 气象（气候）因素

气象（气候）因素对潜水动态影响最为普遍。降水的数量及其时间分布，影响潜水的补给，从而使潜水含水层水量增加，水位抬升，水质变淡。气温、湿度、风速等与其他条件结合，影响着潜水的蒸发排泄，使潜水水量变少、水位降低、水质变咸。

气象（气候）要素周期性地发生昼夜、季节与多年变化，因此，潜水动态也存在着昼夜变化、季节变化及多年变化。其中季节变化最为显著且最有意义。我国东部属季风气候区，雨季出现于春夏之交。大体自南而北由 5 月至 7 月先后进入雨季，降水显著增多，潜水位逐渐抬高，并达到峰值。雨季结束，补给逐渐减少，潜水由于径流及蒸发排泄，水位逐渐回落，到翌年雨季前，地下水位达到谷值。因此，全年潜水位动态表现为单峰单谷（图 5-3），该图中 3 月份水位少量抬升与季节冻土融化补给地下水有关。

在分析气象因素对潜水位的影响时，必须区分潜水位的真变化与伪变化。潜水位变动伴随相应的潜水储存量的变化，这种水位变动是真变化。某些并不反映潜水水量增减的潜水位变化，便是伪变化。例如，当大气气压开始降低时，处于包气带之下的潜水面尚未受到其影响，暴露于大气中的井孔中的地下水位却因气压降低而水位抬升。当然，气压突然增加时井孔地下水位也会呈现与含水层不同步的下降。

气候还存在多年的周期性波动。例如，周期为 n 年的太阳黑子变化，影响丰水期与干旱期的交替，从而使地下水位呈同一周期变化（图 5-4）。

对于重大的长期性地下水供排水设施，应当考虑多年的地下水位与水量的变化。供水工程应根据多年资料分析地下水位最低时水量能否满足要求。排水要考虑多年最高地下水位时

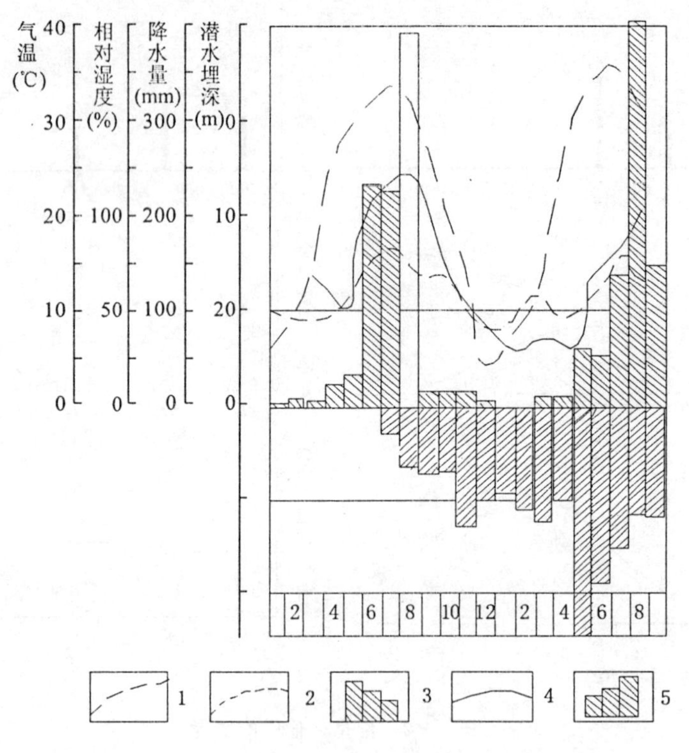

图 5－3 潜水动态曲线

(1954～1955 年，北京)

1—气温；2—相对湿度；3—降水量；4—潜水位；5—蒸发量

注：1954 年 1～6 月、1955 年 4 月蒸发量缺资料。

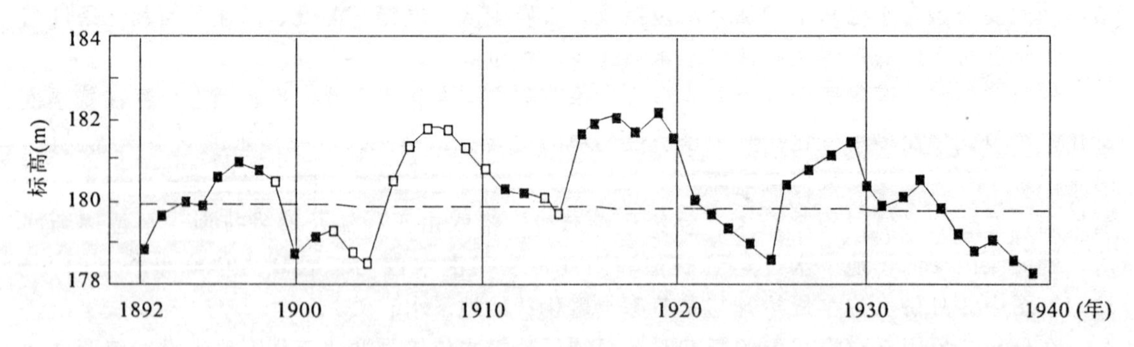

图 5－4 前苏联卡明草原地下水位变化图

(阿利托夫斯基等，1956)

注：根据每年 9 月 1 日水位资料绘成；实点为实测水位，空心点为水位的可能值。

的排水能力。缺乏地下水多年观测资料时，则可利用多年的气象、水文资料，或者根据树木年轮、历史资料与考古资料，推测地下水多年动态。

5.2.2.2 水文因素

地表水体补给地下水而引起地下水位抬升时，越远离河流，水位变幅越小，发生变化的时间越滞后。河水对地下水动态的影响一般为数百米至数千米，此范围以外，主要受气候因素的影响（图 5－5）。

5.2.2.3　地质因素

地质因素是影响输入信息变换的因素。当降水补给地下水时，包气带厚度与岩性控制着地下水位对降水的响应。潜水埋藏深度愈大，对降水脉冲的滤波作用愈强；相对于降水，地下水位抬高的时间滞后与延迟愈长；水位历时曲线呈现为较宽缓的波。包气带岩性的渗透性愈好，则滤波作用愈弱；地下水位抬升的时间滞后与延迟小；水波历时曲线波形较陡。

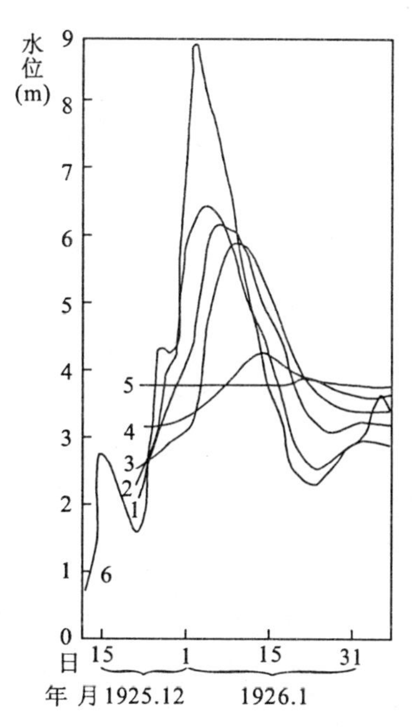

图 5－5　莱茵河洪水对潜水的影响
（转引自明斯基，1958）
1～5—观测井潜水位，数字大的距河远；6—莱茵河水位

潜水储存量的变化是以给水度 μ 与水位变幅 Δh 的乘积表示的。当储存量变化相同时，给水度愈小，水位变幅便愈大。最典型的情况是岩溶水。岩溶化岩层渗透性良好但岩溶率（相当于给水度）则较低，岩溶水的包气带缺乏滤波作用，较小的岩溶率则放大了地下水位对降水补给的响应，地下水位变幅在分水岭地区可达数十米甚至更多。

河水引起潜水位变动时，含水层的透水性愈好、厚度愈大，含水层的给水度愈小，则波及范围愈远。

对于承压含水层来说，隔水顶板限制了它与外界的联系，它主要通过补给区（潜水分布区）与大气圈及地表水圈发生联系；当顶板为弱透水层时，还通过弱透水顶板与外界联系。由于以上原因，承压水动态变化通常比潜水小。在前一种情况下，接受降水补给时，补给区的潜水位变化比较明显，随着远离补给区，变化渐弱，以至于消失。从补给区向承压区传递降水补给影响时，含水层的渗透性愈好、厚度愈大、给水度愈小，则波及的范围愈大。承压含水层埋藏愈深、构造封闭性愈好、与外界的水力联系愈弱，则由于大气圈及地表水圈变化而引起的动态变化愈微弱。

承压含水层的水位变动还可以由固体潮、地震等引起，这时地质因素对地下水的输入产生影响。

在内陆地区，承压含水层中可观测到周期为 12h 的测压水位波动。这是由于月亮和太阳对地球吸引造成的。当月亮运行到某点“头顶”时，由于月亮的吸引，承压含水层因载荷减少而引起轻度膨胀，测压水位便下降。月亮远离时，承压含水层载荷增加，轻度压缩，测压水位便上升（陈葆仁等，1988）。由固体潮引起的地下水位变幅可达数厘米。由于地震波的传递，大地震可以使距震中数千千米以外的某些敏感的深层承压水井产生厘米级的水位波动（陈葆仁等，1988）。这是由于地震孕震及发震过程中地应力的变化使岩层压缩或膨胀，从而引起震区以至远方孔隙水压力的异常变化，承压含水层测压水位亦随之波动。与此相应地，有时震前地下水化学成分也会改变。与其他方法配合，监测地下水动态可以作为预报地震的一种重要手段。

应当注意，固体潮、地震等引发的地下水位波动只是能量的传递而不涉及地下水储存量的变化。这种能量传递距离远、速度快。例如，1950 年 12 月 9 日阿根廷—智利边境发生大地震，40min 后远在 8 050km 之外的美国威斯康星州密尔沃基城一个深井发生不到 5cm 的测压水位波动，地震波传递速率约为 200km/min（陈葆仁等，1988）。

5.2.3 地下水天然动态类型

潜水与承压水由于排泄方式及水交替程度不同，动态特征也不相同。

潜水及松散沉积物浅部的水，可分为三种主要动态类型：蒸发型、径流型及弱径流型。蒸发型动态出现于干旱半干旱地区地形切割微弱的平原或盆地。此类地区地下水径流微弱，以蒸发排泄为主。雨季接受入渗补给，潜水位普遍以不大的幅度（通常为1～3m）抬升，水质相应淡化。随着埋深变浅，旱季蒸发排泄加强，水位逐渐下降，水质逐步盐化。降到一定埋深后，蒸发微弱，水位趋于稳定。此类动态的特点是：年水位变幅小，各处变幅接近，水质季节变化明显，地下水不断向盐化方向发展，并使土壤盐渍化。

径流型动态广泛分布于山区及山前。地形高差大，水位埋藏深，蒸发排泄可以忽略，以径流排泄为主。雨季接受入渗补给后，各处水位抬升幅度不等。接近排泄区的低地，水位上升幅度小；远离排泄点的高处，水位上升幅度大；因此，水力梯度增大，径流排泄加强。补给停止后，径流排泄使各处水位逐渐趋平。此类动态的特点是：年水位变幅大而不均（由分水岭到排泄区，年水位变幅由大到小），水质季节变化不明显，但不断趋于淡化。

气候湿润的平原与盆地中的地下水动态，可以归为弱径流型。这种地区地形切割微弱，潜水埋藏深度小，但气候湿润，蒸发排泄有限，故仍以径流排泄为主，但径流微弱。此类动态的特征是：年水位变幅小，各处变幅接近，水质季节变化不明显，但向淡化方向发展。

承压水均属径流型，动态变化的程度取决于构造封闭条件。构造开启程度愈好，水交替愈强烈，动态变化愈强烈，水质的淡化趋势愈明显。

5.2.4 人类活动影响下的地下水动态

人类活动通过增加新的补给来源或新的排泄去路而改变地下水的天然动态。

在天然条件下，由于气候因素在多年中趋于某一平均状态，因此，一个含水层或含水系统的补给量与排泄量多年来保持平衡。反映地下水储量的地下水位在某一范围内起伏，而不会持续地上升或下降。地下水的水质则多年来向某一方向（盐化或者淡化）发展。

钻孔采水，矿坑或渠道排除地下水后，人工采排成为地下水新的排泄途径；含水层或含水系统原来的均衡遭到破坏，天然排泄量的一部分或全部转为人工排泄量，天然排泄不再存在或数量减少（泉流量、泄流量减少，蒸发减弱），并可能增加新的补给量（含水层由向河流排泄变成接受河流补给；原先潜水埋深过浅降水入渗受限制的地段，因水位埋深加大而增加降水入渗补给量）。

如果采排地下水一段时间后，新增的补给量及减少的天然排泄量与人工排泄量相等，含水层水量收支达到新的平衡。在动态曲线上表现为：地下水位在比原先低的位置上，以比原先大的年变幅波动，而不持续下降。

河北饶阳县五公镇，开采第四系潜水及浅层承压水作为灌溉水源。每年 3～5（6）月采水灌溉，水位降到最低点。6（7）月雨季开始，采水停止，降水入渗及周围地下水径流补给，使水位迅速上升。雨季结束后，周围的径流流入，填充开采漏斗，水位继续缓慢上升。翌年采水前期，水位达到最高点。这一动态变化显示了天然因素和人为因素的综合影响（图

5－6)。1973 年至 1977 年，此期间降水量接近多年平均值。由此说明，保持此五年的平均采水量，地下水收支可以平衡。

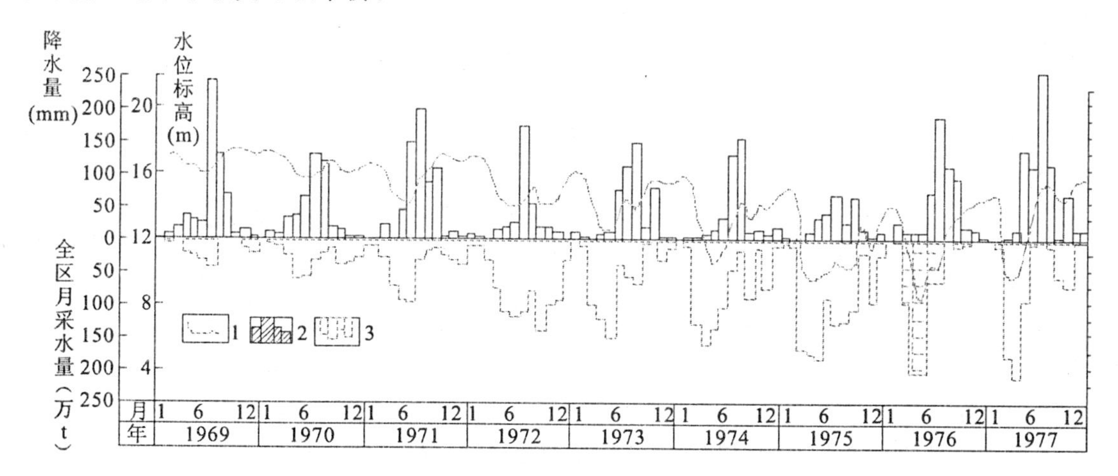

图 5－6　河北饶阳五公镇地下水位变化曲线

(据河北省第九地质大队，1991)

1—地下水位；2—降水量；3—采水量

采排水量过大，当天然排泄量的减量与补给量的增量的总和不足以偿补人工排泄量时，则将不断消耗含水层储存水量，导致地下水位持续下降（图 5－7)。

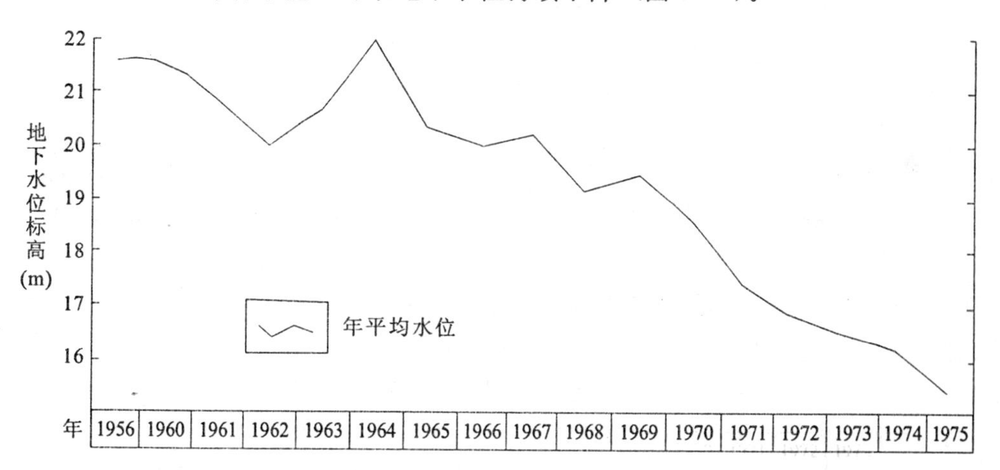

图 5－7　河北保定西部地下水位变化曲线

(据河北省第四水文地质大队，1991)

修建水库、利用地表水灌溉等，增加了新的补给来源而使地下水位抬升。河北冀州新庄，1974 年初潜水位埋深大于 4m，由于灌溉，旱季水位反而上升，到 1977 年雨季，潜水位已接近地表了（图 5－8)。

干旱半干旱平原或盆地，地下水天然动态多属蒸发型，灌溉水入渗抬高地下水位，蒸发进一步加强，促使土壤进一步盐渍化。有时，即使原来潜水埋深较大，属径流型动态，连年灌溉后，也可转为蒸发型动态，造成大面积土壤次生盐渍化（图 5－8)。

即使气候湿润的平原或盆地，由于地表水灌溉抬高地下水位，耕层土壤过湿，会引起土

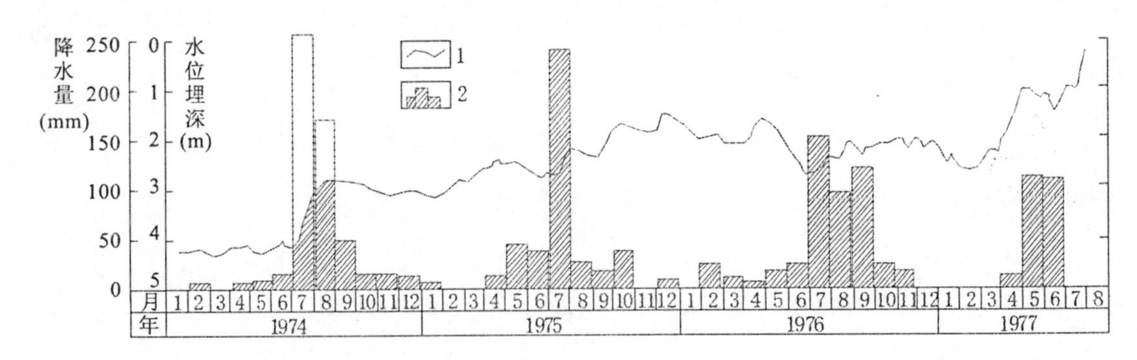

图 5-8　河北翼州新庄潜水位变化曲线

1—潜水位；2—月降水量

壤次生沼泽化。

地表水灌溉导致地下水动态发生不良变化的地区，可以采用减少灌水入渗（控制灌溉定额、衬砌渠道）或人为加强径流排泄（渠道排水、浅井开发潜水）的办法，使其动态由蒸发型转变为（人工）径流型。

5.3　地下水均衡

5.3.1　均衡区与均衡期

一个地区的水均衡研究，实质就是应用质量守恒定律去分析参与水循环的各要素的数量关系。

地下水均衡是以地下水为对象的均衡研究。目的在于阐明某个地区在某一段时间内，地下水水量（盐量、热量）收入与支出之间的数量关系。进行均衡计算所选定的地区称作均衡区。它最好是一个具有隔水边界的完整水文地质单元，进行均衡计算的时间段，称作均衡期，可以是若干年、一年，也可以是一个月。某一均衡区，在一定均衡期内，地下水水量（盐量、热量）的收入大于支出，表现为地下水储存量（盐储量、热储量）增加，称作正均衡；反之，支出大于收入，地下水储存量（盐储量、热储量）减少，称作负均衡。

对于一个地区来说，天然条件下气候经常以平均状态为准发生波动。多年中，从统计的角度讲，气候趋近平均状态，地下水也保持其总的收支平衡。在较短的时期内，气候发生波动，地下水也经常处于不均衡状态，从而表现为地下水的水量与水质随时间发生有规律的变化，即地下水动态。由此可见，均衡是地下水动态变化的内在原因，动态则是地下水均衡的外部表现。

进行均衡研究必须分析均衡的收入项与支出项，列出均衡方程式。通过测定或估算列入均衡方程式的各项，以求算某些未知项。

对地下水均衡的研究还不够成熟，目前多限于水量均衡的研究，而且主要涉及潜水水量均衡。

5.3.2 水均衡方程式

陆地上某一地区天然状态下总的水均衡，其收入项 A 一般包括大气降水量 X、地表水流入量 Y_1、地下水流入量 W_1、水汽凝结量 Z_1。支出项 B 一般包括地表水流出量 Y_2、地下水流出量 W_2、蒸发量 Z_2。均衡期水的储存量变化为 $\Delta\omega$，则水均衡方程式为：

$$A-B=\Delta\omega \tag{5-1}$$

即：

$$(X+Y_1+W_1+Z_1)-(Y_2+W_2+Z_2)=\Delta\omega \tag{5-2}$$

或：

$$X-(Y_2-Y_1)-(W_2-W_1)-(Z_2-Z_1)=\Delta\omega \tag{5-3}$$

均衡期水的储量变化 $\Delta\omega$ 一般包括地表水变化量 V、包气带水变化量 m、潜水变化量 $\mu\Delta h$ 及承压水变化量 $\mu_e\Delta h_c$。其中，μ 为潜水含水层的给水度或饱和差，Δh 为均衡期潜水位变化值（上升用正号，下降用负号）；μ_e 为承压含水层的弹性给水度，Δh_c 为承压水测压水位变化值。据此，水均衡方程式可写成：

$$X-(Y_2-Y_1)-(W_2-W_1)-(Z_2-Z_1)=V+m+\mu\Delta h+\mu_e\Delta h_c \tag{5-4}$$

潜水的收入项 A 包括降水入渗补给量 X_f、地表水入渗补给量 Y_f、凝结水补给量 Z_c、上游断面潜水流入量 W_{μ_1}、下伏承压含水层越流补给潜水水量 Q_t（如潜水向承压水越流排泄则列入支出项）。支出项 Z 包括潜水蒸发量 Z_μ（包括土面蒸发及叶面蒸发）、潜水以泉或泄流形式排泄量 Q_d、下游断面潜水流出量 W_{μ_2}。均衡期始末潜水储存量变化为 $\mu\Delta h$（图 5－9）。则：

$$A-B=\mu\Delta h \tag{5-5}$$

$$\mu\Delta h=(X_f+Y_f+Z_c+W_{\mu_1}+Q_t)-(Z_\mu+Q_d+W_{\mu_2}) \tag{5-6}$$

此为潜水均衡方程式的一般形式。一定条件下，某些均衡项可取消。例如，通常凝结水补给很少，Z_c 可忽略不计；地下径流微弱的平原区，可认为 W_{μ_1}、W_{μ_2} 趋近于零；无越流的情况下，Q_t 不存在；地形切割微弱，径流排泄不发育，Q_d 可从方程中排除。去除以上各项后，方程式简化为：

$$\mu\Delta h=X_f+Y_f-Z_\mu \tag{5-7}$$

多年均衡条件下，$\mu\Delta h=0$，则得：

$$X_f+Y_f=Z_\mu \tag{5-8}$$

此即典型的干旱半干旱平原潜水均衡方程式。此式表示渗入补给潜水的水量全部消耗于蒸发。典型的湿润山区潜水均衡方程式为：

$$X_f+Y_f=Q_d \tag{5-9}$$

即入渗补给的水量全部以径流形式排泄。

5.3.3 人类活动影响下的地下水均衡

研究人类活动影响下的地下水均衡，可以帮助我们定量评价人类活动对地下水动态的影响，预测其水量水质变化趋势，并据此提出调控地下水动态的措施，使之朝对人类有利的方向发展。

为了防治土壤次生盐渍化，克雷洛夫对前苏联中亚某灌区进行了潜水均衡研究，得出该区潜水均衡方程式为：

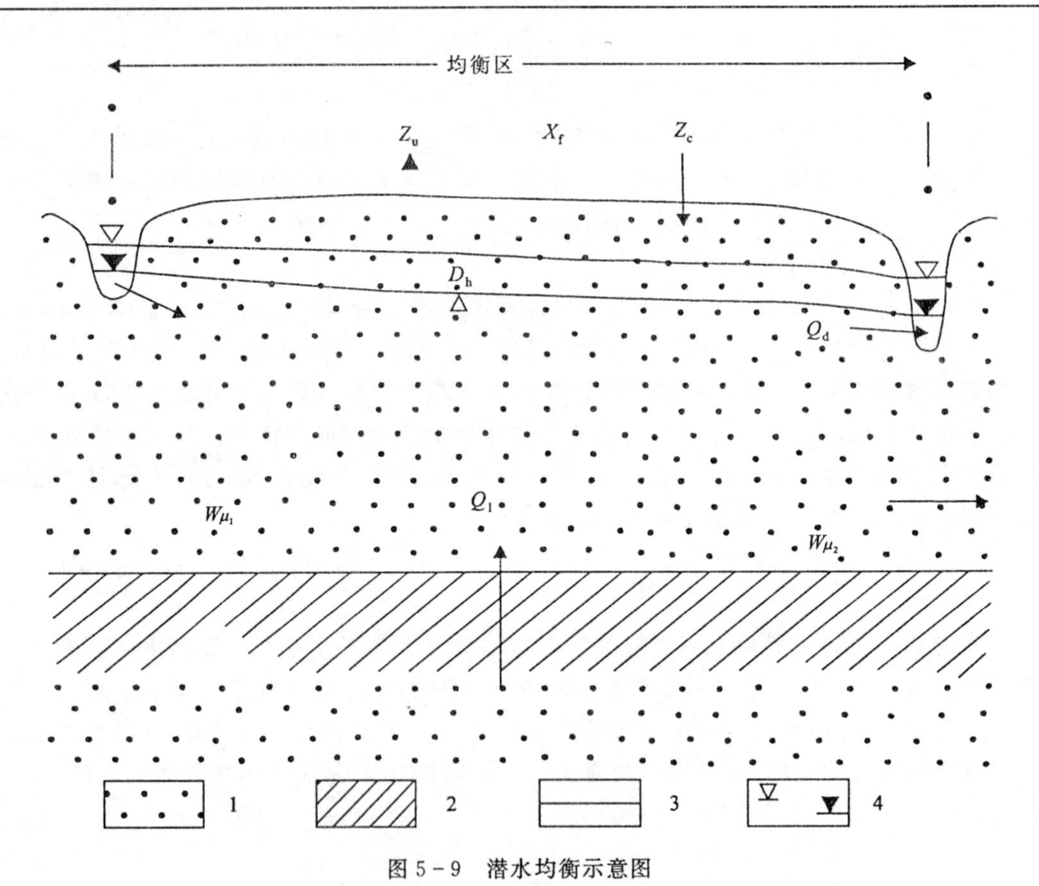

图 5-9　潜水均衡示意图

（假设地下水流动与剖面平行）

1—含水层；2—弱水层；3—潜水位；4—高、低地表水位

$$\mu\Delta h = X_f + f_1 + f_2 + Q_t - Z_\mu - Q_r \tag{5-10}$$

式中：f_1、f_2 分别为灌渠水及田面灌水入渗补给潜水的水量；Q_t 为下伏承压含水层越流补给潜水的水量；Q_r 为通过排水沟排走的潜水水量；其余符号意义同前。

以一个水文年为均衡期，经观测计算，求得均衡方程式各项数值（单位为 mm 水柱）为：

$$31.0 = 22.7 + 255.5 + 77.0 + 9.2 - 313.4 - 20.0$$

据此得出以下结论。

（1）潜水表现为正均衡，一年中潜水位上升 620mm，增加潜水储存量 31mm（$\mu=0.05$）。长此以往，潜水蒸发量将不断增加，会产生土壤盐渍化。

（2）破坏原有地下水均衡，导致潜水位抬升的主要因素是灌溉水入渗，其中灌渠水入渗量占水量总收入的 70%，田面入渗水量占 21%。

（3）现有排水设施的排水能力（年排水量为 20mm ）太低，不能有效地防止潜水位抬升。

（4）为防止土壤次生盐渍化，必须采取以下措施：或减少灌水入渗（衬砌渠道、控制灌水量），或加大排水能力，或两者兼施，以消除每年 31mm 的潜水储存量增加值。

5.3.4　地面沉降与地下水均衡

在对开采条件下的孔隙承压含水系统进行地下水均衡计算时，如果不将地面沉降考虑进去，就会出现误差（王大纯等，1981；曹文炳，1983）。

开采孔隙承压水时，由于孔隙水压力降低而上覆载荷不变，作为含水层的砂砾层及具有弱透水性的黏土层都将压密释水，砂砾层的弹性给水度与黏性土的贮水系数都将变小。若停止采水使测压水位恢复到开采前的高度，砂砾层由于是弹性压密，可以基本上回弹到初始状态（弹性给水度恢复到初始值），但是黏性土层由于是塑性压密，水位恢复后，基本仍保持已有的压密状态（贮水系数保持压密后的值）。这就是说，开采孔隙承压含水系统降低测压水位然后停止开采使测压水位恢复到采前高度上，含水层的储存水量将随之恢复，但黏性土中的一部分储存水将永久失去而不再恢复。因此，孔隙承压含水系统开采后再使水位复原，并不意味着储存水量全部恢复。由于黏性土压密释水量往往可占开采水量的百分之几十，因此，忽略黏性土永久性释水就会造成相当大的误差。

5.3.5 大区域地下水均衡研究需要注意的问题

从供水角度发出，可供长期开采利用的水量，便是含水系统从外界获得的多年平均年补给量。对于大的含水系统，除了统一求算补给量外，有时往往还需要分别求算含水系统各部分的补给量。此时应注意避免上、下游之间，潜水、承压水之间，以及地表水与地下水之间水量的重复计算。

图 5-10 表示了一个堆积平原含水系统，它可区分为包含潜水的山前冲洪积平原及包含潜水和承压水的冲积湖积平原两大部分。天然条件下多年水量均衡，地下水储存量的变化值为零。各部分的水量均衡方程式如下（等号左侧为收入项，等号右侧为支出项）。山前平原潜水：

$$X_{f_1}+Y_{f_1}+W_1=Z_{\mu_1}+Q_d+W_2 \quad (5-11)$$

冲积平原潜水：

$$X_{f_2}+Y_{f_2}+Q_t=Z_{\mu_2} \quad (5-12)$$

冲积平原承压水：

$$W_2=Q_t+W_3 \quad (5-13)$$

式中：X_{f_1}、X_{f_2} 分别为山前平原及冲积平原降水渗入补给潜水水量；Y_{f_1}、Y_{f_2} 分别为山前平原及冲积平原地表水渗入补给潜水水量；W_1、W_2、W_3 分别为山前平原上、下游断面及冲积平原下游断面地下水流入（流出）量；Z_{μ_1}、Z_{μ_2} 分别为山前平原及冲积平原潜水蒸发量；其余符号同前。

整个含水系统的水量均衡方程式为：

$$X_{f_1}+X_{f_2}+Y_{f_1}+Y_{f_2}+W_1=Z_{\mu_1}+Z_{\mu_2}+Q_d+W_3 \quad (5-14)$$

如果简单地将含水系统各部分均衡式中水量收入项累加，则显然比整个系统的水量收入项多了 W_2 及 Q_t 两项。分别求算的结果比统一求算偏大。

从图 5-10 中很容易看出，冲积平原承压水并没有独立的补给项。它的收入项 W_2，就是山前平原潜水支出项之一。将式（5-11）改写为：

$$W_2=X_{f_1}+X_{f_2}+W_1-Z_{\mu_1}-Q_d \quad (5-15)$$

可知，W_2 是由山前平原补给量的一部分转化而来。冲积平原潜水的收入项 Q_t，同样也可通过改写式（5-13）得出：

$$Q_t=W_2-W_3 \quad (5-16)$$

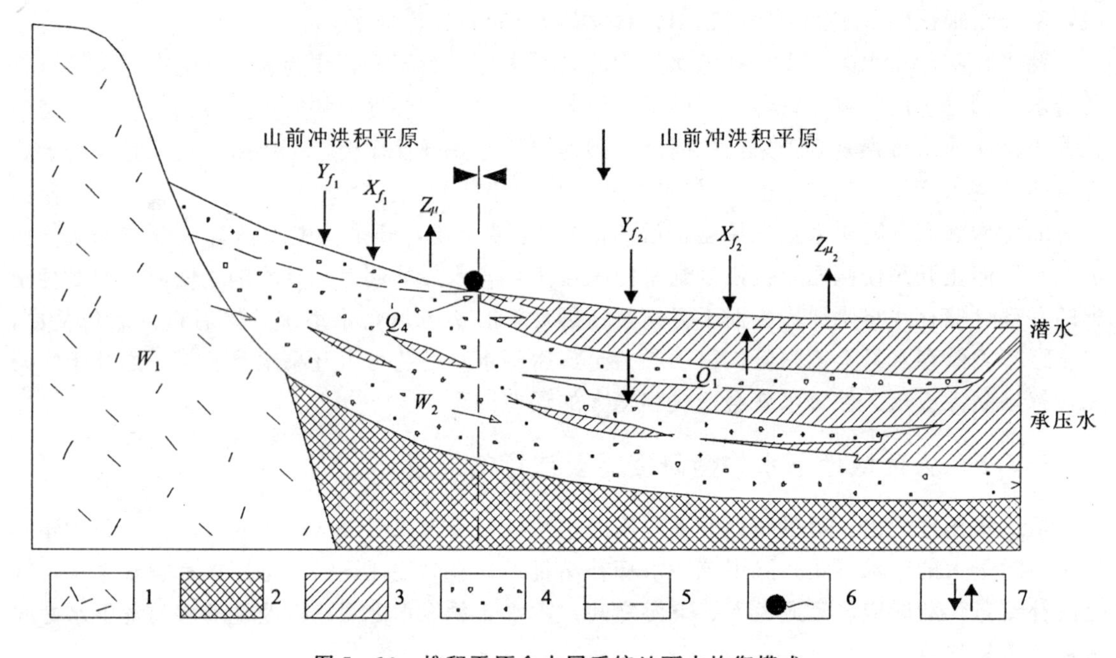

图 5-10　堆积平原含水层系统地下水均衡模式

1—透水基岩；2—不透水基岩；3—黏性土；4—砂砾石；5—潜水位；6—泉；7—均衡收支项

显然，Q_t 是由 W_2 的一部分转化而来，归根到底，是由山前平原潜水补给量转化的。W_2、Q_t 都属于堆积平原含水系统内部发生的水量转换，而不是含水系统与外部之间发生的水量转换。

在开采条件下，含水系统内部及其与外界之间的水量转换，将发生一系列变化。假定单独开采山前平原的潜水，则此部分水量均衡将产生以下变化。

（1）随着潜水位下降，地下水不再溢出成泉，$Q_d=0$。

（2）与冲积平原间水头差变小，W_2 减小。

（3）随着水位下降，蒸发减弱，Z_{μ_1} 变小。

（4）与山区地下水水头差变大，W_1 增加。

（5）地表水与地下水水头差变大，Y_{f_1} 增大。

（6）潜水浅埋带水位变深，有利于吸收降水，可能使 X_{f_1} 增大。结果是山前平原潜水补给量增加，排泄量减少。与此同时，对地表水及邻区地下水的均衡产生下列影响：①W_2 减少及相应的 Q_t 减少，使冲积平原承压水及潜水补给量减少；②W_1 增大，使山区排泄量增大；③X_{f_1} 及 Y_{f_1} 增大，使地表径流量减少，从而使冲积平原潜水收入项 Y_{f_2} 变小。

综上所述，进行大区域水均衡研究时，必须仔细查清上下游、潜水和承压水、地表水与地下水之间的水量转换关系，否则将导致水量重复计算，人为地夸大可开采利用的水量。

思考题 5

1. 何谓地下水的动态和均衡？二者有何关系？

2. 地下水的动态受哪些因素的影响？在同一松散物地区，沉积物颗粒的粗细对地下水动态有何不同的影响？

3. 地下水动态的基本类型有几种，它们的特征如何?

4. 潜水均衡方程式是如何建立的?

5. 大区域地下水均衡研究应注意的问题有哪些? 你是怎样认识的?

6. 根据自己的体会，谈谈人类活动对地下水动态和均衡的负面影响。

6 不同介质中地下水的基本特征

含水介质的空隙类型分为孔隙介质、裂隙介质和岩溶介质，不同的空隙介质具有其独特的储水、导水特性。地下水按含水层的介质类型可分为孔隙水、裂隙水和岩溶水三种主要类型。

6.1 孔隙水

孔隙水是赋存于松散沉积颗粒构成的孔隙网络之中的地下水，常呈层状分布于第四系松散沉积物中，其可以是潜水，也可以是承压水。在不同的沉积环境中，沉积物的类型及分布存在明显差异，对赋存于其中的地下水有较大影响。

6.1.1 洪积物中的地下水

在干旱或半干旱气候条件下，地壳升降运动较强烈的地区，剧烈的风化、剥蚀作用形成的产物被山区洪流带出山口，由于地形坡度急剧变缓，水流分散，流速骤减，碎屑物质大量堆积下来，形成洪积物。洪积物堆积的地形呈扇状，称为洪积扇。

洪积扇自山口向平原方向，地形逐渐由高变低、由陡变缓，沉积物由粗变细，可划分为扇顶、扇中和扇缘三个亚相。扇顶位于邻近冲积扇顶部地带的断崖处，坡度陡，沉积物主要是由分选极差的砾岩、砂砾岩组成，具有良好的渗透性和补给径流条件，其内赋存的潜水埋藏深，蒸发微弱，矿化度低，水位变化大，此带属潜水深埋带或盐分溶滤带。向扇缘方向，坡度变缓，沉积物粒度变细，透水性及径流条件变差，地下水埋藏深度减小，常溢出地表形成泉和沼泽，导致蒸发作用加强，地下水矿化度增高，地下水位变化小，此带称为溢出带或盐分过路带。扇缘向下游则过渡为冲积平原，地形平缓，岩性变细，透水性弱，地下水趋于停滞状态，蒸发作用强烈，使潜水埋深略有增加，地下水矿化度增高，土壤常发生盐渍化，此带为潜水下沉带或潜水堆积带（图 6－1）。因此，由山口扇顶向平原方向，随着地势由陡变缓，岩性由粗变细，岩石的透水性由强变弱，水位由深变浅，地下水径流能力由强变弱，水化学作用由溶滤到蒸发浓缩，矿化度由低变高。

6.1.2 冲积物中的地下水

冲积物是河流堆积作用形成的沉积物。河流从源头到河口可分为上游、中游和下游。

河流上游多为山区河流，坡降大、河岸陡、河谷深，沉积物分布范围和厚度均小，主要为砾石，其内赋存与河水有密切联系的低矿化度潜水。

河流中游，坡降小、河谷宽。在洪泛期，携带大量细粒悬浮物质的河水漫溢出河床，淹没平坦的谷底，形成河漫滩沉积，与下部的古河床砂砾沉积构成河流沉积的“二元结构”。地下水主要赋存于砂砾层中，并与上部细粒沉积物中的地下水构成统一的低矿化度潜水层。地下水与河水联系密切，当河水位高于地下水位时，河水补给地下水，反之，地下水补给河水。

河流下游，坡度小，地势平坦，流速慢，河流携带能力下降，从中上游带来的大量泥沙

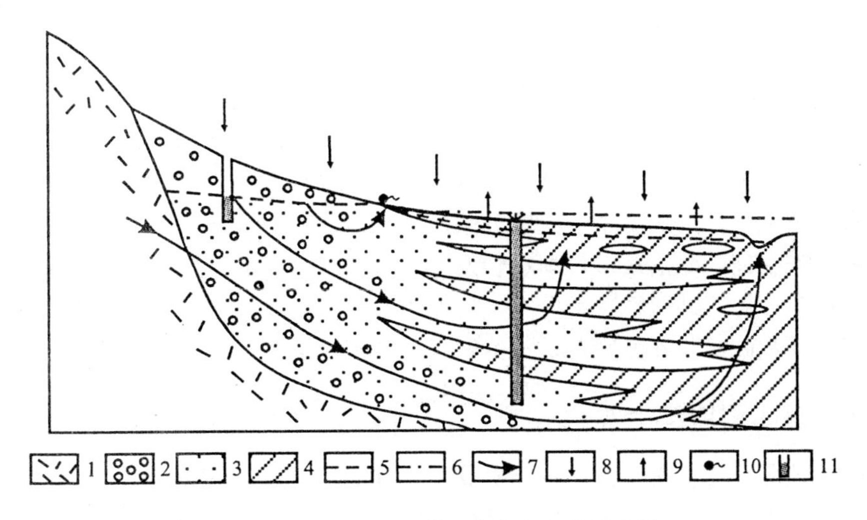

图 6-1 半干旱地区洪积扇水文地质示意图

（据王大纯等，1995）

1—基岩；2—砾；3—砂；4—黏土；5—潜水位；6—承压水测压水位；7—地下流水线；8—降水入渗；9—蒸发排泄；10—下降泉；11—井，涂黑部分有水

便堆积下来。河床处流速较快，沉积物以砂为主，河床以外区域则以淤积黏土沉积为主。由于河流改道频繁，不断游荡，逐渐淤积成广袤的冲积平原。地下水主要赋存于由不同时期形成的河道相互叠置而成的网络状砂带内，与地表水力联系密切，水循环条件较好。我国北方黄河下游冲积平原地区（图 6-2）坡降小，河床以堆积作用为主。由于受天然堤控制，河床沉积不断加厚，逐渐高出周围地面，形成地上河。地势较高的河床沉积较粗的砂，透水性好，潜水埋藏深，径流条件好，水的矿化度低，以溶滤作用为主；地势较低的河间洼地主要为粉砂、黏土沉积，潜水埋藏浅，径流滞缓，水的矿化度较高。

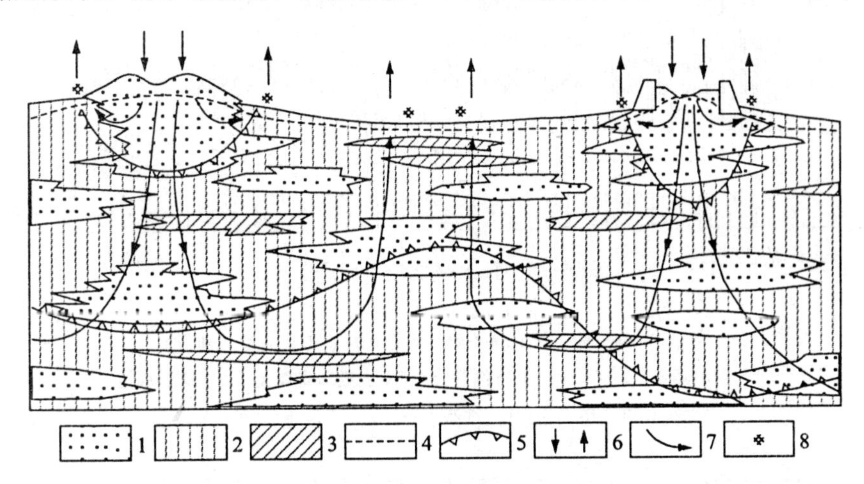

图 6-2 黄河冲积平原水文地质示意图

（据王大纯等，1995）

1—砂；2—亚砂、亚黏土；3—黏土；4—地下水位；5—咸水与淡水界限，齿指向咸水一侧；6—入渗与蒸发；7—地下水流线；8—盐渍化

6.1.3 湖积物中的地下水

湖积物属于静水沉积。颗粒分选良好，层理细密，常围绕湖盆呈环带状分布，即边缘为滨岸砂砾带，中间为砂质带，内部为砂泥质带，中心为泥质带。滨岸砂砾带很窄或缺失，受气候、构造等因素控制，湖水面反复升降变化，加上波浪作用，滨岸砂砾带则会广泛分布，并与泥质层交替堆积，形成多个被泥质分隔的含水砂层。

我国第四纪初期，湖泊众多，湖积物发育，后期湖泊萎缩，湖积物多被进入湖泊的冲积物所覆盖。由于砂砾石湖积物在垂向上常被泥质分隔，因此，侧向上分布广泛的湖积含水砂砾层主要通过冲积砂层与外界联系，补给困难，地下水资源一般并不丰富。

6.1.4 黄土中的地下水

我国中部偏北的黄土高原普遍分布黄土。黄土的粉土含量超过 60%，富含钙质，结构较疏松。下、中更新统黄土，多为粉质亚黏土，一般呈棕黄色，有的地区略显红色，厚度最大达 200m。发育十余层深棕、棕黑色的古土壤层，以下为钙质结核层。上更新统黄土呈淡黄色，厚数米至十余米，主要为粉质亚砂土，结构格外疏松。

黄土具有较发育的垂直针管状孔隙和节理裂隙，这些空隙既是主要的储水空间，同时也促进了地层水的垂向渗流。黄土中的大孔隙随着埋深增加而减少，渗透性也明显降低。

黄土高原地区地下水的分布及富水程度，受地貌、岩性、气候等因素的控制，其中地貌决定了地下水的分布与赋存（图 6-3）。黄土高原被纵横的沟壑切割成由松散堆积物构成的丘陵，其地貌形态主要分为黄土塬、黄土梁和黄土峁。

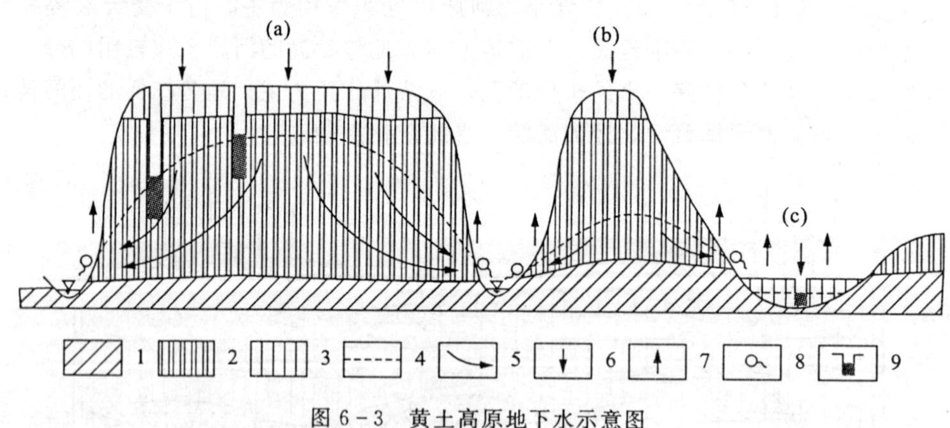

图 6-3 黄土高原地下水示意图

（据王大纯等，1995）

(a) 黄土塬；(b) 黄土梁、峁；(c) 黄土杖（撑）地

1—隔水基岩；2—下、中更新世黄土；3—上更新世黄土；4—地下水位；5—示意地下水流线；6—降水入渗；7—蒸发；8—泉；9—井

黄土塬是原始地貌保持较好的、规模较大的黄土平台。切割较弱，利于大气降水的垂直入渗补给，而不利于迅速排泄，故地下水比较丰富。地下水由塬的中心向四周呈辐射状散流，在塬侧沟壑区或相对隔水层的顶部以泉的形式排泄。地下水位线呈穹隆状，塬中心水位埋深较浅，塬边埋深大。矿化度也由塬中心向四周增大。黄土塬面积的大小对地下水赋存条

件有明显的影响，塬面积越大，塬中心水位埋深越浅，单井出水量越大。

黄土梁是长条带的黄土垅岗，黄土峁是浑圆形的土丘。它们均被沟壑强烈切割，不利于降水入渗补给与地下水赋存。黄土梁、峁间的宽浅谷地（黄土杖地与黄土撑地）赋存有水量较小、水位较浅的地下水，可供居民生活用水或畜牧用水。

6.2 裂隙水

裂隙水是埋藏在基岩裂隙中的地下水。基岩的裂隙既是地下水的赋存空间，又是地下水运移的通道。基岩的裂隙率较低，裂隙在岩石中所占的空间很小，分布极不均匀，连通性差，较难构成具有统一水力联系的含水层，同时也使地下水运动状态极为复杂。具有统一的水力联系的裂隙构成一个裂隙含水系统，水位受该系统最低出露点控制。各个裂隙含水系统之间没有（或仅有微弱的）水力联系，均有各自的补给范围、排泄点及动态特征（图 6-4）。

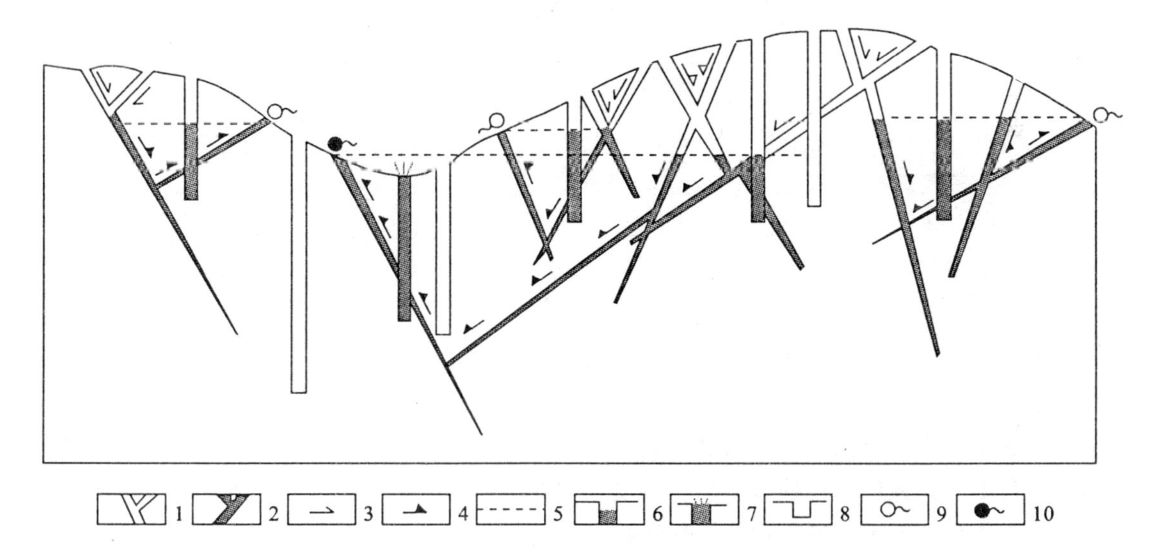

图 6-4 裂隙含水系统

（据 JIaHre，1950，转引自王大纯等修改补充，1995）

1—不含水张开裂隙；2—含水张开裂隙；3—包气带水流向；4—饱水带水流向；5—地下水水位；6—水井；7—自流井；8—无水干井；9—季节性泉；10—常年性泉

裂隙水的形成与分布主要受裂隙的成因类型所控制。按基岩裂隙成因类型，裂隙水可分为风化裂隙水、成岩裂隙水和构造裂隙水三种类型。

6.2.1 风化裂隙水

地表岩石在温度、大气、水溶液及生物等因素的作用下形成风化裂隙。风化裂隙常在成岩裂隙、构造裂隙的基础上进一步发育，形成密集均匀、分布不规则、连通良好的裂隙网络。风化裂隙带呈壳状包裹于地表，一般厚度为数米到数十米，发育程度随深度增加而减弱，以至于逐渐消失，其底部透水性差的弱风化带和未风化的基岩构成隔水底板，所以风化裂隙水多为潜水，且潜水面的形状随地形的起伏而缓慢变化。若为被后期沉积物覆盖的古风化壳，则可赋存承压水。由于风化壳分布不连续且厚度较小，故风化裂隙水量有限。

基岩性质对风化裂隙水的分布有明显影响。由单一稳定的矿物所组成的岩石（如石英岩）风化裂隙很难发育，而由多种矿物组成的粒状结晶岩石风化裂隙发育（如花岗岩）。泥质岩石虽易风化，但裂隙常被泥质充填而不导水。

地形条件对风化裂隙水的分布有明显影响（图 6－5）。地形坡度较大的陡坡和山脊上，风化壳遭受剥蚀作用强而厚度较小，同时降水大部分顺地表流走，因此风化裂隙水的埋藏深度大，水量也较小。地形坡度变缓的谷坡地段，汇水面积增大，风化裂隙水埋深变浅，厚度变大，水量也增大，在山麓地带常溢出成泉。在低洼的谷地和洼地中，风化壳保存完整，厚度大，地表汇水条件好，风化裂隙水的水量比较丰富。

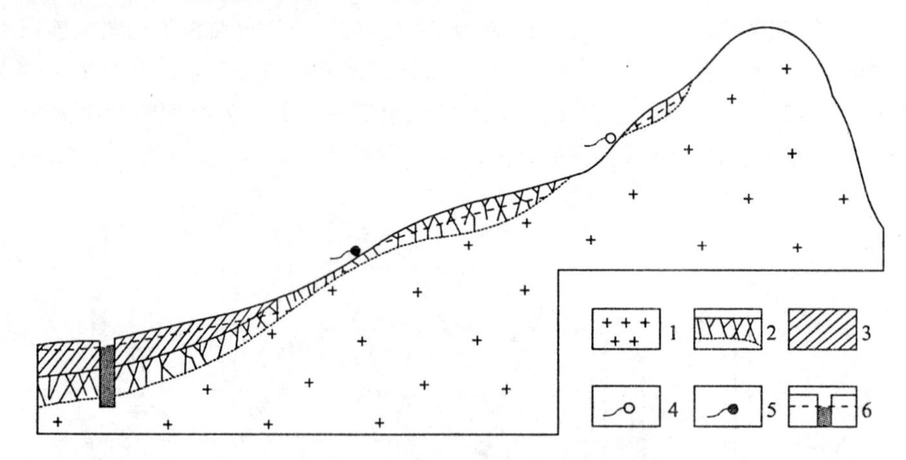

图 6－5　风化裂隙水示意图

（据王大纯等，1995）

1—母岩；2—风化带；3—黏土；4—季节性泉；5—常年性泉；6—井及地下水位

气候对风化裂隙水的分布有明显影响。气候干燥、温差大的地区有利于形成导水的风化裂隙。气候湿热的地区以化学风化为主，风化带上部的强风化裂隙常被泥质及化学沉淀所充填，导水性降低，而下部风化带导水性较好。

风化裂隙水的主要补给来源为大气降水，其水位、水量均随季节变化而变化。雨季地下水位升高，水量增大；旱季水位降低，水量减小，甚至疏干。

6.2.2　成岩裂隙水

在岩石形成过程中，由于冷凝、固结、脱水等原因在岩石内部引起张应力作用而产生的原生裂隙称为成岩裂隙。岩浆岩冷凝收缩、沉积岩固结脱水均可形成成岩裂隙。Landes 等（1960）指出，在地表之下 600～1 000 英尺（1 英尺＝0. 304 8m）处的结晶岩中普遍发育含水裂隙。

陆地喷溢的玄武岩成岩裂隙最为发育。在岩浆冷凝成岩过程中，因体积收缩而产生的张应力致使玄武岩产生柱状节理及层面节理。这类成岩裂隙密集均匀且大多张开，连通良好，常形成贮水丰富、导水通畅的层状裂隙含水系统。

沉积岩和深成岩的成岩裂隙通常是闭合的，一般不具备良好的含水性和导水性。但这类成岩裂隙在经历构造运动或风化作用改造后，可发展成为导水性良好的裂隙。例如，侵入体与围岩的接触带就常形成裂隙含水带。

6.2.3　构造裂隙水

构造裂隙是岩石在构造应力作用下产生的裂隙。它是所有裂隙成因类型中最常见、分布范围最广、与各种水文地质工程地质问题关系最密切的类型，是裂隙水研究的主要对象。构造裂隙发育极不均匀，因此构造裂隙水的分布和运动相当复杂。

1）构造裂隙介质

构造裂隙的发育受构造应力场控制，具有明显而稳定的方向性。按照构造裂隙与褶皱轴的关系可分为纵裂隙、横裂隙和斜裂隙。

纵裂隙走向与褶皱轴向平行，在背斜核部中和层以上部位表现为张性，常常追踪晚期平面共轭剪节理系，形成呈锯齿状延伸的纵张节理。因而其延伸较长，常形成延伸数十米至上百米、张开宽度在1mm以上的裂隙密集带，其延伸方向往往是岩层导水能力最大的方向。

横裂隙走向与褶皱轴向垂直，一般为张性，张开宽度大，但延伸不远。横裂隙常追踪平面共轭剪节理系，产生呈锯齿状的横张节理。

斜裂隙走向与褶皱轴向斜交，一般由剪应力作用形成，通常两组相互交叉的裂隙组成共轭剪节理。斜裂隙产状稳定，延伸较远，但张开度小，含水空间不大，导水能力弱。但因各组裂隙相互切割而连通，所以裂隙间具有一定的水力联系。若后期经历构造作用使裂隙张开度增加，则其导水能力将增强。

岩石一般都不同程度地具有脆弱的原生构造面，如沉积岩的层理、岩浆岩的原生节理等。在构造应力作用下，这些脆弱面容易发生错动、张开，形成层面裂隙。层面裂隙在沉积岩中延伸范围广，连通性好，其发育程度与岩层的单层厚度有关，单层越薄，层面裂隙越密集。

2）构造裂隙发育与岩石性质的关系

岩石裂隙的发育程度与岩石的力学性质有关。塑性岩石（泥岩、页岩、凝灰岩等），常形成密集分布的窄而短的闭合裂隙，导水性较弱，常构成相对隔水层。脆性岩石（致密灰岩、钙质砂岩、石英岩等）的构造裂隙分布较稀疏，但张开度高、延伸远，具较好的导水性。

裂隙发育与岩层的单层厚度密切相关。较薄的沉积岩比较厚的更容易产生裂隙，薄层沉积岩中的裂隙往往密集而均匀，而巨厚或块状岩层中的裂隙一般稀疏且不均匀。

沉积岩的裂隙发育情况与其颗粒的粒度有一定关系。粗颗粒的砂砾岩裂隙张开度大于细粒的粉砂岩。

3）构造裂隙水的分类

构造裂隙水按其分布特征，可分为层状构造裂隙水和脉状裂隙水两种类型（图6-6）。

层状构造裂隙水主要分布在区域构造裂隙发育的岩层中。由于裂隙分布相对均匀，各组裂隙相互切割交叉呈网状，裂隙之间连通性好，具有较好的水力联系，通常构成统一的含水层。层状构造裂隙水的水量一般不太大，其富水性取决于含水层的厚度、裂隙发育程度及地形条件等。当薄层脆性岩层夹于塑性岩层中时，薄层脆性岩层常发育密集而均匀的张裂隙，层状构造裂隙水主要赋存在脆性岩层中，塑性岩层一般为相对隔水层。

脉状裂隙水一般分布在局部的构造断裂带中。在脉状裂隙水所分布的岩体内，裂隙大小悬殊，分布稀疏，裂隙之间的组合形式常呈脉状或带状产出，其形态不受岩层界面限制，可穿越不同性质的岩体，并与周围的相对隔水岩石呈逐渐过渡的关系。同时，由于部分裂隙间连通性差，相互连通的含水裂隙便构成一个相对独立的含水裂隙系统，各含水裂隙系统之间

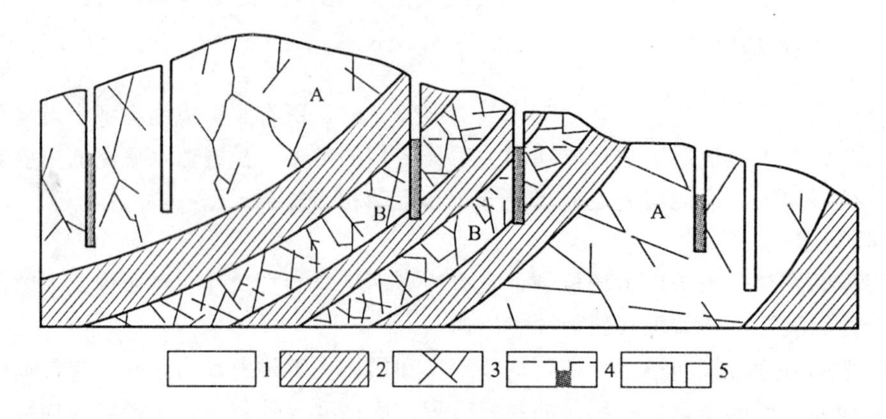

图 6-6　夹于塑性岩层中的脆性岩层裂隙发育受层厚的控制

(据王大纯等，1995)

1—脆性岩层；2—塑性岩层；3—张开裂隙；4—井及地下水位；5—无水干井；

A—脉状裂隙水；B—层状裂隙水

无明显水力联系，不具统一的地下水面。在含水裂隙系统中，一些规模大、透水性好的主干裂隙主要起导水作用，当它们与层状裂隙水连通时，可显示较好的富水性。

6.2.4　裂隙水富集的一般规律

裂隙水的富集规律是多种因素综合作用的结果。岩性、地质构造、补给、地形、气候等条件都对裂隙水的富集起一定程度的作用，其中地形、地质构造对裂隙水的赋存和运移具有明显的控制作用。

风化裂隙水的富集主要受地形控制。通常地形上低洼汇水区域是风化裂隙水富集带。当洼地中有隔水沉积物覆盖时，将阻挡洼地四周的风化裂隙水汇入洼地中心，因此在隔水沉积物边缘附近的基岩风化带里常形成富水带。

地质构造控制作用主要反映为透水岩层的导水作用和隔水岩层的阻水作用。地质构造作用控制下的裂隙水富集主要有以下几种。

(1) 褶皱轴部是应力集中的部位，在褶皱形成过程中，褶皱轴部脆性大的岩石内将形成多期不同性质的节理，使岩石破碎，具有较好的导水性。在负地形条件下，向斜轴部和背斜轴部常形成一定规模的富水带。

(2) 在层理发育的岩层中，背斜构造层面裂隙发育，地下水常通过导水性较好的层面裂隙向两翼流动，而轴部不储水。

(3) 倾伏背斜的倾伏端中岩层产状急剧变化的部位张裂隙特别发育，可以形成富水带。

(4) 发育于脆性岩层中的张性断裂，中部通常疏松多孔，两侧一定范围内裂隙率较高，具有良好的导水能力及储水能力。

(5) 发育于脆性岩层中的产状平缓的压性断裂，透水性很差，但断层两侧多发育张开度高的张扭性裂隙，尤其是上盘的张扭裂隙更为发育，常构成导水带。

6.3 岩溶水

岩溶，又称喀斯特，是指具有侵蚀性的流水对透水可溶的岩石产生化学溶解和物理机械的破坏作用及这些破坏作用形成的地貌。典型的岩溶形态有溶沟、溶槽、落水洞、溶洞、暗河、石林、峰林、溶蚀洼地、竖井、石芽等。在岩溶地区，大气降水及地表河流常通过落水洞、漏斗等转入地下，形成地下水。因此，岩溶发育地区，地表水贫乏，而地下水丰富。

岩溶水是赋存并运移于岩溶空隙中的地下水，它在流动过程中不断地改变着自身的赋存与流动环境，从而形成特有的分布特征。

岩溶水是一种重要的淡水资源，在地表缺水的岩溶发育地区，丰富的地下岩溶水是理想的供水水源。岩溶区的岩溶景观也是带动地区经济发展的宝贵旅游资源。同时，岩溶水又常常对矿井生产、隧道开挖工程、水利工程等造成严重威胁。因此，加强对岩溶和岩溶水的研究，有极其重要的实际意义。

6.3.1 岩溶发育的基本条件

岩溶能够发育，首先要具有两个必要的条件：具有可溶性的岩石和侵蚀能力的水。但岩溶的发育程度和速度则与可溶岩石的透水性与水的流动性密切相关。因此，前苏联学者索科洛夫提出了岩溶发育应具备四个基本条件：①具有可溶性的岩石；②具有侵蚀能力的水；③可溶岩石具有透水性；④水是流动的。

1）岩石的可溶性

碳酸盐岩（石灰岩、白云岩）、可溶硫酸盐（石膏、硬石膏）及卤化物盐（岩盐、钾盐）等均为可溶岩石。可溶硫酸盐和卤化物盐分布有限，而碳酸盐岩分布广泛，我国碳酸盐岩面积约为130万km^2，裸露地表面积约为90.7万km^2。

碳酸盐岩的主要矿物成分为方解石（$CaCO_3$）和白云石[$CaMg(CO_3)_2$]。实验结果表明：在纯灰岩中，随白云石含量的增加，其溶解度降低。当碳酸盐岩中含有不溶物质时，其溶解度会明显降低，例如，硅质灰岩的溶解度明显低于纯碳酸盐岩。但值得注意的是，黏土等杂质对碳酸盐岩的溶蚀具有促进或阻滞的双重作用：一方面，黏土物质易被水动力冲刷带走，使岩石受到化学溶解作用的同时，还受到流水的机械破坏作用，其综合效果通常高于岩石的溶解度；另一方面，黏土物质的存在，将降低化学溶解速率，并且受机械破坏脱落的黏土物质也会在裂隙或洞穴中沉积下来，如果水流能量较小而不足以带走这些沉积物，则将降低岩石的渗透能力，减缓岩溶发育。通常情况下，阻滞作用超过促进作用，因此，泥质灰岩的岩溶发育程度低于纯灰岩。

2）水的侵蚀能力

碳酸钙在纯水中的溶解度很低，但在天然水中，由于水中溶有CO_2，CO_2与H_2O反应生成弱酸H_2CO_3，使碳酸盐能大量溶于水中。

在碳酸盐系统中的化学反应方程式如下。

（1）二氧化碳溶于水生成碳酸：

$$CO_2 + H_2O \rightleftharpoons H_2CO_3$$

（2）碳酸电离生成重碳酸根：

$$H_2CO_3 \rightleftharpoons H^+ + HCO_3^-$$

（3）重碳酸根离解生成碳酸根：

$$HCO_3^- \rightleftharpoons H^+ + CO_3^{2-}$$

（4）碳酸钙分解生成钙离子和碳酸根：

$$CaCO_3 \rightleftharpoons Ca^{2+} + CO_3^{2-}$$

上述系列化学反应中，当 CO_3^{2-} 和 HCO_3^- 的浓度增加到一定值后，就会阻止 H_2CO_3 继续离解；另外，溶于水中的 CO_2 与气体中的 CO_2 达到化学平衡后，溶解作用将会停止。

地下水中的 CO_2 一般有两种来源：一是大气中的 CO_2，通常情况下，CO_2 约占大气体积的 0.03%；另一来源是土壤中微生物分解有机质产生的 CO_2，土壤中 CO_2 的含量一般为 1%～3%，尤其是在热带亚热带森林，土壤中 CO_2 的含量更高。所以，土壤中 CO_2 的含量明显高于大气中的含量，地下水中的 CO_2 主要来源于土壤中。还有一种特殊的 CO_2 来源，即幔源及碳酸盐岩高温变质产生的 CO_2 通过深断裂释出。

硫酸的作用同样也能增强水的侵蚀能力。黄铁矿、方铅矿、闪锌矿等硫化物在氧化过程中将产生硫酸。化学反应方程式如下：

$$4FeS_2 + 15O_2 + 14H_2O \longrightarrow 4Fe(OH)_3 + 8H_2SO_4$$

H_2SO_4 与 $CaCO_3$ 反应，一方面使 $CaCO_3$ 溶解；另一方面新生成的 CO_2 也会使水中溶解的 CO_2 增加。化学反应方程式如下：

$$H_2SO_4 + CaCO_3 \longrightarrow CaSO_4 + H_2O + CO_2 \uparrow$$

CO_2 的溶解度随 CO_2 在气体中分压的增加而增加，随温度的升高而减小。水溶液中一些离子的存在也会影响 $CaCO_3$ 的溶解。当水溶液中存在与 $CaCO_3$ 不相关的强电解质离子时，由于强离子效应，会使 Ca^{2+} 与 Ca_3^{2-} 之间的引力降低，从而增加 $CaCO_3$ 的溶解度。若水溶液中存在大量 Ca^{2+} 离子，则由于同离子效应，会使 $CaCO_3$ 的溶解度降低。

混合溶蚀效应也会增加水的侵蚀能力，即两种 CO_2 含量不同的水溶液混合后，其侵蚀性会有所增加。因此，在有利于具有不同成分的水溶液混合的地带，岩溶总是较为发育，如石灰岩中地下水排出地表与地表水混合处。

3）可溶岩石的透水性

碳酸盐岩的透水性主要由岩石的孔隙和裂隙决定。通常碳酸盐岩的孔隙度很小，块状石灰岩的原生孔隙度约为 2%，其原生孔隙产生的渗透性很低，一般为 $7\times10^{-7}\sim1.0\times10^{-4}$ m/d。孔隙度较高的白垩系岩石原生孔隙产生的渗透性一般为 $1.5\times10^{-4}\sim3.7\times10^{-3}$ m/d，而现场抽水测得的裂隙产生的渗透性高达 1.5～15m/d，说明裂隙对碳酸盐岩的透水性起主要作用。另外，溶洞的发育也会使碳酸盐岩的渗透性显著增加。

碳酸盐岩内的裂隙常受层厚控制，层厚不同，裂隙发育特点不同。中薄至中厚层碳酸盐岩，裂隙密集且分布均匀，有利于形成溶蚀均匀的岩溶；巨厚层的纯灰岩，裂隙稀疏且分布不均匀，有利于形成大型岩溶洞穴。

裂隙的发育与地质构造的关系密切。一般裂隙主要发育在张性断层带、逆断层的上盘、褶皱的轴部或背斜倾伏端。

4）水的流动性

在封闭的碳酸盐岩系统中，地下水处于静止状态，随着时间的增长，水中溶解的 $CaCO_3$ 将会达到饱和，水对碳酸盐岩的溶解就会停止。因此，要保证岩溶能继续进行，必须有水在碳酸盐岩内部流动，以更替原来的水，并使侵蚀性 CO_2 得到补充。

地下水的流动性主要取决于岩石的透水性和地下水的排泄条件。山区及河谷地带的地下水具有较好的流动性，其岩溶较丘陵及平原地区发育；地下深处地下水流动性较差，岩溶发育程度通常较低。

6.3.2 岩溶水系统的发育

1）岩溶发育的演化过程

岩溶的发育过程，是地下水流对可溶性介质进行溶蚀的过程，也是可溶岩石的非均质化和水流的汇聚过程。

岩溶发育的初期，岩体中裂隙细小，渗透性很低，地下水几乎不具机械搬运能力，以化学溶蚀作用为主，岩溶发展较为缓慢。随着水流不断对裂隙壁面进行溶蚀而使水流通道得以扩展，当裂隙宽度达到 5～50mm 后，岩体的渗透性明显增高，水流由层流向紊流转化，地下水开始具有一定的机械搬运能力，并携带固体颗粒对围岩进行侵蚀，使管道扩展为洞穴。随着水流通道的变化，流线也不断调整，逐渐发育为裂缝网-溶洞体系。

在岩溶发育的过程中，由于裂隙及岩性的非均质性，地下水对可溶性介质的侵蚀能力在各处不相同，表现为差异性溶蚀。在有利于水流循环的裂隙中，溶蚀作用强烈，常形成溶蚀通道，这些小的溶蚀通道最终将会合并为数个大通道（图 6－7）。而在不利于水循环的裂隙中，水流缓慢，常含有饱和的碳酸钙，溶蚀作用缓慢。

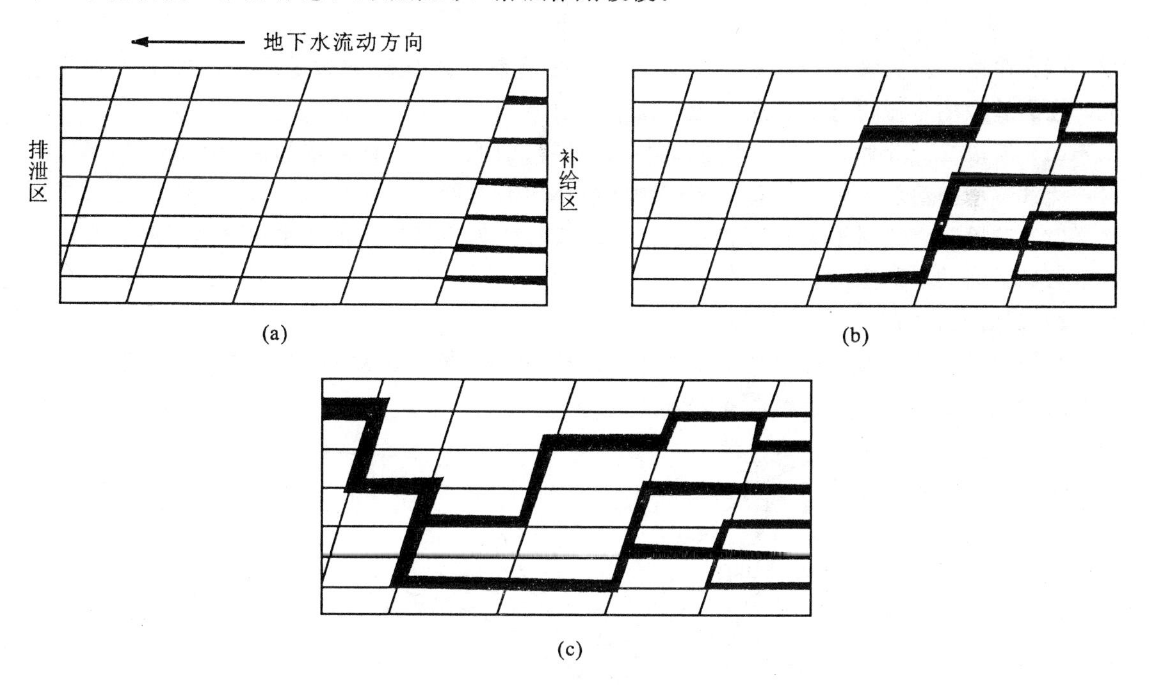

图 6－7 碳酸盐岩含水层从补给区到排泄区的发展过程

（据 Ewers 等，1978，转引自 Fetter，2001）

（a）最初补给区的多数节理溶蚀扩大；（b）溶蚀通道进一步发育并汇合；

（c）最终在排泄区形成一个出口

岩溶的发育过程可以分为三个阶段（图 6－8）。

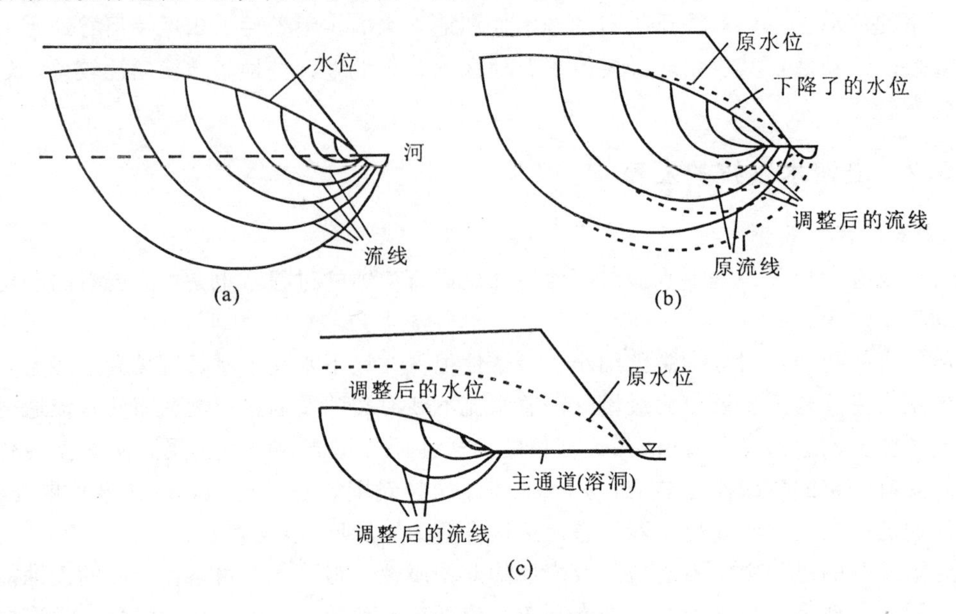

图 6－8　溶洞发育的三个阶段

（据 Rhoades 和 Sinacori，1941，转引自张倬元等，2009）

（a）阶段一；（b）阶段二；（c）阶段三

（1）阶段一。为裂隙溶蚀扩大阶段，此时较有利于水循环的裂隙可以溶蚀扩大到几毫米，在裂缝中的水流很分散，属散漫渗流方式。

（2）阶段二。此时在一些对溶蚀敏感的地区（如地下水与地表水的混合处）开始形成溶洞，流线逐渐向溶洞顶端聚敛，促使溶洞向岩体内部发展。

（3）阶段三。此时溶洞发育成主通道，水流转化为管道流，地下水位显著下降，水流集中于溶蚀强烈的小范围内。

2）岩溶发育的垂直分带性

在被河谷切割的厚层可溶性岩层地区，索科洛夫根据地下水的循环交替条件，在垂向上将岩溶的发育划分为四个带（图 6－9）。

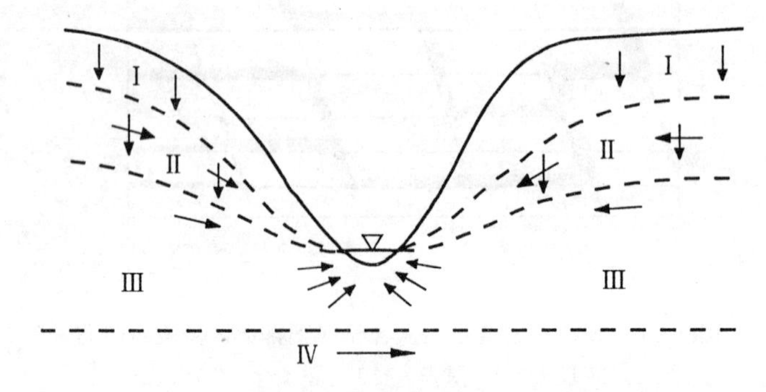

图 6－9　岩溶水垂直分带

（据索科洛夫，转引自沈照理，1985，略改）

Ⅰ—垂直循环带；Ⅱ—季节循环带；Ⅲ—水平循环带；Ⅳ—深部循环带

（1）垂直循环带（包气带）。位于地表与地下水位之间。该带平时无水，只有在降水或地表水入侵时，才有水渗入，形成垂直方向上的导水通道，如漏斗、落水洞等。该带内若在局部存在透水性差的岩层，则形成上层滞水，并形成局部的水平或倾斜的岩溶通道。

（2）季节循环带（过渡带）。位于地下水最高水位与最低水位之间。该带受季节性影响，雨季时，地下水位升高，地下水向河谷流动；干旱季节时，水位下降，成为包气带，水流变为垂向下流。该带水动力条件较好，岩溶作用强烈，并形成水平发育和垂向发育两种形态的岩溶通道。

（3）水平循环带（饱水带）。位于最低地下水位以下，包括河谷两侧及谷底地下水流入河谷的整个范围。该带内，地下水作水平流动并向河谷排泄，常发育水平溶洞；在河谷底部，具承压性质的地下水由下而上地排入河谷，因此垂直和倾斜方向的洞穴较发育。

（4）深部循环带。地下水主要向区域性的构造洼地或其他排水区缓慢流动，而不受当地河谷影响。该带内地下水饱和度高且溶蚀能力低，所以岩溶发育微弱。

3）岩溶发育的控制因素

岩溶的发育受碳酸盐岩地层中节理及层面的方向和密度的控制（图 6-10）。如果裂隙的密度较大，溶蚀管道会平行于潜水面。如果裂隙的密度较小，在潜水面以下，溶蚀通道受

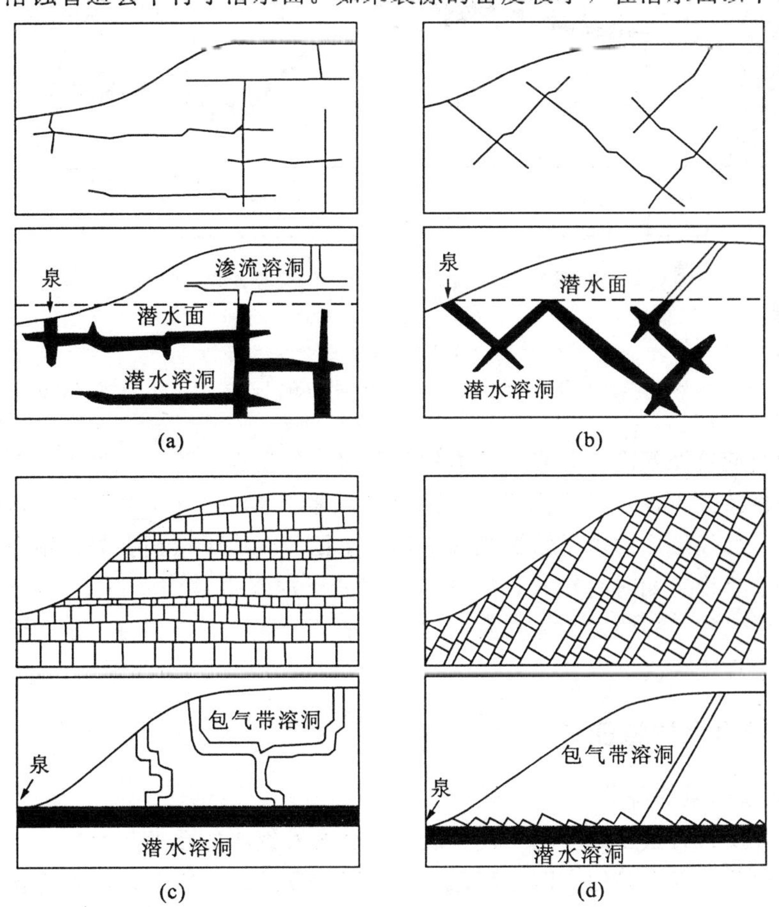

图 6-10 裂隙的密度和方向对溶洞的影响

（据 Ford 和 Ewers，1978，转引自 Fetter，2001）

宽大裂隙控制，常不平行于潜水面。

岩溶侵蚀基准面对岩溶的发育有重要的控制作用。侵蚀基准面控制着一定的流域面积，当岩溶由多个不同的侵蚀基准面共同控制时，各自的汇水面积将发生改变，常使一些位置高的暗河变为干洞。同时还使地下水分水岭由侵蚀基准面低的流域向侵蚀基准面较高的相邻流域移动，甚至出现较低侵蚀基准面所控河系对较高侵蚀基准面所控河系的袭夺现象（图 6-11）。

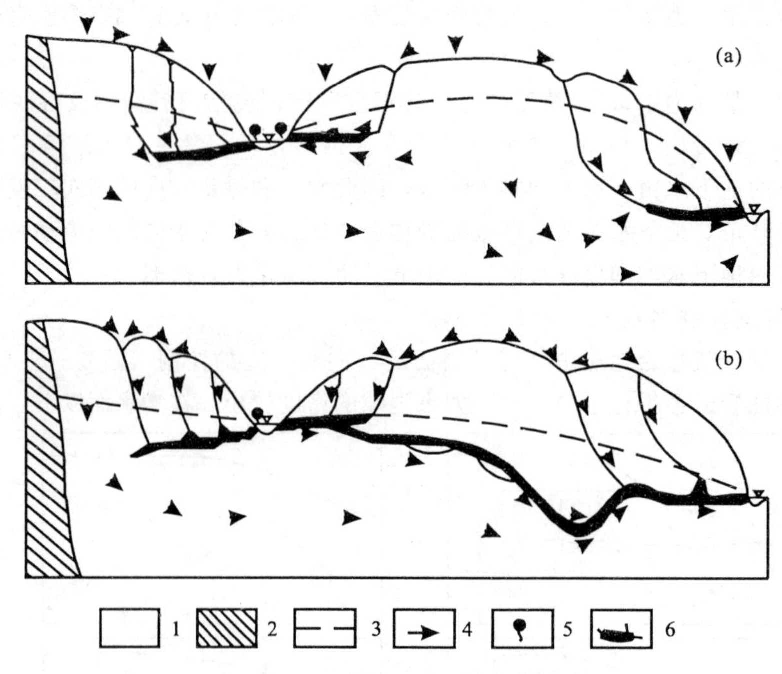

图 6-11　岩溶水系统中的袭夺现象

（据王大纯等，1995）

(a) 袭夺前；(b) 袭夺后

1—碳酸盐岩；2—隔水层；3—地下水位；4—水的流向；5—泉；6—充水岩溶管道

构造运动引起侵蚀基准面升降，从而控制着岩溶的发育。当地壳处于相对稳定期时，水流在相近的高程持续流动，岩溶作用以侧蚀为主，常形成许多水平溶洞。当地壳上升时，侵蚀基准面下降，已经形成的水平溶洞则高出地下水面，变成干溶洞。如果地壳运动表现为多次间歇性抬升，且稳定期时间较长，则常可形成若干层水平溶洞（图 6-12）。需要指出的是，受河流枯洪水位、裂隙发育方向及密度等因素的影响，同一相对稳定时期形成的水平溶洞可能并不完全在同一高度上。

6.3.3　岩溶水的特征

1）岩溶含水介质的特征

岩溶含水介质具有很强的不均一性，既广泛分布着细小的孔隙与裂隙，也含有规模巨大的管道溶洞。这些尺度不等的空隙之间存在着不同程度的水力联系，使岩溶含水介质在宏观上表现为一个统一的水力系统。

广泛分布的细小孔隙与裂隙，导水性差，但总容积大，是主要的储水空间。开阔的溶蚀

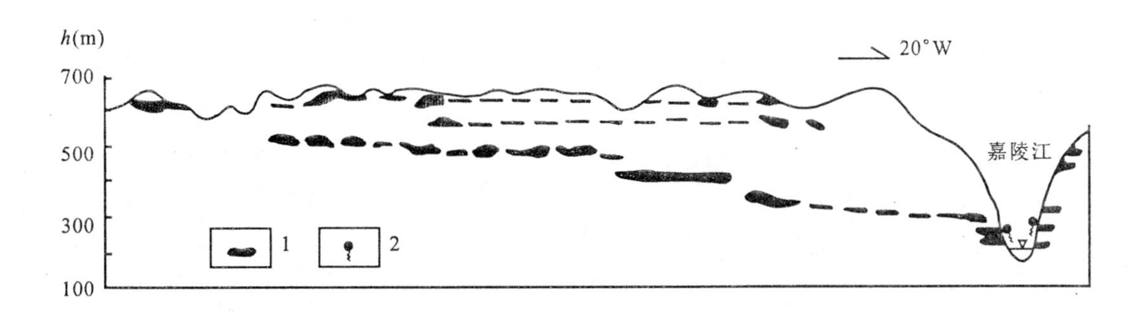

图 6-12 观音峡北岸嘉陵江灰岩溶洞分布图
（据《水利水电工程地质》，转引自张倬元等，2009，略改）
1—溶洞；2—泉

裂隙与管道溶洞则构成主要的导水通道。

当钻孔揭露主要导水通道时，广大储水空间中的水通过有效的导水网络汇集到溶蚀管道，水量极大。当只揭露少数规模较小的裂隙时，汇集水量有限。若钻孔只揭露到由细小孔隙与裂隙构成的岩体，通常干涸无水。

2）岩溶水的运动特征

由于岩溶含水介质的不均一性，导致岩溶含水系统中地下水的流速变化大，流态变化复杂。在细小的孔隙、裂隙中，地下水水流缓慢，常呈层流运动；在大的管道中，地下水流速较快，甚至每昼夜可达数千米，常呈紊流运动。

岩溶水可以是潜水，也可以是承压水，然而即使是赋存于裸露巨厚纯碳酸盐岩中的岩溶潜水，由于岩溶管道断面沿流程变化大，地下水在一些管道内呈承压流动，在另一些管道内呈无压流动。并且岩溶断面大小的差异导致不同断面处水流的速度差异较大，使地下水测压水位呈起伏状。地下水在断面较窄处水流速度快，测压水位较低；在断面较宽处水流速度较缓，测压水位较高（图 6-13）。

3）岩溶水的补给与排泄

（1）岩溶水的补给。碳酸盐岩裸露区与覆盖区的岩溶水补给情况有较大差异。

在碳酸盐岩裸露区，岩溶水受大气降水与地表水的直接补给，其中大气降水是岩溶水的主要补给源，补给量随季节变化而变化（图 6-14）。补给通道通常为裂隙、漏斗、落水洞等，其中漏斗和落水洞是岩溶水特有的补给通道，大气降水或地表水汇流后通过漏斗、落水洞等垂直导水通道直接流入地下。所以，岩溶水的补给方式不稳定且集中。裸露区可分为片状裸露区和带状裸露区。在厚层缓倾斜的片状裸露地区（如广西、贵州和云南的一些岩溶地区），从分水岭到河谷，岩溶水补给量逐渐增加。在可溶岩与非可溶岩互层的褶皱地区，即带状裸露区（如四川、湖北等地分布的石灰岩），一些地区存在非可溶岩区流来的间接补给量超过裸露区大气降水直接补给量的情况，如可溶岩与非可溶岩交界线暗河发育的地区。

在碳酸盐岩被覆盖地区，岩溶水主要通过碳酸盐岩露头区切穿上覆岩层的河流补给，或由大气降水及地表水通过导水裂隙补给等。当覆盖层为松散堆积物构成的透水层时，松散堆积物对大气降水和地表水有储存和调剂的作用，大气降水及地表水通过松散层以均匀稳定的方式间接补给岩溶水。若覆盖层为含水层，则其内赋存的地下水也可向下补给岩溶水。

（2）岩溶水的排泄。岩溶水排泄的最大特点是排泄集中且排泄量大。通常岩溶水以泉或

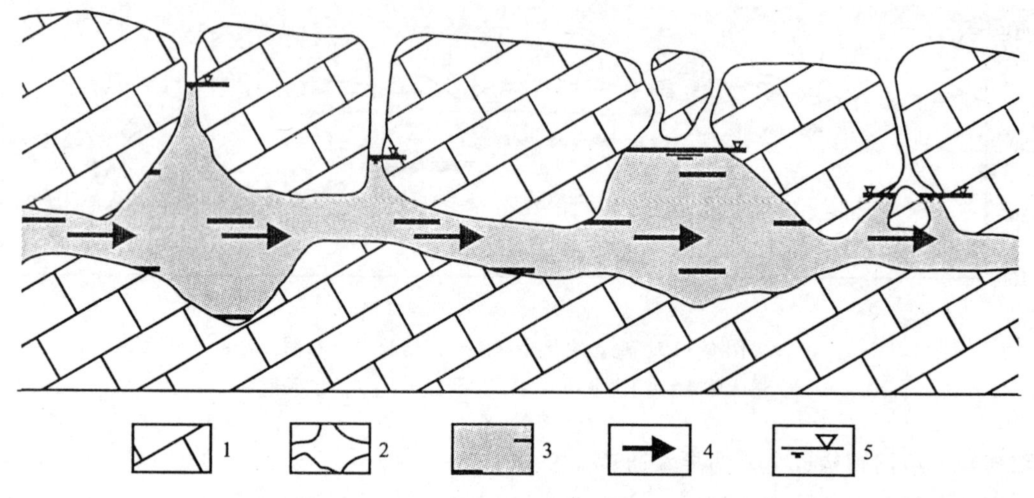

图 6-13　断面变化的溶蚀管道中由于流速变化而水位呈现高低不一

（据石振明等，2011，略改）

1—石灰岩；2—溶洞；3—充水部分；4—地下水流向；5—地下水位

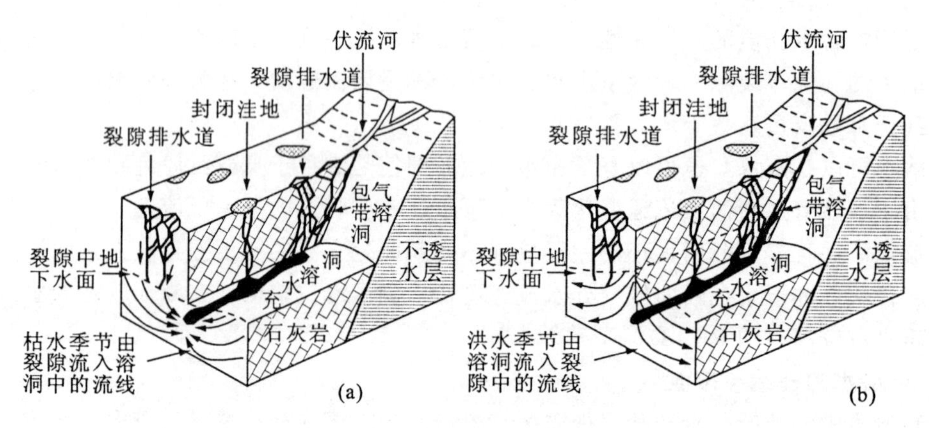

图 6-14　石灰岩裸露伏流河补给及降水直接补给水循环立体图解

（据史密斯，转引自张倬元等，2009）

(a) 枯水期；(b) 洪水期

暗河的形式排泄。岩溶水排泄点的位置一般位于水文地质边界上，如河流或沟谷切割的地方、岩性变化带、断裂带等。有的岩溶水直接排向河流、湖泊或海洋，有的排向地表后流入河流，有的则在地下排入其他含水层。

4）岩溶水的动态特征

岩溶水的动态特征受岩溶含水层的储水结构、降水及地表水的控制，在不同的地区，由于控制因素的差异，其动态特征不同。一些地区水位和流量变化幅度很大，水位的变化幅度达 200m，流量的变化幅度近 100 倍。而在另一些地区变化幅度稳定，水位的变化幅度只有几米，流量的变化幅度不到一倍。

含水层的储水结构对岩溶水的动态有很大的影响。裂隙为主的储水空间内的岩溶水水位及流量变化通常较稳定，而管道发育的储水空间内的岩溶水动态变化较大。美国宾夕法尼亚州的石头泉和汤普孙泉，因前者为岩溶发育强烈的岩溶含水系统，后者为岩溶不发育的裂隙岩溶含水系统，故而在1972年6月间对当地的暴雨具有不同的响应（图6－15）。

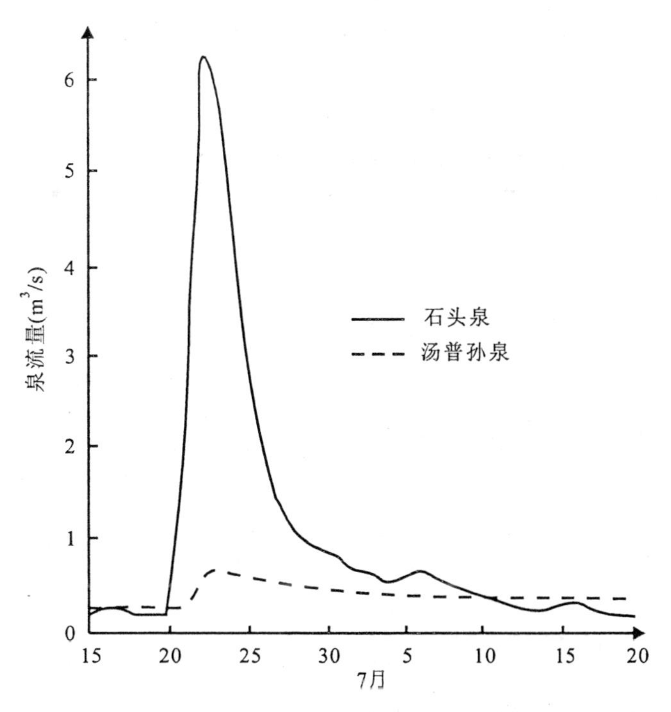

图6－15 含水介质不同的岩溶含水系统泉的动态比较

（据White，1988，转引自王大纯等，1995）

6.3.4 岩溶水富集的一般规律

从大区域来看，气候对岩溶水的补给有很大影响，但从小范围看，岩溶水的富集主要与岩性、构造及地形地貌条件密切相关。

1）岩性控制富水性

在碳酸盐岩中，通常石灰岩比白云岩的富水性强，纯灰岩比非纯灰岩的富水性强。在岩性变化带特别是可溶岩与非可溶岩的接触带，岩溶最为发育，且由于非可溶岩的阻隔，常形成有利的岩溶水富集带。

2）构造控制富水地段

地质构造作用强烈的地方，岩石破碎，透水性强，有利于岩溶发育。例如，向斜谷地、背斜轴部或倾伏端、断裂破碎带、构造线急变转折端以及数条构造线的交汇处或收敛部位等地质构造的剧烈变化带，常为岩溶水富集带。

3）地形地貌影响补给条件

地形地貌对岩溶水的富集有重要影响。在山区，地形切割强烈，地表径流的流失及地下径流排泄均很快，所以地下水水位一般深度较大。在河谷地区或低洼地带，为岩溶水排泄区，地下水循环交替强烈，岩溶发育，利于形成岩溶水富集带。

综上所述，可将岩溶水富集带的分布规律归纳如下。

（1）质纯层厚的可溶岩分布区岩溶发育，岩溶水易富集。

（2）可溶岩与非可溶岩的接触带岩溶发育，岩溶水富集。

（3）褶皱核部、背斜倾伏端、断裂破碎带等构造作用强烈带岩溶发育，岩溶水富集。

（4）地形低洼地带或河谷地带岩溶发育，岩溶水富集。

思考题6

1. 简述洪积扇的水文地质意义。
2. 试对比孔隙水与裂隙水的差异，并说明原因。
3. 简述裂隙水的类型。

4. 简述层状构造裂隙水与脉状裂隙水的特征。

5. 简述岩溶发育的基本条件。

6. 简述岩溶发育的垂直分带性。

7. 简述岩溶水的补给与排泄特征。

7　地下水运动规律

地下水在岩石空隙中的运动，可以在饱水的岩层中或非饱水的岩层中进行。在实际生产中研究当地地下水的运动规律很有意义。

地下水运动是发生在岩石或土体空隙中的。它和地表水流不同，二者的主要区别是地下水的运动缓慢，运动空间既有水流又有岩土颗粒存在，运动的阻力很大，地下水流在岩土空隙中做弯弯曲曲的复杂运动，研究地下水每个质点的运动情况既不可能又没必要；地表水流中水质点充满于整个流速场，水流是连续的。

7.1　渗流的基本概念

地下水在岩石空隙（孔隙、裂隙及溶隙）中的运动称为渗流。研究渗流具有以下几个方面的应用。

(1) 在生产建设部门（如水利、化工、地质、采掘等部门)。

(2) 在土建方面（如给水、排灌工程、水工建筑物、建筑施工)。

(3) 合理开发利用地下水资源（地下水回灌）防止水污染方面。

(4) 保持路基处于干燥稳固状态并防止冻害（降低地下水水位)。

(5) 涉及地下水流动的集水或排水建筑物（单井、井群、集水廊道、基坑、机井、坎儿井)。

7.1.1　水在土壤中的状态

水在土壤中的状态可以分为气态水、附着水、薄膜水、毛细水和重力水等类型，其中对渗流起主导作用的是重力水与毛细水。

(1) 重力水。重力水指在重力及液体动水压强作用下流动的水，是本章主要研究的对象。重力水与毛细水的界面为潜水面。

(2) 毛细水。毛细水指的是地下水受土粒间孔隙的毛细作用上升的水分。毛细水是受到水与空气交界面处表面张力作用的自由水。

7.1.2　土的渗流特性

透水性指土壤允许水透过的性能，用渗透系数 K 的大小表示其透水强弱。透水性能不随地点改变的土称为均质土；否则为非均质土。在同一地点的各个方向的透水性能都相同（各个方向的渗透系数相同）的土为各向同性土，否则为各向异性土。

本章限于讨论均质各向同性土的渗流问题。

土壤的透水性能与土壤的密实程度、孔隙率、土壤颗粒的均匀程度、土的矿物成分和水温等有关。

7.1.3 渗流模型

在一个复杂电路中，若有许许多多的串联、并联电阻存在时，可以用一个等效的电阻来代替，这个等效电阻所起的作用和这些串、并联电阻所起的作用相同。基于这种思想，在地下水运动中引入渗流来代替岩土中实际水流运动的总体效果。渗流是一种假想的水流，它是把运动于岩土空隙中的水流假想为充满于岩土整个空间（包括空隙空间和岩土颗粒所占的全部空间）、性质和作用与真实地下水流相同的水流。渗流所占据的空间区域称为渗流场。渗流场可用渗流量 Q、渗流速度 v、水头 H 等运动要素描述。

渗流是具有实际水流的运动特点（流量、水头、压力、渗透阻力），并连续充满整个含水层空间的一种虚拟水流；是用以代替真实地下水流的一种假想水流。渗流的试验条件如下。

(1) 假设水流通过任一断面的流量必须等于真正水流通过同一断面的流量。

(2) 假设水流在任一断面的水头必须等于真正水流在同一断面的水头。

(3) 假想水流在运动中所受到的阻力必须等于真正水流受到的阻力。

满足上述假想条件的水流，通常称为渗透水流，简称渗流。发生渗流的区域称为渗流场。渗流场由固体骨架和岩石空隙中的水两部分组成。

渗流只发生在多孔介质（岩石空隙）中，与普通水流相比，渗流通常是非稳定的缓变流（图 7-1），具有如下特征。

(1) 通道是曲折的，质点运动轨迹弯曲。

(2) 流速是缓慢的，多数为层流。

(3) 水流仅在空隙中运动，在整个多孔介质中不连续。

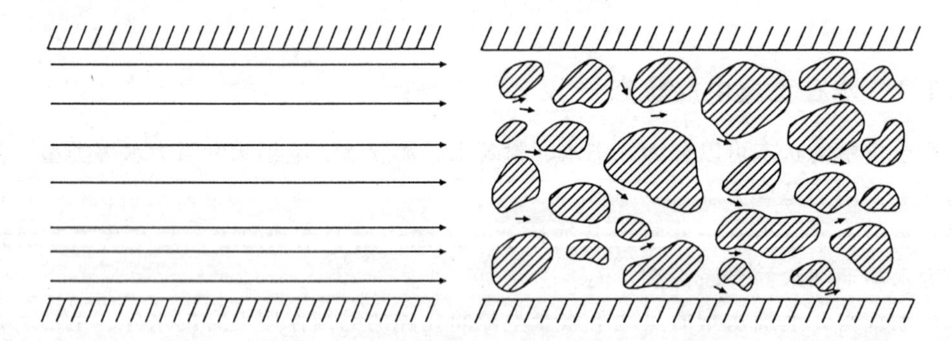

图 7-1 普通水流与地下水渗流对比示意图

对复杂的渗流问题进行的简化，称为渗流模型。该模型假设整个渗流区的全部空间是被水所充满的连续流动，则地下水的渗流具有以下规律。

(1) 渗流流速。设土体有与渗流流速正交的断面面积 dA，通过的渗流流量为 dQ，则渗流流速 v 为：

$$v=\frac{dQ}{dA} \tag{7-1}$$

根据渗流特点知：渗流场中过水断面 ω 包括地下水实际流过岩土空隙面积（$n\omega$）[图 7-2 (b)中阴影部分] 和骨架所占的面积。而通过过水断面 ω 和 $n\omega$ 上的流量 Q 相同，所以

渗流速度 v 和地下水实际速度 v_0 不同，它们分别为 $v=\frac{Q}{\omega}$ 和 $v_0=\frac{Q}{n\omega}$，由于空隙度 $n<1$，故渗流速度 v 永远小于实际流速 v_0。实际的孔隙面积为 $n\mathrm{d}A$，故实际流速 $v_0=v/n$，即渗流平均流速 v 小于水在土壤孔隙中的实际速度 v_0。

(2) 水头。在渗流中，地下水的实际流速非常缓慢，每昼夜只有几米、几十米，最大也不超过 1 000m，流速水头非常小，可以忽略不计。所以，地下水运动可近似认为总水头在数值上等于测压管水头，可把水力学中的总水头和测压管水头合并为同一概念，简称水头。

在渗流场中，把水头值相等的点连成线或面就构成了等水头线或等水头面，流网是由等水头线和流线所组成的正交网格。流网直观地描述了渗流场（或流速场）的特征。它可以是正方形、长方形或曲边方形，如图 7-3 所示。它具有如下基本特征：流线和等水头线处处正交；两等水头线间所夹的各流段的水头损失均相等；相邻两条流线间的流量是常数；由流线所组成的流面有隔水性质，由等水头线所组成的等水头面有透水性质。根据流网可以确定水头、水力坡度、流向、流速和流量等运动要素。

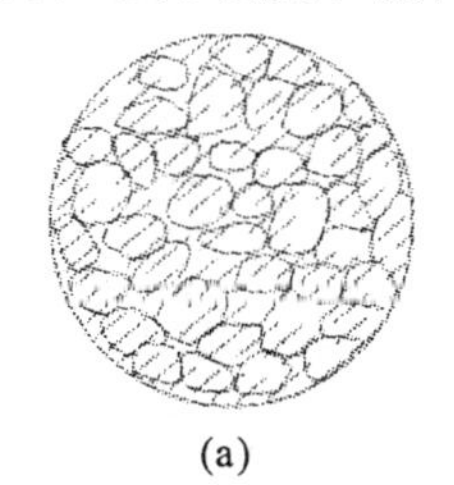
(a)

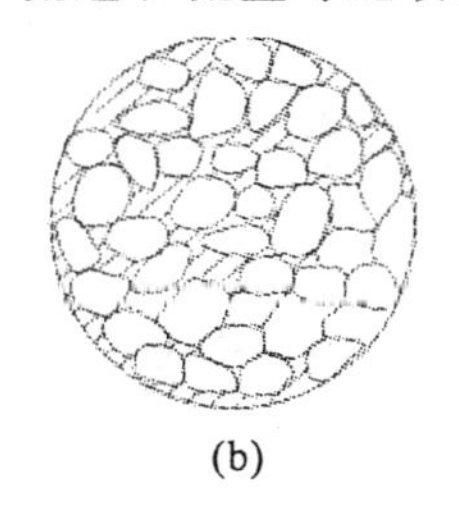
(b)

图 7-2 渗流模型过水断面 [(a) 图阴影部分] 与实际过水断面 [(b) 图阴影部分]

S_1 S_2 S_3 S_4 $H_1H_2H_3H_4H_5$ S_1 S_2 S_3 H_1 H_2 H_3

图 7-3 流网示意图

7.2 重力水运动的基本规律

地下水在岩层空隙中渗流时同地表水一样，也有两种流态——层流和紊流。水流质点有秩序的、互不混杂的流动，称为层流。地下水在狭小空隙的岩石（如砂、裂隙不太宽大的基岩）中流动时，重力水受介质的吸引力较大，水的质点排列较有秩序，故均做层流运动。水流质点无秩序的、互相混杂的流动，称为紊流运动。做紊流运动时，水流所受阻力比层流大，消耗的能量较多。地下水在宽大的空隙岩石（如大的洞穴、宽大裂隙及卵砾石空隙）中流动时，容易呈紊流运动。

不在渗流场内运动、各个运动要素（水位、流速等）不随时间改变时，称为稳定流。运动要素随时间变化的水流运动，称为非稳定流。

7.2.1 线性渗透定律——达西定律

1) 实验装置

在 1852～1855 年法国工程师达西通过大量实验研究，总结出渗流能量损失与渗流速度之间的基本关系，后人称之为达西定律，达西定律是渗流理论中最基本、最重要的关系式。

达西实验是在装有砂的圆筒中进行的（图 7-4），水由筒的上端加入，流经砂柱，由下端流出。上游用溢水设备控制水位，使实验过程中水头始终保持不变。在圆筒的上、下端各设一根测压管，分别测定上下两个过水断面的水头。在下端出口处设置管嘴以测定流量。

2）实验结果

根据实验结果，得到下列关系式（即达西公式）：

$$Q=K\omega\frac{h}{L}=K\omega I \qquad (7-2)$$

式中：Q 为渗透流量，是出口处流量，即通过砂柱各断面的流量，m^3/d；ω 为过水断面，在实验中相当于砂柱横断面积，m^2；h 为水头损失，$h=H_1-H_2$，即上下游过水断面的水头差，m；L 为渗透途径，即上下游过水断面的距离，m；I 为水力梯（坡）度，相当于水头差除以过水断面，无因次；K 为渗透系数，m/d。

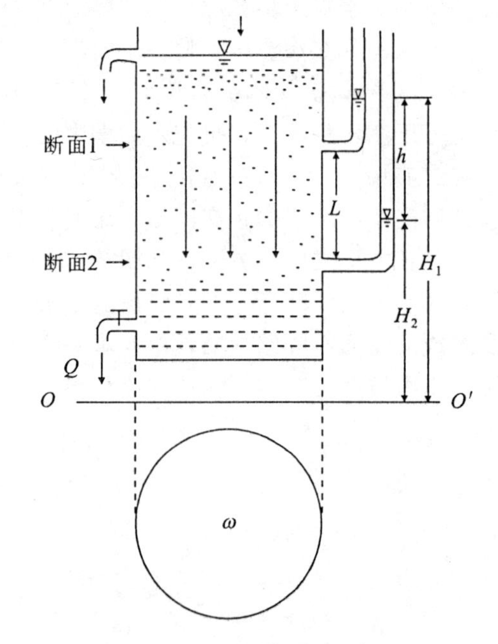

图 7-4　达西试验示意图

已知通过某一过水断面的流量 Q 等于流速 v 与过水断面 ω 的乘积，即 $Q=\omega v$，故达西定律也可用另一形式表达：

$$v=KI \qquad (7-3)$$

式中：v 为渗透流速，m/d；其余各项意义同前。

以下来探讨式（7-2）中各项的物理意义。

（1）渗透流速 v。由于式中的过水断面面积包括颗粒所占据的面积及孔隙所占据的面积，而水流实际通过的是孔隙所占据的面积，故经分析 v 总是小于实际流速 v_0。

（2）水力梯（坡）度 I。I 为沿水流方向单位渗透途径长度上的水头差。可以理解为水流通过单位长度渗透途径为克服摩擦力所耗失的机械能。确定水力梯度时，水头差必须与渗透途径长度相对应。

（3）渗透系数 K。K 是反映岩石透水性能的指标，其数值是水力梯度 $I=1$ 时的渗透速度。

在达西定律中，渗透流速 v 与水力梯度 I 的成正比。故达西定律又称线性渗透定律。过去认为达西定律适用于所有做层流运动的水，但是 20 世纪 40 年代以来的多次实验表明：只有地下水的雷诺数（Re）为 1～10 之间的某一数值的层流运动才服从达西定律，超过此范围，v 与 I 不是线性关系。通常，达西定律对于均匀介质、一维流动、稳定流、层流均适用。

野外实验证实：当 I 在 0.000 05～0.05 之间变动时，达西定律成立。

绝大多数情况下，地下水不仅在多孔介质中的渗流服从达西定律，在裂隙、溶穴中的渗流也服从达西定律。因此，达西定律的适用范围实际上相当广泛。它不仅是水文地质定量计算的基础，还是定性分析各种水文地质过程的重要依据。

因地下水的渗流运动极其复杂，用雷诺数确定的层流—过渡带—紊流，还没有精确的分界线，达西定律的适用范围至今还没有彻底解决。

7.2.2 非线性渗透定律

地下水在较大的空隙中运动，且其流速相当大时，呈紊流运动，此时水的渗透服从哲才定律：

$$v=KI^{\frac{1}{2}} \tag{7-4}$$

此时渗透速度 v 与水力梯度的平方根成正比。

7.3 结合水和毛细水的运动

7.3.1 结合水的运动

结合水指受电分子吸引力吸附于土粒表面的土中水，这种电分子吸引力高达几千到几万个大气压，使水分子和土粒表面牢固地黏结在 起。处于土颗粒表面水膜中的水，受到表面引力的控制而不服从静水力学规律，其冰点低于零度。

结合水因离颗粒表面远近不同，受电场作用力的大小也不同，所以，结合水又可分为强结合水和弱结合水。

(1) 强结合水存在于最靠近土颗粒表面处，工程上也叫吸着水。其水分子和水化离子排列非常紧密，以至于密度大于 1，并有过冷现象（即温度降到 0 度以下也不发生冻结现象)。强结合水由于受到很大的电分子引力作用，其性质与一般水是不同的，它具有固体特征（有很大的黏滞性、弹性及抗剪强度，不传递静水压力，没有溶解能力)，密度大，冰点低（约为零下 780℃)，且不能自行由一个土颗粒旁移到另一个颗粒上去。在外力作用下很难被排出，但是在高温下则比较容易蒸发掉。

(2) 弱结合水距土粒表面较远地方的结合水又叫薄膜水。它仍然受到土粒的电分子引力作用，与内层吸着水接触处引力还是很大的，随着离开土粒表面越远，引力逐渐减小，远至不受引力作用时则过渡到自由水。因为引力降低，弱结合水的水分子的排列不如强结合水紧密，可能从较厚水膜或浓度较低处缓慢地迁移到较薄的水膜或浓度较高处，亦可从土粒周围迁移到另一个土粒的周围，这种运动与重力无关，这层不能传递静水压力的水定义为弱结合水。

迄今为止，较多的学者认为，黏性土（包括相当致密的黏土在内）中的渗透，通常仍然服从达西定律。但目前不能认为黏性土的渗透特性及结合水的运动规律已得出了定论。

7.3.2 毛细水的运动

土中水在表面张力作用下，沿着土中毛细孔隙向上及向其他方向移动的现象称为土的毛细现象。土中毛细水上升的最大高度为毛细水上升高度 h_0，研究表明，毛细水上升最大高度 h_0 与毛管直径成反比：

$$h_0=\frac{C}{ed_{10}} \tag{7-5}$$

式中：h_0 为毛细水上升高度，m；e 为土的孔隙比；d_{10} 为土的有效粒径，m；C 为与土粒形状及表面洁净情况有关的系数，在 $1\times10^{-5}\sim5\times10^{-5}m^2$ 之间。

水的矿化度增高或温度降低，黏滞性增大，这时毛细水上升高度也有所增加，反之则减少。

毛细水上升最大高度可在野外直接观察测定，也可在室内用专门的毛细仪测定。表 7-1 说明，毛细水上升高度大致与粒径成反比。

表 7-1　土样中观察 72 天后的毛细水上升高度

样品物质	粒径（mm）	毛细上升高度（cm）
细砾石	2～5	2.5
很粗的砂	1～2	6.5
粗砂	0.5～1	13.5
中砂	0.2～0.5	24.6
细砂	0.1～0.2	42.8
极细的砂	0.05～0.1	105.8
粉砂	0.02～0.05	200（72 天后仍在上升）

注：摘自张宏仁等编译《地下水非稳定流的发展和应用》，译自洛曼著《地下水水力学》。

毛细水上升速度与毛细孔隙大小有密切关系，毛细孔隙越大，毛细水上升速度越快，反之越慢。毛细水上升速度是不均匀的，开始上升速度快，以后便逐渐减慢。粗粒砂土，经过几天或几十天水便停止上升了，而对黏性土，要经过几年才能达到最大高度（表 7-2）。

毛细水上升速度随水的矿化度增大而减小。水中含盐种类对上升速度也有影响，如硫酸钾溶液上升速度大于氯化钠溶液，更大于硫酸钠溶液。

表 7-2　不同粒径土的毛细水上升速度值

颗粒直径（mm）	平均粒径（mm）	孔隙度（%）	毛细水上升高度（cm）			达到最大值的时间（d）
			24 小时后	48 小时后	最大值	
0.5～1	0.75	41.8	11.5	12.3	13.5	4
0.1～0.2	0.15	40.5	36.6	39.6	42.8	8
0.05～0.1	0.075	41.0	53.0	57.4	105.5	72

研究毛细水的运动，在水文地质上有重要的意义。土壤的盐碱化，建筑物基础的侵蚀，道路的翻浆等都与毛细水的运动有关。

7.4　饱和黏性土中水的流动

根据饱水黏性土的室内渗透试验结果可知，饱和黏性土渗透流速 v 与水力梯度 I 主要存在三种关系（图 7-5）。

（1）$v-I$ 关系可表示为通过原点的直线，服从达西定律［图 7-5（a）］。

（2）$v-I$ 曲线不通过原点，当水力梯度小于 I_0（某一值）时，无渗透；水力梯度大于 I_0 时，起初为一向 I 轴凸出的曲线，然后转为直线［图 7-5（b）］。

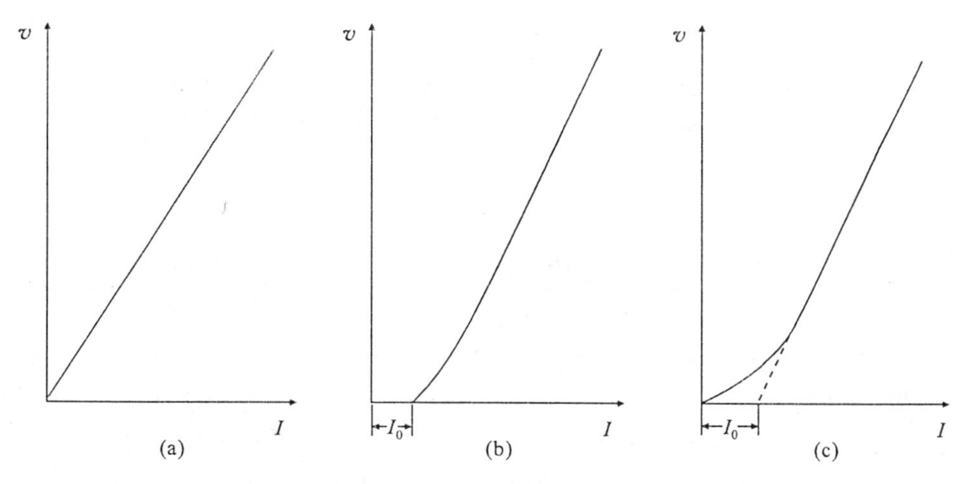

图 7－5 饱和黏性土渗透试验的各类 $v-I$ 关系曲线

（3）$v-I$ 曲线通过原点，I 较小时，曲线向 I 轴凸出；I 达到某一数值时，为直线［图 7－5（c）］。

多数学者认为：黏性土（包括相当致密的黏土在内）中的渗透，通常仍然服从达西定律。例如，奥尔逊用高岭土作渗透试验，加压固结使高岭土孔隙度从 58.8％降到 22.5％，施加水力梯度 $I=0.2\sim40$，得出 $v-I$ 关系为一通过原点的直线。他认为：因为高岭土颗粒表面的结合水层厚度相当于 20～40 个水分子直径，仅占孔隙平均直径的 2.5％～3.5％，故对渗透影响不大；对于颗粒极其细小的黏土，结合水则可能占据全部或大部孔隙，而呈现非达西渗透。

而偏离达西定律的试验结果大多如图 7－5（c）所示，由此得出的结合水的运动规律是：曲线通过原点，说明只要施加微小的水力梯度，结合水就会流动，但此时的渗透流速 v 十分微小。随着 I 加大，曲线斜率（表征渗透系数 K）逐渐增大，然后趋于定值。

对于图 7－5（c）的 $v-I$ 曲线，还可从直线部分引一切线交于 I 轴，截距 I_0 称为起始水力梯度。$v-I$ 曲线的直线部分用罗查的近似公式表示：

$$v=K(I-I_0) \tag{7-6}$$

由以上试验可以看出，结合水是一种非牛顿流体，是性质介于固体与液体之间的异常液体，外力必须克服其抗剪强度方能使其流动。

饱水黏性土渗透试验要求比较高，稍不注意就会产生各种实验误差，得出虚假的结果。因此，不能认为黏性土的渗透特性及结合水的运动规律目前已经得出了定论。

思考题 7

1. 叙述达西定律并说明达西定律表达式中各项的物理意义。
2. 简述达西定律的适用条件。
3. 何为渗透流速？渗透流速与实际流速的关系如何？
4. 影响渗透系数大小的因素有哪些？如何影响？
5. 何谓毛细水上升高度？其值受哪些因素的影响？
6. 叙述黏性土渗透流速 v 与水力梯度 I 主要存在的三种关系。

8　地下水运动的常规计算

8.1　地下水在均质各向同性含水层中的稳定运动

均质含水层是指在渗流场中，任意点的渗流在相同方向上的渗透系数都相等，否则为非均质含水层。绝对满足这一条件的含水层不多，实际工作中常常把岩性相似、含水层类型相同、渗透系数大致相等的含水层简化为均质含水层。有时也采用避开非均质段而只取某一局部均质段为对象来研究（分段研究），此时渗透系数可取其算术平均值或加权平均值。

各向同性含水层是指在渗流场中同一点的渗流，在不同方向的渗透系数均相等的含水层。相反，渗透系数随渗流方向而改变的含水层为各向异性含水层。应当注意，均质含水层并不一定是各向同性的，各向异性的含水层也不全是非均质的。如在玄武岩含水层中，各点岩性相同，为均质含水层。但玄武岩柱状节理发育，水在垂直方向的渗透系数大于水平方向的渗透系数，所以又是各向异性含水层；又如在冲积物的二元结构含水层中，上部河漫相和下部河床相的岩性不同，构成非均质含水层，但同一点在各方向上的渗透系数相同，所以又是各向同性含水层。

在地下水运动过程中，当动态变化不明显或研究的时间段较短，非稳定流问题就可看作稳定流来研究。

8.1.1　地下水在含水层中的单向流运动

单向流的流线互相平行且呈直线运动。承压水、潜水和层间无压水均可呈单向流运动。这里介绍承压水的单向流运动。

图 8-1 是分布相对无限宽广、底板水平、厚度不变的承压水含水层，地下水运动的水头线是一直线，各点的水力坡度均相等。把这个水文地质模型置于直角坐标系中，此时通过任意过水断面的流量满足达西定律：

$$Q=K\omega I=-KMB\frac{\mathrm{d}H}{\mathrm{d}x} \tag{8-1}$$

分离变量积分，把孔 1 和孔 2 断面的距离和水头，即（x_1，H_1）和（x_2，H_2）代入并整理，得流量公式：

$$Q=KMB\frac{H_1-H_2}{x_2-x_1}=KMB\frac{H_1-H_2}{L} \tag{8-2}$$

或

$$q=KM\frac{H_1-H_2}{L} \tag{8-3}$$

式（8-1）～式（8-3）中：Q 为通过含水层过水断面的流量，$\mathrm{m^3/d}$；K 为渗透系数，m/d；M 为含水层厚度，m；$\frac{\mathrm{d}H}{\mathrm{d}x}$为任一点的水力坡度；$B$ 为过水断面的水流宽度，m；H_1、H_2 分别为孔 1 和孔 2 断面的水头，m；L 为孔 1 和孔 2 断面间的距离，m；x_1、x_2 分别为孔 1 和孔 2 断面距纵轴（H 轴）的距离，m；q 为取含水层一个单位宽度时的单宽流量，m^2/d，总流量 Q 等于单宽流量 q 与过水断面宽度 B 的乘积，即 $Q=qB$。

当含水层倾斜时，如图 8－2 所示，含水层的真厚度应为 n，两过水断面间的流程长度应为 s，但当倾角 α 小于 10°时，仍可用铅直厚度 M 代替 n（即用铅直断面代替垂直于流线的过水断面）、用流程 s 的水平投影 L 代替 s，代替的误差小于 1.5%则被允许。

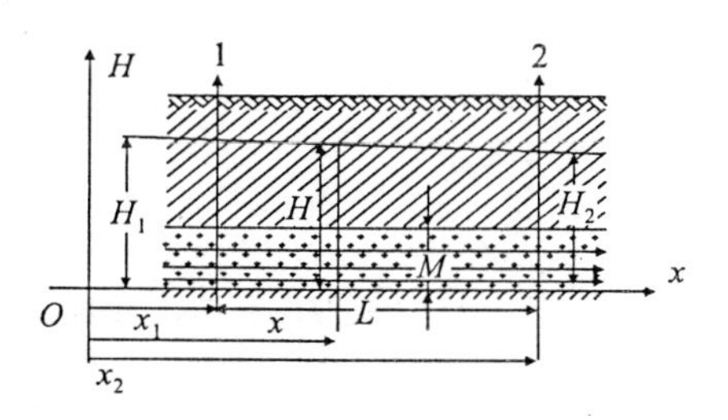

图 8－1　承压水的单向运动

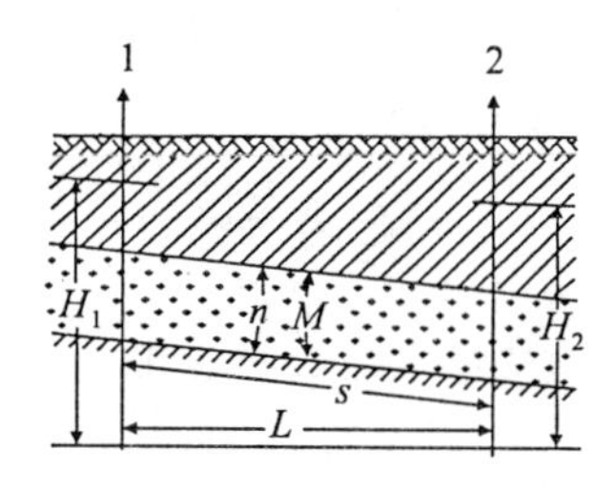

图 8－2　含水层倾斜承压水的单向运动

8.1.2　地下水在潜水含水层中的剖面平面流运动

剖面平面流是指所有流线平行于剖面的水流，对整个渗流场特征的研究可以通过研究某一剖面上水流特征来实现。在图 8－3 中，由于潜水面总是沿着流向逐渐下降的，所以，在隔水层底板水平时，潜水含水层的厚度必然沿流向减小，而水力坡度则沿流向逐渐增大（不相等），形成的水头线为凹面向下的降落浸润曲线（图 8－4）。流线为上平行于浸润曲线、向下逐渐过渡为平行隔水底板的曲线。过水断面是曲面，同一过水断面上的水力坡度也自上而下发生变化。

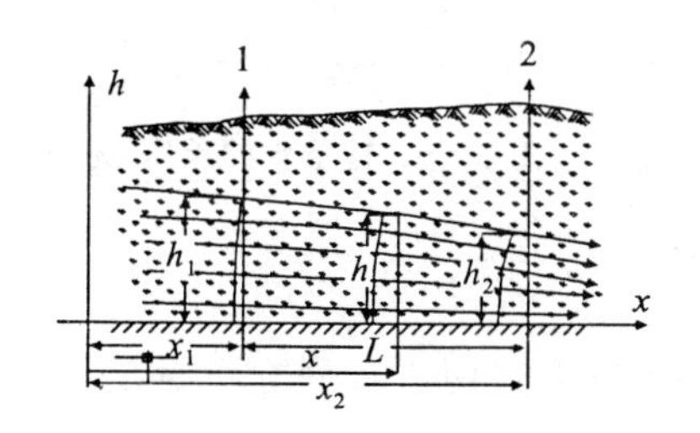

图 8－3　潜水剖面平面流示意图

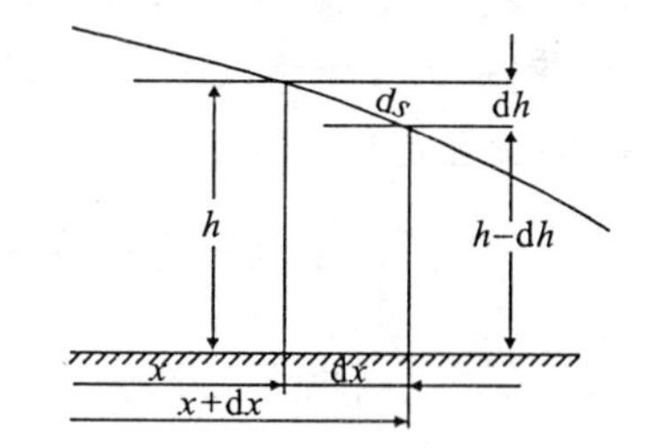

图 8－4　剖面平面流水流坡降示意图

由于同一过水断面上水力坡度变化，不同过水断面上水力坡度也变化，但如前所述，地下水流一般都属于缓变流，具有地下水流动近似水平、过水断面近似为平面、同一过水断面上各点的水力坡度近似相等的特点。因此通过过水断面的流量可用下式计算：

$$Q=-K\omega\frac{dh}{dx}=-KBh\frac{dh}{dx} \tag{8-4}$$

或

$$q=-Kh\frac{dh}{dx} \tag{8-5}$$

式中：h 为潜水的铅直厚度，m；$\frac{dh}{dx}$为任意研究断面的水力坡度；其他参数意义同前。

对于不同过水断面，h 和$\frac{dh}{dx}$值是不同的，它们都是变量。

式（8－4）、式（8－5）称为裘布依微分方程，它适用于任意过水断面，是天然地下水流的基本方程。

对式（8－5）分离变量积分，将孔1、孔2两过水断面处的含水层厚度h_1、h_2及孔1至孔2的水平距离L值代入，得潜水平面流流量公式，也称为裘布依公式：

$$q=K\frac{h_1^2-h_2^2}{2L} \tag{8-6}$$

分解该式，得：

$$q=K\frac{h_1+h_2}{2}\cdot\frac{h_1-h_2}{L}=Kh_{CP}I_{CP} \tag{8-7}$$

式中：h_{CP}为两过水断面间的含水层平均厚度，$h_{CP}=\frac{h_1+h_2}{2}$，m；I_{CP}为两过水断面间的平均水力坡度，$I_{CP}=\frac{h_1-h_2}{L}$。

可以看出，式（8－7）与达西公式具有相同的形式。据此可对含水层底板倾斜的潜水流作近似计算，其计算公式为：

$$q=Kh_{CP}\frac{H_1-H_2}{L}=K\frac{h_1+h_2}{2}\cdot\frac{H_1-H_2}{L} \tag{8-8}$$

此式也称卡明斯基公式。

8.1.3 承压-无压水的平面运动

地下水径流途中有一部分承压、一部分不承压时，称为承压-无压流。如河流切穿承压含水层，河水位又低于含水层顶板时，便出现河流附近的承压水变为无压水，而距河较远处仍为承压水的情况（图8－5）。

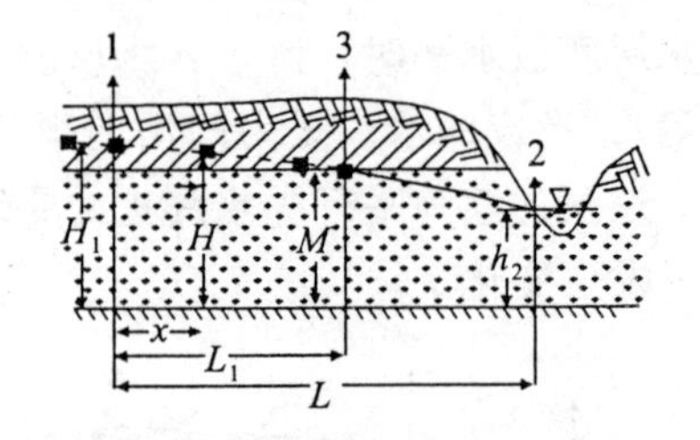

图8－5 地下水的承压-无压

在承压-无压流中，承压流段是一维流，其流量为$q_1=KM\frac{H_1-M}{L_1}$；无压流段为潜水平面流，其流量为$q_2=K\frac{M^2-H_2^2}{2(L-L_1)}$。根据水流的连续性原理：$q_1=q_2=q$，将上述两方程联立可解出$q$及$L_1$，即：

$$q=K\frac{(2H_1-M)\ M-H_2^2}{2L} \tag{8-9}$$

$$L_1=\frac{2LM\ (2H_1-M)}{M\ (2H_1-M)\ -H_2^2} \tag{8-10}$$

式中：L_1为承压流段长度，m；其他参数意义同前。

式（8－9）可用于解决水流为承压-无压运动时的流量问题；式（8－10）可用于解决承压-无压转折点位置问题。

实际工作中，应用式（8－3）、式（8－6）和式（8－9）可直接求得某过水断面通过的流量。如在地下水水量均衡计算中，求流入、流出矿区的侧向径流量；求流向露天矿完整水渠某一侧的流量等。将式（8－6）变换，可得潜水的浸润曲线方程：

$$h=\sqrt{h_1^2-\frac{x}{L}(h_1^2-h_2^2)} \tag{8-11}$$

依此方程，可求沿水流方向上各点的水头值。只要给出一个 x 值，就可得到一个对应的 h 值，从而求得一系列 x_i 和 h_i 值，将这些 x_i 和 h_i 值投在平面直角坐标系上即可绘出浸润曲线（水头降落曲线）。

应用以上有关公式可计算或预测地下水流量、水头和含水层渗透系数等。

例 8－1 在水平均质潜水含水层中，地下水流向垂直河流两岸。已知含水层的平均渗透系数为 10m/d，其余资料如图 8－6（a）所示，求潜水的单宽流量，并绘制 1 号孔至河岸的浸润曲线。

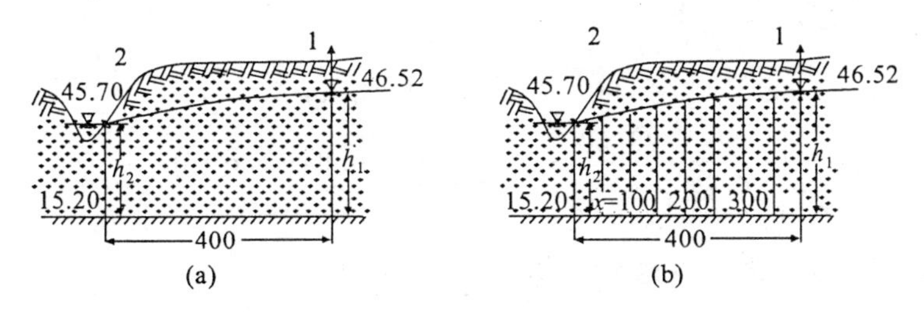

图 8－6 潜水含水层水文地质模型

解：河岸边钻孔 2 与钻孔 1 处含水层的厚度分别为

$h_1=46.52-15.20=31.32\text{m}$；

$h_2=45.70-15.20=30.50\text{m}$

因隔水底板水平，故应用裘布依公式计算单宽流量：

$$q=K\frac{h_1^2-h_2^2}{2L}=10.00\times\frac{(31.32)^2-(30.50)^2}{2\times400}=0.63\text{m}^3/\text{d}\cdot\text{m}$$

为了绘制浸润曲线，用式（8－11）计算离钻孔 2 的距岸边距离 $x=50\text{m}$，100m，150m，200m，250m，300m，350m 时各点的含水层水头 h。将其结果列于表 8－1 中。

表 8－1 各点的含水层水头 *h* 值

距岸边距离 x（m）	0	50	100	150	200	250	300	350	400
水头 h（m）	31.32	31.22	31.12	31.01	30.91	30.81	30.71	30.6	30.5

在剖面图上，按一定比例尺标出各计算点处的含水层水头，然后用圆滑的曲线连接各点，便得到潜水含水层的浸润曲线。

答：潜水的单宽流量为 $0.63\text{m}^3/\text{d}\cdot\text{m}$，1 号孔至河岸的浸润曲线如图 8－6（b）所示。

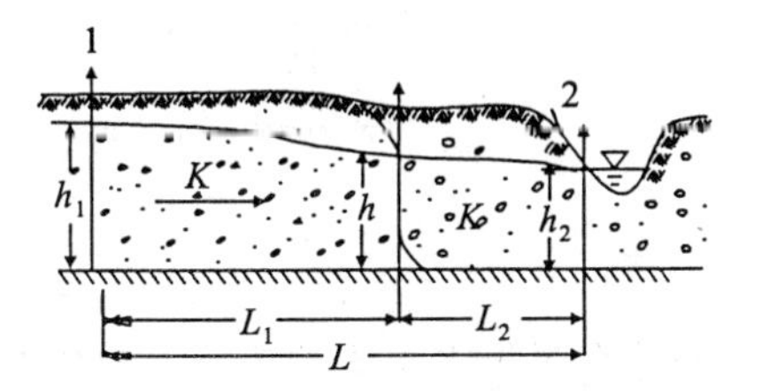

图 8－7 透水性突变时地下水垂直岩层界面的运动

例 8－2 含水层透水性突变的情况如图 8－7 所示。河流一级阶地由含砾中粗砂组成，渗透系数为 15m/d；河漫滩由砂卵石组成，渗透系数为 50m/d。离河岸 1 000m 的 1 号孔和岸边 2 号孔揭露含水层厚度分别为 25m 和 23.6m，已知河漫滩宽度为 300m。求垂直河岸运动的潜水单宽流量。

解：设阶地分界线到 1 号孔距离为 L_1，水头为 h。则：

$$q_1 = K_1 \frac{h_1^2 - h^2}{2L_1}$$

同理：

$$q_2 = K_2 \frac{h^2 - h_2^2}{2L_2}$$

根据水流连续性原理（$q_1 = q_2 = q$），联立上两式，用代入法消去 h^2，整理得：

$$q = \frac{h_1^2 - h_2^2}{2\left(\frac{L_1}{K_1} + \frac{L_2}{K_2}\right)}$$

把 $L_2 = L - L_1 = 1\ 000 - 300 = 700$m 等已知数据代入，得：

$$q = \frac{25.00^2 - 23.60^2}{2\left(\frac{700}{15.00} + \frac{300}{50.00}\right)} = \frac{96}{105.34} = 0.91\text{m}^3/\text{d} \cdot \text{m}$$

答：垂直河岸运动的潜水单宽流量为 0.91m^3/d · m。

8.2 地下水流向集水井的稳定运动

8.2.1 井流及裘布依模型的假设条件

开采或疏降地下水，可用揭露含水层的钻孔、水井、水平廊道等集水工程来汇集地下水，这些工程统称为集水建筑物。钻孔、水井等垂直集水建筑物简称为集水井或井。地下水流向井的运动称为井流或径向流。

按揭露含水层的完整程度可将集水井分为完整井和非完整井。完整井是指揭穿了整个含水层，并在全部含水层的厚度上地下水都向井中渗透（图 8－8 中 a，e）；非完整井是指未揭穿含水层或虽然已经揭穿了整个含水层，但仅在部分厚度上取水的井（图 8－8 中 b，c，d，f，g）。

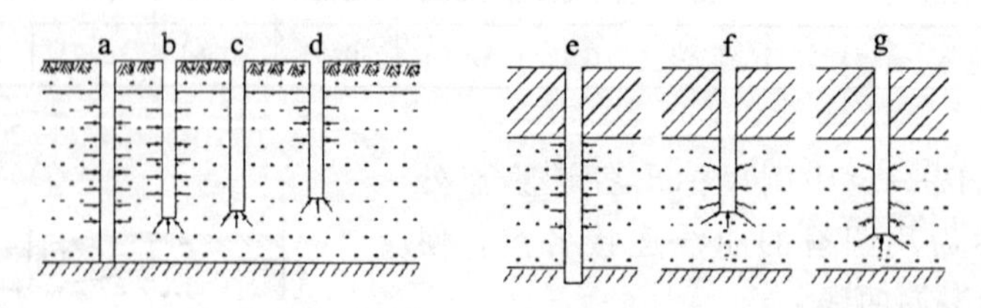

图 8－8　井的类型

按井揭露地下水类型不同，可将其分为潜水井和承压水井。当承压水井在抽水后，井附近的地下水位下降到承压含水层顶板以下时，井附近的地下水呈无压流，这种井称为承压－无压井。当通过井向岩层中注水时，称为注水井；从井中抽取地下水时，称为抽水井。

裘布依在达西定律基础上，研究建立水文地质模型时，对井流作了如下简化和假设。

（1）含水层水平、均质、等厚、各向同性，等于没抽水前的静止水位水平。

（2）含水层为定水头圆形补给边界所包围，形成“岛状”含水层，抽水井位于其中心。

（3）抽水井的水位降深很小，地下水在降落（压）漏斗范围内呈稳定的缓变流运动。

据此裘布依得出了均质含水层中完整稳定缓变径向流运动的微分方程和井流涌水量计算公式。按此思路方式，别的学者又推出类似的公式，通常把这些公式统称为裘布依公式。

8.2.2 承压完整井的涌水量公式

如图 8-9 所示，承压完整井抽水所形成的渗流场，其流线在平面上是沿半径方向指向井的直线；等水头线为同心圆状，近井处密集，离井越远越稀疏；最外边的等水头线数值等于没抽水时的静止水头 H。流线在剖面上是一系列平行线，过水断面是一系列圆柱面，同一过水断面上各点水力坡度均相等。当抽水达到稳定时，通过所有过水断面的流量相等，均等于抽水量 Q。

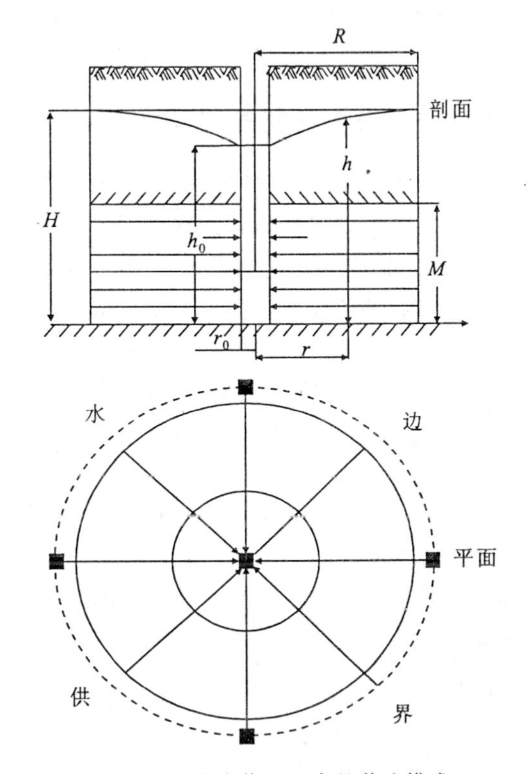

图 8-9 裘布依承压完整井流模式

取柱坐标，设井轴为 h 轴，沿含水层底板为 r 轴。距离井轴为 r 的任意过水断面面积为 $\omega=2\pi rM$；水力坡度为 $I=\frac{dh}{dr}$。代入达西公式得裘布依微分方程：

$$Q=K\omega I=2\pi KrM\frac{dh}{dr} \quad (8-12)$$

分离变量积分，并把边界条件（r_0，h_0）、（R，H）代入并整理，得承压完整井涌水量公式（裘布依公式）：

$$Q=2\pi KM\frac{H-h_0}{\ln(R/r_0)}=2.73KM\frac{s_0}{\lg(R/r_0)} \quad (8-13)$$

式中：r_0 为抽水井半径，m；h_0 为井中水位，m；R 为抽水时补给半径，m；H 为没抽水前的静止水头，m；s_0 为井中水位降深，m；其余参数意义同前。

在推导裘布依公式时，假设在圆形岛屿的中心有一口井，而这种条件在自然界很难见到。为了实际应用裘布依公式，用一个引用影响半径 R_0 代替裘布依公式中的圆形岛屿的半径 R：

$$Q=2.73KM\frac{s_0}{\lg(R_0/r_0)} \quad (8-14)$$

此时 R_0 是一个假想的含水层半径，假设用这个半径切割出一个理想的圆柱含水层，周边保持常水头 H。在这个含水层中抽水，当抽水时间足够长时，可以出现似稳定状态（水头 h 随时间变化，但水力坡度 I 及降落漏斗形态不随时间变化的一种水流）。在这想象含水层中抽水的效果和在实际含水层中抽水的效果完全相同，因此仍可用裘布依公式进行近似计算。

如果在抽水井附近有两个观测孔，距井轴的距离分别为 r_1 和 r_2，水位降深分别为 s_1 和

s_2，用类似的方法进行推导，可得：

$$Q=2.73KM\frac{s_1-s_2}{\lg(r_2/r_1)} \tag{8-15}$$

式（8-15）直接用抽水孔与观测孔之间的距离代替补给半径，使用方便。它是德国人蒂姆于1906年提出来的，所以也称为蒂姆公式。

裘布依公式在实际工作中具有广泛的使用价值，并不仅局限于圆形岛屿的特定条件。

8.2.3 潜水完整井的涌水量公式

满足裘布依假设条件的潜水含水层如图8-10所示，它与承压水的区别是：等水头面为绕井轴旋转的抛物面；剖面上流线是互不平行的曲线，任意点的渗流速度方向是倾斜的，它既有水平分流速又有垂向分流速，地下水流呈三维流运动。但当井中水位降深 s_0 不大，或是离井轴较远的等水头面（即过水断面）可以近似看成圆柱面（过水断面为 $\omega=2\pi rh$），过水断面上水力坡度可忽略垂直分流速，只考虑水平分流速，这样就可以把空间流近似地作为平面流来研究。

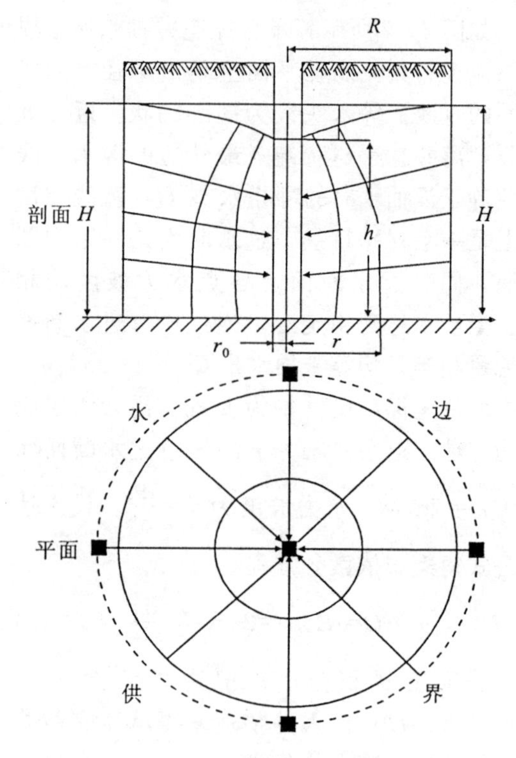

图8-10 裘布依潜水完整井流模式

取柱坐标，任选一过水断面，得裘布依微分方程：

$$Q=2\pi Krh\frac{dh}{dr} \tag{8-16}$$

分离变量积分，将边界条件（r_0、R）、（r_0、H）代入，得单孔抽水潜水完整井涌水量公式（裘布依公式）：

$$Q=\pi K\frac{H^2-h_0^2}{\ln(R/r_0)}=1.366K\frac{H^2-h_0^2}{\lg(R/r_0)} \tag{8-17}$$

式中：各参数意义同前。

8.2.4 承压-无压完整井的涌水量公式

矿井疏干中，井孔中水位常降到含水层顶板以下，使井流呈承压-无压流（图8-11）。设承压区与无压区间的转折点距离井轴为 a，则此处过水断面把承压-无压渗流场分为两段：一段是以 r 为井半径，a 为补给半径的潜水井流；另一段是由 a 到补给半径 R 的承压井流。此两段的裘布依公式分别为：

$$Q_{潜}=1.366K\frac{M^2-h_0^2}{\lg\ (a/r_0)}$$

$$Q_{承}=2.73K\frac{H^2-M^2}{\lg\ (R/a)}$$

(8-18)

将两式联立，把 $Q_{潜}=Q_{承}=Q$ 代入并消去 $\lg a$，得承压-无压完整井涌水量计算公式：

$$Q=1.366K\frac{(2H-M)\ M-h_0^2}{\lg\ (R/r_0)} \tag{8-19}$$

式中：各参数意义同前。

裘布依公式主要用于计算完整井的涌水量、求含水层任意点的水头、绘降落漏斗曲线、求渗透系数及影响半径等。

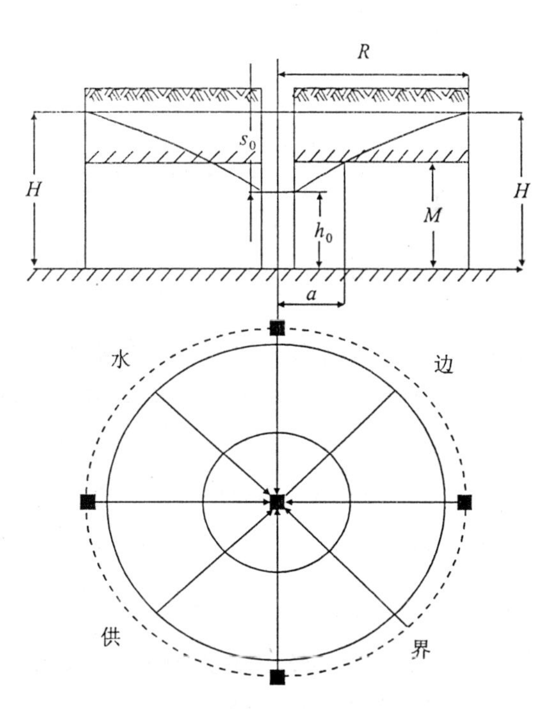

图 8-11　承压-无压稳定井流模式

最后应特别强调的是，地下水运动的公式都是在一定水文地质条件和井流条件下导出的。当情况变化复杂时可查《水文地质手册》，在手册中查找最接近实际情况的水文地质模型与相应公式，这样才能保证求水文地质参数、预计涌水量的可靠性。若不注意公式的适用范围，不分析实际条件与公式假设条件的可比性，盲目套用公式会产生错误的认识与结论，贻误工作。

8.2.5　关于影响半径 R

裘布依公式中补给半径 R 是指岛状含水层中心到定水头补给边界的距离。岛状定水头补给含水层，且在岛中心打井的条件很苛刻，在自然界中基本不存在。为能将其应用到实际含水层中，蒂姆提出实际含水层的补给半径 R 可这样确定：从抽水井起至实际上观察不到水位降低处的水平距离。这样，R 就可称为影响半径（即抽水的影响范围）。

常用的影响半径 R 值确定方法有以下几种。

(1) 作图外推法。根据观测孔、泉等实测资料，在 $s-\lg r$ 坐标系中投点连曲线，按曲线扩展趋势，延长至与静止水位相交处，此交点到抽水井间的距离即为 R；另一种方法是将实测资料在 $s-\lg r$ 坐标系中投点，通过大多数点连直线，延长直线交于 $\lg r$ 轴（即 $s=0$），读交点处的 r 值即为 R（图 8-12）。

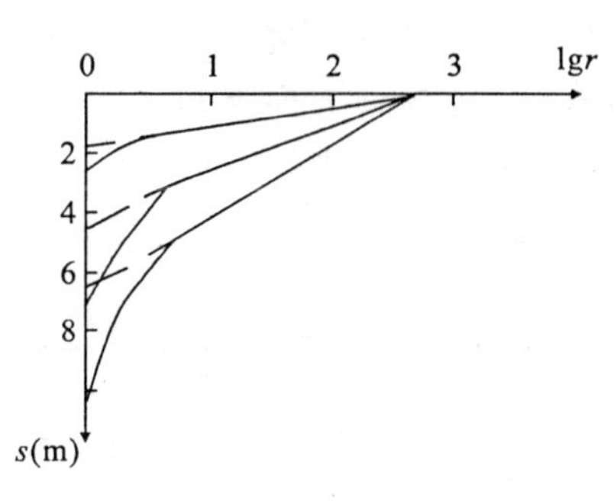

图 8-12　$s-\lg r$ 曲线

(2) 经验公式法。常用的经验公式有以下两种。

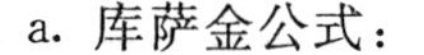
a. 库萨金公式：

$$R=2s\sqrt{KH} \tag{8-20}$$

b. 吉哈尔特公式：

$$R=10s\sqrt{KH} \tag{8-21}$$

式（8-20）、式（8-21）中：H 为含水层水头，m；s 为井中水位降深，m；其他参数意义同前。

库萨金公式适用于潜水，吉哈尔特公式适用于承压水。实践证明，这两种公式计算的 R 值偏小。

（3）抽水试验法。如果有抽水井资料但无观测孔资料时，可直接用裘布依公式反求影响半径 R；如果在抽水井附近有两个观测孔时，可用观测孔资料（r_1、s_1）、（r_2、s_2）代替式（8-14）中（r_0、s_0），并应用 $s_1=H-h_1$，$s_2=H-h_2$，得：

$$Q=2.73KM\frac{s_1}{\lg(R/r_1)} \quad 或\ Q=2.73KM\frac{s_2}{\lg(R/r_2)} \tag{8-22}$$

两式相除，整理得：

$$\lg R=\frac{s_1\lg r_2-s_2\lg r_1}{s_1-s_2} \tag{8-23}$$

利用式（8-23）可较准确地确定影响半径 R。

（4）经验数据法（表 8-2、表 8-3）。

表 8-2　松散岩石补给半径经验数值表

岩性	粒径（mm）	补给半径（m）	岩性	粒径（mm）	补给半径（m）
粉砂	0.05～0.1	25～50	极粗砂	1.0～2.0	400～500
细砂	0.1～0.25	50～100	小砾	2.0～3.0	500～600
中砂	0.25～0.5	100～200	中砾	3.0～5.0	600～1 500
粗砂	0.5～1.0	300～400	大砾	5.0～10.0	1 500～3 000

表 8-3　单位涌水量与补给半径值关系表

单位涌水量（L/s·m）	>2.0	1.0～2.0	0.5～1.0	0.33～0.5	0.2～0.33	<0.2
补给半径（m）	300～500	100～300	50～100	25～50	10～25	<10

例 8-3　在某厚度为 20m 的含砾粗砂承压含水层中，进行多孔观测的稳定流抽水试验。在垂直地下水流向方向上布置了三个观测孔，它们到抽水孔的距离分别为 $r_1=5$m，$r_2=60$m，$r_3=300$m，抽水孔半径为 0.2m。其余抽水资料见表 8-4。试求含水层的渗透系数和影响半径，并估计抽水井水位降深为 12m 时的涌水量。

表 8-4　稳定流抽水试验数据表

降深顺序	抽水井		观测孔降深（m）		
	涌水量（m³/d）	水位降深（m）	观 1	观 2	观 3
1	1 402	2.04	1.17	0.57	0.16
2	4 088	7.44	3.52	1.69	0.5
3	5 530	10.25	4.74	2.22	0.64

解：依题意画出示意图，其符合承压水完整井公式的适用条件，可利用有两个观测孔的式（8-15）求参数。取观2和观3两孔资料得：

$$K=\frac{0.366Q}{M(s_2-s_3)}\lg\frac{r_3}{r_2}=\frac{0.366\times 5\,530}{20(2.22-0.64)}\lg\frac{300}{60}=44.77\text{m/d}$$

$$\lg R=\frac{s_2\lg r_3-s_3\lg r_2}{s_2-s_3}=\frac{2.22\times\lg 300-0.64\times\lg 60}{2.22-0.64}=2.760\,2$$

$$\therefore R=576\text{m}$$

$$Q=2.73KM\frac{s_2}{\lg R_0/r_0}=2.73\times 44.77\times 20\times\frac{12}{\lg 576/0.2}\approx 8\,381\text{m}^3/\text{d}$$

答：含水层的渗透系数 $K=44.77$m/d，影响半径 $R=576$m，预计抽水井水位降深为12m时涌水量 $Q\approx 8\,381\text{m}^3/\text{d}$。

也可将观1和观3、观1和观2等资料组合后再求 K 和 R，读者可自行计算。

8.2.6　地下水向非完整井的稳定运动

在一些厚度较大、埋藏较深的含水层中开采地下水或进行抽水试验，往往采用非完整井。非完整井流的特点是井周围水流为三维流，在降深相同时的涌水量比二维流完整井小。

许多研究成果表明，非完整井产生三维流的宽度一般为含水层厚度的1.5～2倍（图8-13），这一区域的渗流在竖直方向的分速度大，称为三维流带（Ⅰ带），在此范围之外垂向分速度较小（可以忽略），渗流属于二维流，称为二维流带（Ⅱ带）。

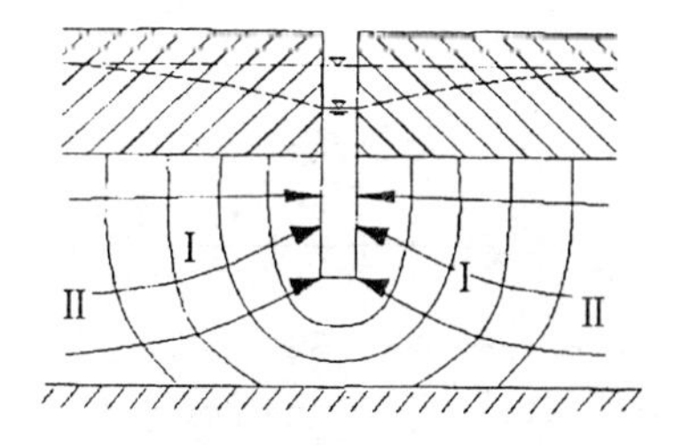

图8-13　非完整井井流示意图

由于这些特点，非完整井流的计算与研究常利用第Ⅱ带资料进行计算。只要观测孔的径距 r 大于含水层厚度的2倍时，则可不考虑井的非完整性影响，直接应用完整井流的公式计算涌水量。

8.2.7　地下水流向干扰井和边界附近完整井的稳定运动

8.2.7.1　干扰井群稳定运动的单井涌水量公式

如果在同一含水层中有 n 个井同时工作，当这些干扰井分布比较集中，各井之间距离远远小于影响半径 R 时，可认为各井到影响半径 R 的距离均相等。此时流向干扰井群中的完整井的涌水量如下。

（1）潜水完整井：

$$Q_{潜}=\pi K\frac{(H_0^2-h_0^2)}{\ln(R^n/r_0r_1\cdots r_n)}\tag{8-24}$$

（2）承压完整井：

$$Q_{承}=2\pi KM\frac{(H_0-h_0)}{\ln(R^n/r_0r_1\cdots r_n)}\tag{8-25}$$

8.2.7.2　直线边界附近完整井的涌水量公式

自然界中任何含水层的分布都是受一定的边界限制。当边界距抽水井较远且抽水时间较短时，在抽水过程中边界对抽水井不发生明显的影响，抽水井附近的降落漏斗呈轴对称或大致的轴对称。这时，可把有界含水层当成无限含水层来处理。相反，边界对水流有影响，计算时就必须考虑边界的存在。

含水层边界可分为补给边界（或称供水边界，如河流、富水断层等）和隔水边界（或称不透水边界，如侵入体、隔水断层等）。边界形状往往是弯曲不规则的，计算时可将其简化为直线边界。边界的数量可以是一个或几个，边界的分布可呈直角正交、扇形相交或彼此平行。

图 8-14（a）、图 8-14（b）为直线补给边界附近的稳定井流。在河岸附近有一口完整井进行抽水，河水对抽水井有影响。在平面直角坐标系中，取 y 轴与供水边界重合，取 x 轴通过井的中心，并设井轴至边界的距离为 a［图 8-14（c）］，此时流向直线补给边界附近完整井涌水量如下。

（1）潜水完整井：

$$Q_{潜}=\frac{\pi K\ (H^2-h_0^2)}{\ln\ (2a/r_0)}=\frac{1.366K\ (2H-s_0)\ s_0}{\lg\ (2a/r_0)} \tag{8-26}$$

（2）承压完整井：

$$Q_{承}=\frac{2\pi KM\ (H-h_0)}{\ln\ (2a/r_0)}=\frac{2.73KMs_0}{\lg\ (2a/r_0)} \tag{8-27}$$

从式（8-26）和式（8-27）可以看出，当 $2a=R$（影响半径）时，它们即变为裘布依完整井公式。这个关系说明，上述公式只适用于 $a\leqslant R/2$ 的情形。

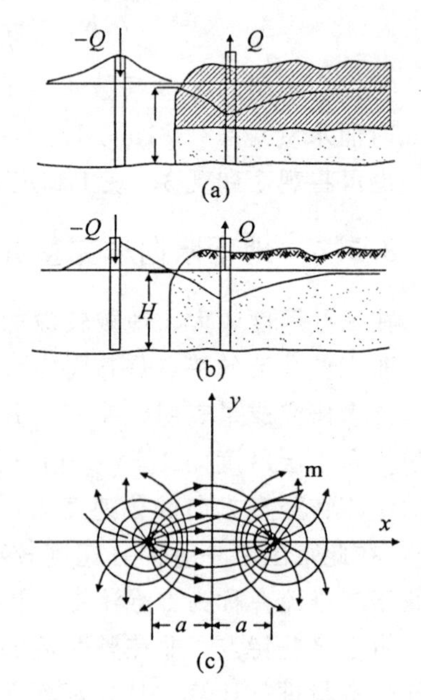

图 8-14 直线补给边界附近的完整井

$-Q$ 为虚井（注水井）；Q 为实井（抽水井）

如直线边界为隔水边界，井轴距边界的距离为 b，则流向隔水边界附近完整井的涌水量如下。

（1）潜水完整井：

$$Q_{潜}=\frac{\pi K\ (H^2-h_0^2)}{\ln\ (R^2/2br_0)}=\frac{1.366K\ (2H-s_0)\ s_0}{\lg\ (R^2/2br_0)} \tag{8-28}$$

（2）承压完整井：

$$Q_{承}=\frac{2\pi KMs_0)}{\ln\ (R^2/2br_0)}=\frac{2.73KMs_0}{\lg\ (R^2/2br_0)} \tag{8-29}$$

同样，式（8-28）、式（8-29）只适用于 $b\leqslant R/2$ 的情况。

8.3 地下水向完整井的非稳定运动

8.3.1 地下水非稳定井流的基本概念

非稳定井流理论包括以下内容。

（1）所有井流的动水位都是时间和空间的函数，即 $h=f\ (x,\ y,\ z,\ t)$。降落漏斗总是随着抽水时间的延续而不断向井的四周扩展，直至边界。

（2）承压含水层是一个弹性体，水的密度和含水层体积是变化的。从承压含水层中抽出的水量由两部分组成：一是含水层压缩，体积减小挤出一部分水；二是水本身的减压体胀，密度变小膨胀释放出一部分水。在抽水之前，承压含水层上覆岩层对含水层骨架和水体有一定的压力，含水层骨架和水体的反作用力使之与上覆岩层的重力处于平衡状态，此时水的密度较大。抽水时，承压水头降低，水压力减小，上覆岩层压力相对加大，使含水层骨架压缩（空隙减小）释放水量。同时，承压水弹性膨胀，体积增加，密度减小也释放水量。定量衡量二者的数量指标是弹性释放系数 S（或称储水系数、释水系数）。

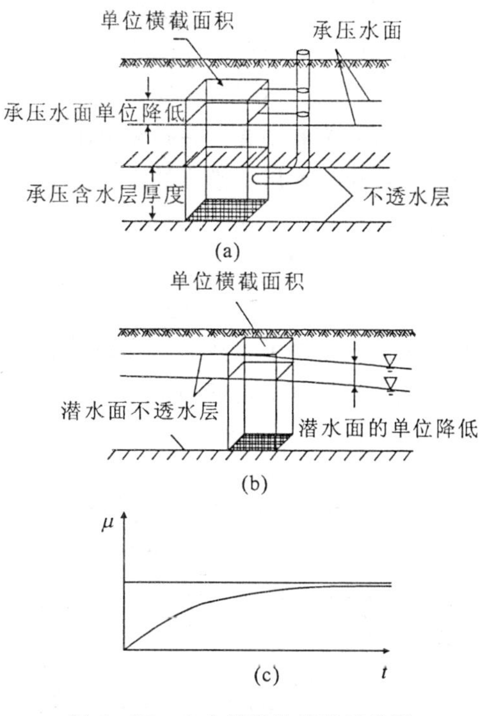

图 8－15 含水层弹性储存示意图

弹性释放系数 S 表示当水头降低或升高一个单位时，含水层从水平面为一个单位面积、高度等于含水层厚度的柱体中所释放或接纳的水量［图 8－15（a）］。弹性系数 $S=10^{-5}\sim10^{-3}$。它反映了含水层中储存水量变化和承压水头相应变化的关系。

（3）潜水含水层抽水是一个重力疏干含水层的过程。抽水量主要来自降落漏斗以内潜水面下降部位水量的重力疏干，其次为潜水面下部被水饱和的含水层压缩及水的膨胀（即弹性释放）。抽水的变化过程是：抽水早期，水头急剧下降，形成一个漏斗状降落曲线，含水层的反应和一个储水系数很小的承压含水层的非稳定井流运动过程相似。这个时期，只是由于压力降低引起水的瞬时弹性释放，也可用弹性释放系数 S 来衡量。然后，靠重力疏干降落漏斗范围内的潜水［图 8－15（b）］。因为重力疏干不是瞬时完成的，而是一个缓慢的过程，疏干时间主要取决于降落漏斗内潜水含水层的重力给水度 μ。μ 不但随岩性的不同而变化，而且具有随时间的增长而增加，最后趋于常数的特点［图 8－15（c）］。这样，降落曲线以下的含水层好像又得到新的补给一般，使潜水面下降变慢，以至于出现水位不下降的假稳定状态。通常把重力疏干滞后于潜水位下降的现象称为滞后给水（迟后作用）。当抽水继续进行，降落曲线之上潜水被大部分疏干，假稳定现象被破坏，降落曲线处含水层的重力排水与潜水位下降趋于一致时，滞后给水效应消失。降落漏斗继续向深度和广度扩展。

非稳定井流理论客观地描述了抽水初期、中期、后期与水位恢复时期各阶段地下水的运动情况，不但揭示了地下水运动随时间变化而变化的过程，而且很好地解释了抽水水量的来源问题。

8.3.2 泰斯公式

8.3.2.1 泰斯公式及其近似表达式

1935 年美国人泰斯提出承压水的非稳定井流公式，即著名的泰斯公式。泰斯在建立水文地质模型与数学模型时，作了如下假设。

（1）含水层为均质等厚各向同性、平面无限延伸不存在边界的承压含水层。

（2）地下水的天然水力坡度为零。

（3）抽水井为完整井，井径无限小，并以定流量抽水。

（4）抽水时含水层所给出的水量是承压含水层瞬间弹性释放的结果，在垂向和水平方向均没有补给。

（5）地下水运动为二维流，渗透系数和导水系数在时间和空间上都是常数，满足达西定律。

在上述假设条件下，建立水文地质模型。应用达西定律和水量均衡原理，建立数学模型。求解数学模型（即求解偏微分方程），得出泰斯公式：

$$s=\frac{Q}{4\pi T}\int_{u}^{\infty}\frac{1}{u}e^{-u}du \text{ 或 } s=\frac{Q}{4\pi T}W(u) \tag{8-30}$$

式中：s 为以定流量 Q 抽水时，与抽水孔距离为 r 处任一时间 t（从抽水时间算起）的水位降深，m；T 为导水系数，$T=KM$，K 为渗透系数，M 为承压含水层厚度，m^2/d；u 为井函数自变量，$u=r^2/4at$，$a=T/S$，a 为导压系数，m^2/d，S 为弹性释水系数；$W(u)$ 为井函数，$W(u)$ 表达式为：

$$W(u)=-0.5772-\ln u-\sum_{i=1}^{\infty}(-1)^i\frac{u^i}{i-i!} \tag{8-31}$$

根据井函数值可绘出井函数标准曲线［$W(u)-1/u$ 标准曲线］，可通过井函数自变量 u 查得井函数 $W(u)$ 的值，反之亦然。

当抽水时间较长，$u\leqslant 0.01$ 时，式（8－31）中第三项以后的数值都非常小，可忽略不计。这时，泰斯公式可写成：

$$s=\frac{Q}{4\pi T}(-0.5772-\ln u)=0.183\frac{Q}{T}\lg\frac{2.25at}{r^2} \tag{8-32}$$

或

$$s=\frac{Q}{4\pi KM}\ln\frac{2.25at}{r^2} \tag{8-33}$$

式（8－32）、式（8－33）称为雅克布公式。它们是泰斯公式的近似表达式，当 $u\leqslant 0.01$ 时，计算误差$<0.25\%$，一般均能满足生产要求。

应用雅克布公式，可使非稳定流计算过程大大简化。但要注意 $u\leqslant 0.01$ 的应用条件。对于抽水井，在很短的时间内就可满足，而对距抽水井较远的观测孔却不易达到，这时可取 $u\leqslant 0.05$ 或 $u\leqslant 0.1$，其计算误差分别增大 2%与 5%，应用时可视生产精度选用计算公式。

由泰斯公式和其近似表达式雅克布公式还可得到潜水完整井非稳定运动的计算公式：

$$(2H-s)s=\frac{Q}{2\pi K}W(u) \tag{8-34}$$

将 $s=H-h$ 代入得：

$$H^2-h^2=\frac{Q}{2\pi K}W(u) \tag{8-35}$$

或

$$H^2-h^2=\frac{Q}{2\pi K}\ln\frac{2.25at}{r^2} \tag{8-36}$$

式（8－35）、式（8－36）中：h 为以固定流量 Q 在潜水含水层中抽水时，在距离抽水井为 r

处、抽水时间达 t 时刻的潜水位；$a=\dfrac{T}{\mu}=\dfrac{kh_{CP}}{\mu}$，$h_{CP}=\dfrac{H+h}{2}$，$h_{CP}$ 为潜水含水层的平均厚度，μ 为潜水含水层的给水度。

式（8－35）、式（8－36）的应用条件，除需满足泰斯公式假设条件外，还要求满足以下条件。

（1）抽水的水位降深值同含水层厚度相比很小。一般认为 $s<0.1H$ 时，可忽略潜水的垂直分速度，把空间流当成二维流来处理，其误差很小。

（2）抽水时迟后作用很小，可忽略不计，或是虽有迟后作用，但迟后效应已趋于消失。

（3）满足 $u\leqslant 0.01$。

8.3.2.2　泰斯公式的应用

应用泰斯公式可解决以下两类问题。

（1）预测渗流场中，距抽水井任意距离 r 处任意时刻 t 的水位；预计井孔涌水量；确定矿山排水超前采矿的工作时间等问题。泰斯公式在地下水资源开发、矿山防治水工程设计中应用广泛。只要已知含水层的水文地质参数 T、a、H，再给出 Q、r、M、s（$s=H-h$）等参数中的三项，便可用泰斯公式或雅克布公式求得另一参数。

（2）利用非稳定流抽水试验资料求含水层的水文地质参数 T、K、a 等问题。求参数的方法有试算法、配线法、直线图解法、剔除法等。

8.3.2.3　应用泰斯公式的简单分析

（1）抽水渗流场中水头的变化规律。从泰斯公式可知，定流量抽水时，渗流场中任意时刻、任意点的水头（水位降深）主要随 $W(u)$ 的变化而变化（Q、T 固定），而 $W(u)$ 随 u 的减少而增加；$u=\dfrac{r^2}{4at}=\dfrac{r^2S}{4Tt}$中，$T$、$S$ 是常量，当 r 固定时，u 随时间的增加而减少；当 t 固定时，u 随距离 r 的增加而增加。故随抽水时间 t 的增加或距离 r 的减少，水位降深逐渐增加。只要 t 有变化，水位降深就变化，地下水始终处于非稳定运动状态。

（2）水位下降速度的变化规律。在 $t=C$ 的某一时刻，当 r 值增加时，e^{-u}减小，水位下降速度 v_t 也减小，说明水位下降速度在近井处快，在远井处慢；在 $r=C$ 的同一过水断面上，当 t 值增大时，v_t 受 $1/t$ 和 e^{-u}两个相反因素的制约，表现为抽水初期 v_t 由小逐渐增大，当 $1/u=1$ 时达到最大，而后下降速度又由大变小。这一变化特点要求在观测孔中测量水位降深时，观测孔（测点）应先密后稀。在 t 足够大（如达到 $t\geqslant\dfrac{25r^2}{a}$，即$\dfrac{r^2}{4at}\leqslant 0.01$，则 $e^{-u}=0.99\sim1$）时，水位下降速度：

$$v_t=\frac{Q}{4\pi T}\cdot\frac{1}{t} \tag{8-37}$$

这表明在一定的 r 值范围内，水位下降速度与 r 无关，各点同一时刻水位下降速度相同，承压漏斗曲线平行地下降。等幅下降的范围是 $r\leqslant 0.2\sqrt{at}$，即在 $r\leqslant 0.2\sqrt{at}$范围内，当抽水时间足够长时，各点同一时刻的水位下降速度相同。

（3）各过水断面上流量的变化。根据达西定律可知，距井轴为 r 处的过水断面上通过的流量 Q_r 为：

$$Q_r=2\pi rKM\frac{\mathrm{d}h}{\mathrm{d}r}=-2\pi KMr\frac{\mathrm{d}s}{\mathrm{d}r} \tag{8-38}$$

在上式中对 r 求导数，整理得：

$$Q_r = Qe^{-\frac{r^2}{4at}} \tag{8-39}$$

由于 $e^{-\frac{r^2}{4at}} \leqslant 1$，$r \to \infty$ 时，$e^{-\frac{r^2}{4at}} \to 0$，$Q_r \to 0$；$r \to 0$ 时，$e^{-\frac{r^2}{4at}} \to 1$，$Q_r \to Q$。所以，非稳定流中，任意过水断面上的流量都小于抽水井的流量，距抽水井越远的过水断面流量越小。这是因为地下水在流向抽水井的路途中不断得到了弹性释放水量的补给。这一点和稳定流裘布依公式认为同一时刻通过各过水断面的流量均相等是不同的。然而，当抽水时间足够长时，例如，$t \geqslant \frac{25r^2}{a}$ 时，$e^{-\frac{r^2}{4at}} \approx 1$，$Q_r \approx Q$。也就是说，在 $r \leqslant 0.2\sqrt{at}$ 范围内释放出来的水量（$Q - Q_r$）是微不足道的，可近似认为同一时刻各过水断面通过流量相等。降落漏斗的这部分只起输水作用，其间同一时刻任意两观测孔中水位降深满足雅克布公式：

$$s_1 = \frac{Q}{4\pi T}\ln\frac{2.25at}{r_1^2} \quad 及 \quad s_2 = \frac{Q}{4\pi T}\ln\frac{2.25at}{r_2^2}$$

两式相减得：

$$s_1 - s_2 = \frac{Q}{2\pi T}\ln\frac{r_2}{r_1} = \frac{Q}{2.73KM}\lg\frac{r_2}{r_1} \tag{8-40}$$

这就和稳定流的蒂姆公式完全相同。

综上（2）、（3）两点可知，在 $r \leqslant 0.2\sqrt{at}$ 范围内，当抽水时间足够长时，同一时刻通过各过水断面的流量近似相等，泰斯不稳定漏斗曲线的形状与裘布依稳定井流近似一致，两种井流对应点的水力坡度近似相等，渗流速度 $v = KI = \frac{Q}{2\pi rM}$ 也近似相等，但水头线方程有别。所以，可以近似认为此范围内地下水的运动达到相对稳定状态，可用裘布依公式（或蒂姆公式）求水文地质参数、预计涌水量等。这也正是裘布依公式计算结果较接近客观实际的原因所在。但必须说明的是，在无限含水层中，这些共性只限于 $r \leqslant 0.2\sqrt{at}$ 范围内，否则，误差将增大，以致于不能满足生产要求。

实训1　地下水运动计算技能训练

1）实训目的

培养学生综合分析、合理简化水文地质条件、建立水文地质模型的基本能力，掌握应用基本公式定量分析地下水运动规律的工作方法。

2）实训要求

（1）通过实训掌握分析地下水运动规律的方法。

（2）熟悉裘布依公式、泰斯公式及蒂姆公式的含义及应用条件，掌握运用公式求取水量、水位等水文地质参数的计算方法。

3）实训内容

（1）某承压含水层中有一口直径为0.20m的抽水井，在距抽水井527m远处设有一个观测孔。含水层厚52.20m，渗透系数为11.12m/d。试求井内水位降深为6.61m，观测孔水位降深为0.78m时的抽水井流量。（参考答案：2 479.83m^3/d）

（2）在厚度为27.50m的承压含水层中有一口抽水井和两个观测孔。已知渗透系数为34m/d，抽水时，距抽水井50m处观测孔的水位降深为0.30m，110m处观测孔的水位降深

为 0.16m。试求抽水井的流量。(参考答案：1 043.21m^3/d)

(3) 某潜水含水层中的抽水井，直径为 200mm，引用影响半径为 100m，含水层厚度为 20m，当抽水量为 273m^3/d 时，稳定水位降深为 2m。试求当水位降深为 5m 时，未来直径为 400mm 的生产井的涌水量。(参考答案：699.43m^3/d)

(4) 设在某潜水含水层中有一口抽水井，含水层厚度 44m，渗透系数为 0.265m/h，两观测孔距抽水井的距离为 $r_1=50$m，$r_2=100$m，抽水时相应水位降深为 $s_1=4$m，$s_2=1$m。试求抽水井的流量。(参考答案：298.94m^3/d)

(5) 在某潜水含水层有一口抽水井和一个观测孔。设抽水量 $Q=600m^3/d$，含水层厚度 $H_0=12.50$m，井内水位 $h_w=10$m，观测孔水位 $h=12.26$m，观测孔距抽水井 $r=60$m，抽水井半径 $r_w=0.076$m 和引用影响半径 $R_0=130$m。试求：①含水层的渗透系数 K；② $s_w=4$m 时的抽水井流量；③ $s_w=4$m 时，距抽水井 10m，20m，30m，50m，60m 和 100m 处的水位 h。(参考答案：$K=25.3$m/d；$Q_w=895.72m^3/d$；h 分别为 11.28m，11.62m，11.82m，12.06m，12.14m，12.38m)

(6) 设承压含水层厚 13.50m，初始水位为 20m，有一口半径为 0.06m 的抽水井分布在含水层中。当以 1 080m^3/d 流量抽水时，抽水井的稳定水位为 17.35m，影响半径为 175m。试求含水层的渗透系数。(参考答案：38.35m/d)

9 矿区水文地质勘探

9.1 矿区水文地质勘探阶段与工作方法

9.1.1 矿区水文地质勘探阶段划分及基本要求

矿区水文地质勘探阶段分为普查、详查（初步勘探）和精查（详细勘探）三个阶段。水文地质条件简单的矿区，勘探阶段可简化或合并。

1）普查阶段

普查阶段的任务是初步了解矿区水文地质条件，根据自然地理、地质条件，初步划分水文地质类型，指明供水水源勘探方向，为矿区远景规划提供水文地质依据。

普查阶段要求通过区域水文地质测绘，钻孔简易水文地质观测，泉、井和钻孔的流量、水位、水温的动态观测及老窑和生产矿井水文地质资料的搜集，初步了解工作区的自然地理条件、地貌、第四纪地质及地质构造特征，主要含水层和隔水层岩性、分布、厚度、水位及泉的流量；初步了解对矿层开采可能有重大影响的含水层富水性，地下水的补给、径流、排泄条件；了解生产矿井和老窑的分布、采空情况及水文地质情况，了解供水水文地质条件，指出矿区供水水源勘探方向等。

2）详查阶段

详查阶段工作程度较普查阶段进一步加深，相应投入的工作手段也较普查阶段多。详查阶段的任务是通过矿区水文地质测绘、水文地质观测及抽水试验等工作，初步查明矿区水文地质条件，生产矿井和老窑采空区分布、积水、涌水量变化情况；分析矿床充水因素，估算矿井涌水量，初步评价供水水源；预测可能引起的环境水文地质和工程地质问题，为矿区的总体规划或总体设计提供水文地质依据。

3）精查阶段

精查阶段工作程度较详查阶段更一步加深，工作手段投入更多。精查阶段的任务是通过大比例尺的水文地质测绘、观测、抽水试验等工作，查明矿床直接和间接充水含水层的特征，评价矿井充水因素；预测矿井涌水量，预测和评价矿井开采和排水可能引起的环境水文地质和工程地质问题，指出矿床开采过程中可能发生突水的层位和地段；对井田内可供利用的地下水的水量、水质作出评价；提出矿井防治水方案及矿井水综合利用的建议，为矿井设计提供水文地质依据。

9.1.2 矿区水文地质勘探方法

矿区水文地质勘探方法一般包括水文地质测绘、水文地质勘探、水文地质试验、水文地质观测（地下水动态观测）和实验室试验、分析、鉴定等。

1）水文地质测绘

水文地质测绘是对工作区内的水文地质现象进行实地的调查、观察、测量、描述，并绘制成图表、图件，以说明地下水的形成条件、赋存状态与运动规律。

2）水文地质勘探

水文地质勘探是查明水文地质条件的重要手段。水文地质勘探包括水文地质钻探、物探、化探和坑探。其中水文地质钻探是最基本的勘探手段，水文地质物探具有速度快、成本低、设备简单等优点。工作中常常采用物探先行、钻探验证的程序，以提高勘探效率和保证勘探质量。

3）水文地质试验

水文地质试验是进行地下水定量研究、获取水文地质参数的重要手段。水文地质试验包括抽水试验、井下放水试验、注水试验、压水试验、连通试验、地下水流向、流速测定等，其中最主要和最常用的是抽水试验。

4）水文地质观测

水文地质观测又称为地下水动态观测，是研究地下水要素随时间变化，阐明地下水形成和变化规律，进行水位、水量、水质评价和预测的重要手段。在矿区水文地质勘探中，观测矿区地下水要素随开采活动的变化，对于分析矿井充水条件的变化规律，预测矿井涌水，判别涌水水源和确定涌水通道等有着十分重要的意义。

5）实验室试验分析

为取得地下水水质，岩石的物理、水理和力学性质指标，岩石的破坏和溶蚀机理等资料，需要采集水、岩、土样进行实验室鉴定、分析和试验，为分析评价矿区水文地质条件提供重要依据。

9.1.3　矿区水文地质勘探工作程序

水文地质勘探，应按一定的工作程序，有计划、有步骤地进行。一般应遵循下述原则。

（1）勘探工作应从普查开始，然后进入详查（初勘）和精查（详勘）。从普查到精查，工作范围由大到小，工作要求由粗到精，对水文地质条件的认识由表及里、由浅入深。各阶段有其侧重的内容和要求，一般应依次进行。

（2）勘探方法的组织应按测绘—勘探—试验—长期观测的顺序安排。

（3）勘探工程量的投入，应根据具体条件由少到多，由点到线，进一步控制到面，以求既在经济技术上合理可行，又保证勘探成果的质量。

（4）每一勘探阶段都应按准备工作、野外施工和室内总结三段时期进行。

准备工作时期应广泛搜集资料，明确存在的问题和需要进行的工作，重点是编制勘探工作设计书。设计书内容应包括：勘探区的范围、地质概况，研究程度和存在问题，勘探阶段的确定、勘探任务和要求，勘探方法的组织、工程量及布置原则和技术要求，预期成果，时间进度、设备计划、人员组织及经济预算等。设计书须经有关部门批准后方能实施。

野外施工时按设计要求进行各项水文地质勘探工作。施工中既要坚持先设计后施工的原则，又要注意各种勘探方法的有机配合，更应保证每项工程的施工质量，加强勘探资料的综合分析，以便及时对发现的问题采取措施（包括修改设计），保证勘探成果的质量。

室内工作时期是最后完成勘探任务的关键时期，主要任务是编制出符合设计要求的水文地质图件和报告书。

9.2 矿区水文地质测绘

9.2.1 水文地质测绘的目的和任务

水文地质测绘是水文地质勘探的基础，通过对地下水天然和人工露头点，以及与地下水有关的自然地理、地质现象的调查观测，并对所得的资料进行分析研究，找出它们的内在联系，用以评价矿区的水文地质条件，为矿区规划或专门性生产建设提供水文地质依据。

水文地质测绘的基本任务是观察地层的空隙及其含水性，确定含水层和隔水层的性质，判断含水层的富水性，观察研究地貌、自然地理、地质构造等对地下水补给、径流、排泄的控制情况及主要含水层间的水力联系，地下水与地表水间的联系；掌握区内现有地下水供水或排水设施的工作情况和开采（排水）前后环境及水文地质条件的变化。

水文地质测绘的比例尺应与勘探阶段的要求相适应。一般普查阶段的比例尺为1∶5万～1∶2.5万；详查阶段为1∶2.5万～1∶1万；精查阶段为1∶1万～1∶5 000。水文地质测绘通常是在已有相同比例尺地质图的地区进行，在没有地质图的地区，则要求同时进行地质测绘。对于水文地质条件复杂的矿区，水文地质测绘的范围应大于地质测绘的范围，应尽可能包括矿区在内的一个完整水文地质单元。

9.2.2 水文地质测绘的工作阶段

9.2.2.1 准备工作阶段

测绘工作开展前，应详细搜集和研究矿区及邻区的前人资料，并进行现场踏勘，然后根据勘探阶段的任务编制设计书。

（1）搜集调查区已有资料。主要包括自然地理、地貌、地质资料，并应充分注意矿区内航、卫片等遥感资料的搜集与解释。

（2）现场踏勘。在野外工作开展前，应进行现场踏勘。踏勘路线的布置，一般选择在较有地质意义的地段或地层比较完整、有代表性的剖面上。对搜集的和现场踏勘获得的资料要进行分析研究，以便对测区的地质情况有一个总的判断。

（3）设计书的编制。设计书主要包括的内容有：水文地质测绘的目的、任务、工作范围，工作区地质条件研究程度及存在的问题，测绘工作方法、工作量、组织编制，主要设备与施工工程的布置；预期成果和完成测绘工作时间及措施等。为了使设计书简单明了，应附有必要的图表，如研究程度图、工作部署图、设备仪器一览表等。

9.2.2.2 野外工作阶段

（1）实测控制（标准）剖面。实测剖面的目的是查明区内各类岩层的层序、岩性、结构、构造及岩相特点，裂隙岩溶发育特征、厚度及接触关系，确定标志层和层组，研究各类岩石的含水性和其他水文地质特征。

剖面应选在有代表性的地段上，沿地层倾向方向布置，也可以是原踏勘剖面。要在现场进行草图描绘或摄影照相，以便发现问题及时补测。实测中，应按要求采取地层、构造、化石等标本和水样、岩样等样品，以供分析鉴定之用。在地质条件复杂的地区，最好能多测绘

1～2 条剖面，以便于对比。

(2) 布置观测点及观测线。测绘中对地质现象的认识、图件的编制及某些规律的获得，都是来源于观测点和观测线的基本资料。对每个观测点要求做到观察仔细、描述认真、测量准确、记录全面、绘图清晰和采样完整。把各观测点之间的现象有机地联系起来，则成为一条观测线；联结几条观测线，就完成了一个地区的测绘。

观测点的布置原则要求既能控制全区又能照顾到重点地段，一般不宜均匀分布。通常，地质点布置在地层界面、断裂带、褶曲变化剧烈部位、裂隙岩溶发育部位及各种接触带上；地貌点布置在地形控制点、地貌成因类型控制点、各种地貌分界线以及物理地质现象发育点上；水文地质点布置在泉、井、钻孔和地表水体处，主要含水层或含水断裂带的露头处，地表水渗漏地段以及能反映地下水存在与活动的各种自然地理的、地质的和物理现象等标志处，对已有的取水和排水工程也应布点研究。在矿区水文地质测绘中尤其需重视区内已有开采井巷的水文地质测绘与观测，尽可能详尽地搜集有关资料。

观测线的布置原则要求用最短的路线观测到最多的内容。在基岩区进行小比例尺测绘时，主要是沿地质条件变化最大的方向，即垂直于地层（含水层）及断层走向的方向布置观测线。在松散层分布区，则垂直于河流走向及平行地貌变化的最大方向布置观测线。观测线要求穿越分水岭，必要时可沿河谷布线追索，对新构造现象应重点研究。在山前倾斜平原区，则应在沿地表最倾斜和平行山体两个岩性变化最显著的方向布置观测线。

(3) 进行必要的轻型勘探和抽水。测绘中还要求在现场进行一些轻型勘探和抽水，如为取得含水层的富水性资料，常布置一些民用水井进行简易抽水或渗水试验等。

(4) 野外时期的室内工作。野外测绘时期，每天都应把当日的记录和图件进行认真地检查，并对第二天的工作作出安排。当野外工作进行到一定时段和在收队前，应当按时段进行全面检查，一旦发现不足应立即在现场进行校核和补充，以保证质量。

9.2.2.3 室内工作阶段

该阶段是整理、分析所得资料，由感性认识提高到理性认识，编写出高质量测绘报告的阶段。室内工作阶段的具体内容，可参照有关规程（如《煤田水文地质测绘规程》等）进行。

9.3 矿区水文地质测绘的基本内容和要求

9.3.1 地质研究

1) 地质构造的调查研究

在水文地质测绘工作中，应重点研究工作区的地质构造，这是由于地质构造对一个地区地下水的埋藏、形成条件和分布规律起控制作用。例如，褶曲可以形成自流盆地或自流斜地，在褶曲的不同部位（轴部和两翼）裂隙发育的程度往往不同，因此含水性和富水性也有很大的差别。从水文地质角度研究断裂时，除了要查明断裂的发育方向、规模、性质、充填胶结情况、结构面的力学性质和各个构造形迹之间的成因联系外，还要通过各种方法确定断裂带的导水性、富水性，以及在断裂带上是否有上升泉等。因此，应选择不同条件的典型地段作系统的裂隙统计工作。

2）新生界地层的调查研究

对新生界地层要研究岩性、岩相、疏松岩石的特殊夹层、层间接触关系、成因类型和时代划分，并且要与地貌、新构造运动密切结合起来。这是由于不同的地貌单元和发育程度不同的新构造运动反映了不同的新生界沉积和地下水的赋存条件。

3）地貌的调查研究

应着重调查研究与地下水富集有关或由地下水活动引起的地貌现象（如河谷、河流阶地、冲沟以及微地貌等）。

4）物理地质现象的调查研究

对一些与地下水形成有关的物理地质现象，如滑坡、潜蚀、岩溶、地面塌陷、古河床、沼泽化及盐渍化现象等，都应进行观察描述。综合分析研究这些现象，对正确认识区域地下水形成规律，有重要的启发作用。

9.3.2 水点的调查研究

9.3.2.1 泉的调查研究

泉是地下水的天然露头，是最基本的水文地质点。泉的调查研究内容主要有以下几点。

(1) 泉出露的地形特点、地形单元和位置、出露的高程，泉与附近河水面或谷底的相对高度，泉出露口的特点及附近的地质情况。对有意义的泉水点应摄影或作素描图、剖面图。

(2) 测量泉的流量，对泉水取样进行化学分析，研究泉的动态及泉水的温度变化等。根据泉流量的不稳定系数进行分类（表 9－1），并据此判断泉的补给条件。

表 9－1 根据泉流量的不稳定系数划分泉的类型

泉的类型	极稳定的泉	稳定的泉	变化的泉	变化极大的泉	极不稳定的泉
不稳定系数	1	0.5～1	0.1～0.5	0.03～0.1	<0.03

注：不稳定系数＝年最小流量/年最大流量。

(3) 对人工挖泉还应了解其挖掘位置、深度、泉水出露高程和地形条件、水量大小等。

9.3.2.2 岩溶水点（包括地下河）的调查研究

岩溶水点（包括地下河）的调查研究的主要内容如下。

(1) 水点的地面标高及所处地貌单元的位置及特征，水点出露的地层层位、岩性、产状，构造与岩溶发育的关系、结构面的产状及其力学性质等。

(2) 水点的水位标高和埋深、水的物理性质，取水样并记录气温、水温，观测溶洞内水流的流向和流速、地下湖或地下河的规模等。对有意义水点应进行实测并绘制水文地质剖面图或洞穴水文地质图，还要素描或照相。

(3) 调查研究岩溶水点与邻近水点及整个地下水系的关系，必要时需进行追溯或进行连通试验，查清地下水的补给来源及排泄去向。岩溶水点的动态观测工作应在野外调查过程中及早安排，尽可能获得较长时间和较完整的资料。

9.3.2.3 水井（钻孔）的调查研究

水井（钻孔）的调查研究的主要内容如下。

(1) 将调查的水井（钻孔）的位置填绘到地形地质图上并编号，测量水井（钻孔）的高程及其与附近地表水体的相对高程，测量水井（钻孔）的深度及水位埋深。

（2）了解水井（钻孔）的地质剖面，含水层的位置、厚度、水质、水量及地下水动态；了解水井（钻孔）的结构、保护情况、使用年限、污染情况、用途和建井日期等。

（3）观测水井（钻孔）水的物理性质，并选择有代表性的水井（钻孔）取样进行化学成分分析，调查、测量水井（钻孔）的涌水量。

9.3.2.4　地表水体、地表塌陷的调查研究

地表水与地下水之间常存在相互补给和排泄的关系。地表水系的发育程度，常能说明一个地区岩石的含水情况。长期缺乏降水的枯水季节，河流的流量实际上与地下水径流量相等。在无支流的情况下，河流下游流量的增加、浑浊的河水中出现清流、封冻河流出现局部融冻地段等，都说明有地下水补给河流。反之，河流流量突然变小乃至消失，则表明河水补给了地下水。为了查明上述情况，除了搜集已有的水文资料之外，还要对区内大的河流、湖泊进行观测，同时要了解河流、湖泊水位、流量及其季节性变化与井水、泉水之间的相互关系。

在矿山生产中的采掘活动往往会影响到地表，造成地表塌陷，导致地表水或含水层水流入矿井，使井泉干枯、河水断流，对矿山建设和生产造成危害。因此，在水文地质测绘工作中，应预测塌陷区的位置及范围，并提出预防措施。对已发生塌陷的地表，应进行观测，调查塌陷区的形态、大小、积水情况及其与地下水的联系，以查明塌陷及其积水对矿井充水的影响。

9.3.2.5　老窑及生产矿井的调查

在矿层露头带附近，往往有废弃的老窑存在，这些老窑中往往积存有一定数量的水，对矿井采掘有很大威胁。因此，在水文地质调查中，应查清老窑的分布范围和积水情况。地面测绘和调查访问是查清老窑分布和积水情况的基本方法。采掘年代已久或埋藏较深不易查清时，也可采用物探、钻探的方法进行调查。

生产矿井水文地质调查，是水文地质调查中一项十分重要的工作。当测区附近有生产矿井，且地质条件与待查井田的地质条件相似时，应搜集生产矿井的水文及工程地质资料。根据生产矿井的涌水量、断层或巷道突水特点、巷道顶底板稳定程度等资料分析，估计待查井田的水文及工程地质特征。

生产矿井的调查内容，一般应包括以下几方面。

（1）矿井总涌水量。包括分水平、分煤层的矿井涌水量；巷道、断层突水点的突水特征。

（2）回采面积、矿产资源开采量与矿井涌水量的关系；矿井涌水量随季节变化关系。

（3）巷道顶底板稳定程度；断层的导水情况。

（4）对于露天矿，还应查明其边坡的稳定程度。

在实际工作中，常常是将上述调查内容制成统一格式的专门表格（卡片），如泉调查记录表、民井调查记录表、地表水调查记录表、岩溶调查记录表、老窑及生产矿井调查记录表等。调查记录表格在野外直接填写，既能节省野外工作时间，也能促进基础资料的标准化与规范化。

9.4 矿区水文地质钻探

在矿区水文地质勘探中，水文地质钻探是最主要、最可靠的手段。水文地质钻孔除可直接揭露地下水（含水层）外，还可兼作取样、试验、开采和防治地下水之用。因此，水文地质钻探具有其他勘探方法所不能替代的优点。在各种矿区水文地质勘探中，均应投入相应的水文地质钻探工作，以保证所获取的水文地质资料的可靠性。

9.4.1 水文地质钻探的任务及特点

水文地质钻探是勘探和开发地下水的重要调查研究手段，目的是在矿区水文地质测绘的基础上，进一步准确查明含水层的埋藏条件、地下水运动规律和含水层的水质、水量，为合理开发利用与防治地下水提供必要的依据。

水文地质钻探的任务包括：确定含（隔）水层的层位、厚度、埋藏深度、岩性、分布状况、空隙性和隔水层的隔水性；测定各含水层的地下水位，各含水层之间及含水层与地表水体之间的水力联系；进行水文地质试验，测定各含水层的水文地质参数，为防治矿井水和开发利用地下水提供依据；进行地下水动态观测，预测动态变化趋势；采集地下水样作水质分析，采集岩样、土样作岩土的水理性质和物理力学性质试验分析。水文地质钻孔在可供利用的情况下，还可做排水疏干孔、注浆孔、供水开采孔、回灌孔或长期动态观测孔等。

由于水文地质钻探的任务不仅是为了采取岩芯、研究地质剖面，还应取得含水层和地下水特征的基本水文地质资料，满足对地下水动态进行观测和供水、疏干等工程的要求，所以在钻孔结构、钻进方法和施工技术等方面都较地质钻探有不同的特点。例如，为了分层观测地下水稳定水位，除钻进、取芯外还需要变径、止水、安装过滤器和抽水设备、洗孔、抽水等，因而水文地质钻探的特点是任务重、观测项目多，工序复杂，施工工期长。

9.4.2 水文地质钻孔的基本类型

根据水文地质钻孔所担负的主要任务的不同，可将其分为以下五类，它们的结构和技术要求均有所不同。

(1) 勘探孔。主要用于了解矿区地质情况，如地层岩性、构造、含水层数、厚度、埋深和结构等。钻进时需采取岩芯进行观测、描述和进行简易水文地质观测。

(2) 试验孔。主要用于抽水试验，通常采用较大的孔径。为专门目的布置的水文地质试验孔一般需要作分层观测、分层抽水或多孔、群孔抽水试验。

(3) 观测孔。主要用于指定层段抽水试验时地下水位的观测和地下水长期动态观测，同时了解水文地质条件或采取水样、岩样。在进行连通试验时用于试剂的投放和检测。

(4) 开采孔。主要用于地下水开采或矿区地下水水位疏降。钻孔结构应满足一定的水量、水质要求。对于探采结合孔，为满足了解水文地质条件和抽水试验的需要，可采用小口径钻进取芯，然后大口径扩孔成井的施工方法。

(5) 探放水孔。主要用于探明掘进巷道前方一定距离内的水文地质条件，或用于矿井地下水疏降、井下水文地质试验等。探放水孔多在井下施工，也可由地面施工。

在各种水文地质钻孔中，勘探孔也称一般水文地质孔，而试验孔、观测孔、开采孔和探放水孔则称专门水文地质孔。上述各种水文地质钻孔的基本技术要求参见表9-2。

表9-2 各种水文地质钻孔的基本技术要求

钻孔类型	工作段直径(mm)	终孔直径(mm)	工作段淤塞长度(%)	岩芯采取率(%)	冲洗液	止水要求
勘探孔	≥91	≥91	≤20	主要含水层>70 破碎带>60 松散层>50	可用泥浆,工作段用清水	可不止水
试验孔	>110	>91			清水	止水
观测孔	>91	>76			清水	分层止水
开采孔	大于泵径50mm以上	可较工作段小一级			清水	止水
探放水孔	>42	>2			可用泥浆	止水

9.4.3 水文地质钻孔的布置要求

水文地质勘探钻孔的布置，应符合经济与技术要求，即用最少的工程量、最低的成本、最短的时间，获得质量最高、数量最多的水文地质资料。下面分别介绍松散沉积区、基岩区水文地质勘探钻孔的布置。

9.4.3.1 松散沉积区水文地质勘探钻孔的布置要求

1）山间盆地

大型山间盆地中含水层的岩性、厚度及其变化规律，均受盆地内第四系成因类型控制。因此，山间盆地内的主要勘探线，应沿山前至盆地中心方向布置；盆地边缘的钻孔，主要是为了控制盆地的边界条件，特别是第四系含水层与岩溶含水层的接触边界，应沿边界线布置，以查明山区地下水对盆地第四系含水层的补给条件；盆地内的勘探钻孔，则应控制其主要含水层在水平和垂直方向上的变化规律。在区域地下水排泄区，也应布置一定数量的钻孔，以查明其排泄条件。

2）山前倾斜平原地区

勘探线应控制山前倾斜平原含水层的分布及其在纵向（从山区到平原）和横向上的变化，即主要勘探线应平行冲、洪积扇轴，而辅助勘探线则应垂直冲、洪积扇轴布置。对大型冲、洪积扇，应有两条以上垂直河流方向的辅助勘探线，以查明地表水与地下水的补、排关系（图9-1）。

3）河流平原地区

勘探线应垂直于主要的现代及古代河道方向布置，以查明古河道的分布规律和主要含水层在水平和垂直方向上的变化。对大型河流形成的中下游平原区，应布置网状勘探线查明含水层的分布规律。

4）滨海平原地区

在滨海平原地区，勘探线应垂直海岸线布置。在海滩、砂堤、各级海成阶地上，均应布置勘探孔，以查明含水层的岩性、岩相、富水性等变化规律。在河口三角洲地区，为查明河流冲积含水层分布规律和淡咸水界面位置，应布置成垂直海岸线和垂直河流的勘探网。

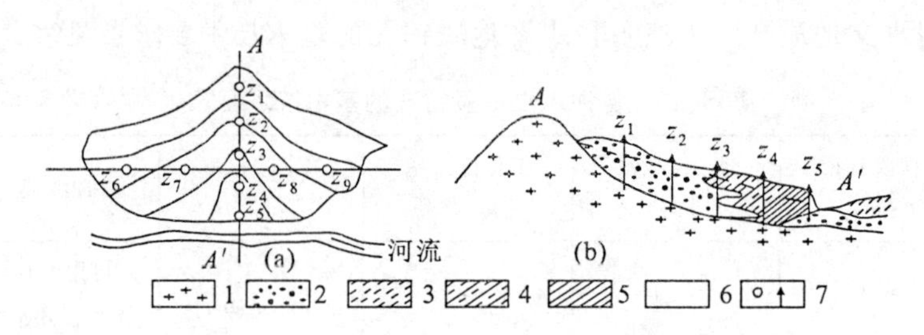

图 9－1　山前洪积扇地区钻孔布置示意图

(a) 平面图；(b) 剖面图

1—基岩；2—砂砾；3—亚砂土；4—亚黏土；5—黏土；6—河流流向；7—钻孔

9.4.3.2　基岩区水文地质勘探钻孔的布置要求

1）裂隙岩层分布地区

此类地区地下水主要赋存于风化和构造裂隙中，形成脉网状水流系统。为查明风化裂隙水埋藏分布规律的勘探线，一般沿河谷至分水岭的方向布置，孔深一般小于100m。为查明层间裂隙含水层及各种富水带的勘探线，则应垂直含水层或含水带走向的方向布置，其孔深取决于层状裂隙水的埋藏深度和构造富水带发育程度，一般为100～200m。因这类水源地的出水量一般不大，为节省钻探投资，供水勘探工作最好结合开采工作进行。

2）岩溶地区

对于我国北方的岩溶水盆地，主要的勘探线应沿区域岩溶水的补给区到排泄区的方向布置，以查明不同地段的岩溶发育规律。从勘探线上钻孔的分布来说，近排泄区应加密布孔或增加与之平行的辅助勘探线，以查明岩溶发育带的范围。在垂直方向上，同一水文地质单元内，钻孔揭露深度一般也应从补给区到排泄区逐渐加大，以揭露深循环系统含水层的富水性和水动力特点。查明岩溶水补给边界及排泄边界，对岩溶区水文地质条件评价十分重要，为此，勘探线应通过边界，并有钻孔加以控制。这类水源地的勘探孔，绝大多数都应布置在最有希望的富水地段上。

在以管道流为主的南方岩溶区布置水文地质勘探孔时，除考虑上述原则外，尚应考虑有利于查明区内主要的地下暗河位置、水量等。

9.4.4　水文地质钻探的技术要求

9.4.4.1　水文地质钻孔的结构设计

水文地质钻孔的孔身结构包括孔深、孔径（开孔与终孔）、井管直径及其连接方式等。设计钻孔结构时还要考虑钻孔类型、预计出水量、井管与过滤器的类型和材料等。

1）孔深的确定

钻孔的深度应根据钻孔的目的要求、地质条件并结合钻探技术条件来确定。

水文地质勘探孔，原则上应揭穿当地的主要含水层，即钻孔的深度取决于含水层底板的深度。对于厚度很大的含水层，揭穿整个含水层较困难，或技术上不必揭穿整个含水层时，应按下述原则确定孔深：对基岩含水层，钻孔应穿透含水层的主要富水段或富水构造带；对岩溶含水层，钻孔应穿透岩溶发育带。钻孔的深度应根据钻探设备所允许的深度范围或目前可能的开采深度确定。对于地下水开采孔或长期疏干降压孔，确定钻孔深度时还应考虑沉淀管的长度，以保证钻孔工作段不被淤塞。沉淀管的长度一般为3～5m。

2）孔径的确定

孔径的大小取决于钻孔的类型、结构、抽水设备及对钻孔出水量大小的要求。孔径设计的内容包括开孔直径、终孔直径和变径尺寸。用于探明水文地质条件的勘探孔、抽水试验孔和地下水动态观测孔，一般为小孔径，而且抽水孔和观测孔常需变径止水。用于供水目的的开采孔、探采结合孔或水位疏降孔则要求采用较大的孔径，以满足安装抽水设备和一定的抽水量要求。在松散岩层中其孔径一般在400mm以上，在基岩中孔径一般应大于200mm。煤矿井下探放水孔常用42mm、54mm、60mm的孔径，一般不超过60mm，以免水流流速过高冲垮煤（岩）柱。

3）开孔直径的确定

根据已确定的终孔直径、变径次数和尺寸，自下而上逐级推定开孔直径。开孔直径除满足孔内最大一级过滤管和填料厚度的要求外，还应满足在钻孔中的浅部松散沉积层和基岩破碎带下入护壁管的要求，对供水孔还应考虑所用抽水设备的外部尺寸。因此，一般水文地质钻孔的开孔直径都大于终孔直径。

4）过滤器的设计

过滤器是指安装在钻孔中含水层（段）的一种带孔的井管。它的作用是保证含水层中的地下水顺利地进入井管中，同时防止井壁坍塌、防止含水层中的细粒物质进入井中造成井孔淤塞。过滤器一般安装在与抽水含水层相对应的位置，其长度一般与含水层（段）的厚度相一致，管径及孔隙率则取决于钻孔涌水量的要求和含水层的性质。

9.4.4.2　钻孔止水要求

在水文地质钻探工作中，为封闭和隔离目的对含水层与其他含水层的水力联系所作的处理工作称为止水。钻孔止水的目的，主要是为了取得分层水位、水量、水温、水质、渗透系数等资料，防止不同含水层互相串通，影响地下水资源的正确评价和合理利用。

止水部位应选择在厚度稳定、隔水性能良好、岩性在水平方向上变化较小和孔壁比较整齐的孔段，以确保止水质量。止水材料品种较多，常用的有黏土、水泥、胶塞等，这些材料一般具有可塑性和膨胀性。止水应选用经济效果好、施工简便的材料。此外，止水材料的选用还应视钻孔的用途确定。例如，煤田勘探的水文孔和供水水源勘探孔，其止水都是临时性的，因此对止水材料的要求不高。当改作长期观测孔及供水水源孔时，则应用水泥等耐久性的止水材料止水。

9.4.4.3　钻探冲洗液

在水文地质钻孔中，为了获得可靠的水文地质资料，减少洗孔时间及不破坏含水层的天然状态，尽量不用泥浆，防止泥浆在水柱压力下形成扩散，堵塞孔壁，致使抽水试验和观测数据产生较大变化。一般在水文孔施工中（尤其在抽水试验段，观测孔的观测层或观测段），应使用清水作为冲洗液。

水文孔施工中，遇到流砂层、断裂带、孔壁严重坍塌、循环液不返水（严重漏水）或强透水层时，用清水钻进有困难，允许使用泥浆循环固井。但在抽水试验前，应采取有效洗井措施，清除井壁泥浆皮及井壁内的堵塞物，直到流出孔口的水返清时为止。

9.4.4.4　孔斜

为了保证管材和抽水设备顺利下入孔中，应对孔斜有严格的要求。使用空气压缩机抽水时，一般要求孔深在100m内孔斜不得大于1°，孔深在100～300m时孔斜不得大于3°；使用深井泵抽水时，要求在下深井泵体孔段的孔斜不得大于2°。

9.4.4.5　封孔

在矿区施工的各类地质孔，除留作长期观测孔或作供水孔外，其余钻孔应按封孔设计要求和钻探规程的规定进行封闭。每个封闭段经取样检查合格，方能在孔口埋标，提交封孔报告。

9.4.5　水文地质钻孔钻探工艺

根据水文地质钻探的目的和现有的钻探技术条件，常采用以下几种施工工艺。

1）小口径取芯钻进

利用这种方法主要是为了提高岩芯采取率，以满足地质勘探的要求，采用孔径一般为110～174mm。其特点是钻进效率高、成本低，在某些情况下也能进行抽水试验。

2）小口径取芯大口径扩孔钻进

这种方法是先用小口径钻进取芯，以提高岩芯采取率，获得地质成果。然后再用大口径一次或逐级扩孔，以满足抽水试验或成井要求。扩孔口径可达250～500mm。

3）大口径取芯钻进

在基岩山区，可采用大口径取芯钻进一次成井的方法，使之既满足勘探要求，又可进行水文地质试验。但对松散地层，因大口径取芯困难而不宜采用此法。

4）大口径全面钻进

在对取芯要求不高，允许通过观察岩粉或孔底取样并配合物探测井来满足地质要求的地段，常采用大口径全面钻进。它具有效率高、成本低，口径大、一次成井等优点。在水文地质研究程度较高、已基本掌握其变化规律的松散岩层地区，仅仅是为了施工抽水试验孔或勘探开采孔时，可采用这种方法钻进。

9.4.6　水文地质钻探的观测与编录

9.4.6.1　岩芯的描述和测量

在水文地质钻探过程中，应当在每次提钻后立即对岩芯进行编号、仔细观察描述、测量和编录。

1）岩芯的地质描述

对岩芯的观察和描述，重点是判断岩石的透水性。尤其应注意对在地表见不到的现象进行观察和描述，如未风化地层的孔隙、裂隙、岩溶发育及其充填胶结情况，地层的厚度，地下水的活动痕迹，地表未出露的岩层、构造等。对由于钻进所造成的一些假象也应注意分析和判别，并把它们从自然现象中区别出来。如某些基岩层因钻进而造成的破碎擦痕、地层的扭曲、变薄、缺失和错位、松散层的扰动、结构的破坏等。

2）测算岩芯采取率

岩芯采取率可用于判断坚硬岩石的破碎程度及岩溶发育程度，进而分析岩石的透水性和确定含水层位。岩芯采取率 K_u 可按下式计算：

$$K_u=\frac{L_0}{L}\times 100\% \tag{9-1}$$

式中：L 为某回次所取岩芯的总长度，m；L_0 为该回次进尺长度，m。

一般要求在基岩和黏土层中，岩芯采取率不得小于 70%，在构造破碎带、风化带、裂隙、岩溶带和非黏性土中，岩芯采取率不得小于 50%。

3）统计裂隙率及岩溶率

基岩裂隙率或可溶岩岩溶率是用来确定岩石裂隙或岩溶发育程度以及确定含水段位置的可靠标志。钻探中通常只作线状统计，可用式（1-13）、式（1-14）进行统计计算。

4）进行物探测井及取样分析

在终孔后，一般应在孔内进行综合物探测井，以便准确划分含水层（段），并取得含水层水文地质参数。

5）取样分析

按设计的层位或深度，从岩芯或钻孔内采取一定规格（体积或质量）或一定方向的岩样、土样，以供观察、鉴定、分析和实验之用。

9.4.6.2　水文地质观测内容与方法

钻探过程中，水文地质观测的主要内容有：水位、水温、冲洗液消耗量及漏失情况，钻孔遇溶洞、采空区、大裂隙时钻具陷落的情况及钻孔涌水、涌砂等情况。

1）水位的观测

地下水位是重点观测项目。不同含水层或含水组的地下水位是不一致的，当钻孔揭露了新的含水层时，孔内的水位会发生变化。因此，在钻探过程中，系统地观测钻孔中地下水位的变化，可以发现新的含水层，确定含水层的埋藏条件，判断各含水层之间以及地下水与地表水之间的水力联系。

水位观测的一般要求是：每次下钻前和提钻后各观测一次。但在采样、处理事故、专门提取岩芯、扫孔或人工补斜时，可不观测回次水位。钻进中遇涌水，提钻后水位涌出孔口，亦可不观测回次水位，但应在下钻前观测一次涌水量。在进尺少、提钻次数频繁时，可隔 2～3 回次或每班观测一次。

在停钻时间较长时，应每 2h 观测一次水位，待其基本稳定后，可改为每 4h 观测一次，直到重新钻进。在钻进过程中，如遇严重漏水、涌水的层段，应根据需要进行稳定或近似稳定的水位观测。必要时可将地质孔改为专门水文地质孔，进行抽水、放水试验，并按一定的时间间隔连续观测水位，直到稳定为止。

用冲洗液钻进时，观测孔内水位的突然变化可用来发现和确定含水层。发现含水层后，应停钻测定其初见水位和天然状态下的稳定水位。在观测中连续三次所测得的水位差不大于 2cm，且无系统上升或下降趋势时，即为稳定水位。

在第四系含水层中，测得潜水含水层初见水位后，还应继续揭露 1～2m 后再测定稳定水位。对承压含水层，也应在揭穿含水层顶板后，再继续揭露含水层 1～2m 才能测定稳定水位。钻孔揭穿坚硬裂隙或岩溶含水层时，应主要观测风化裂隙水、构造含水带及层状裂隙含水层或岩溶含水层的初见水位和稳定水位。

使用泥浆钻进时，水位观测比较困难，应与其他观测内容相配合。发现含水层时，应首先认真洗井消除泥浆的影响，然后观测含水层的水位。

2）水温的观测

一般情况下，钻孔内水温的变化可作为判断新含水层出现的标志。因此，在钻进过程中，如发现水位突变或大量涌水时，要分别测定水温。对巨厚含水层，应分上、中、下三段分别测定水温，并记录孔深及温度计放入深度。对涌水钻孔可在孔口进行测定，测量水温时应同时观测和记录气温。

3）冲洗液消耗量的观测

冲洗液消耗量的变化最能说明岩层透水性的变化。冲洗液的大量消耗，表明钻孔可能揭露了透水性良好的透水层、透水通道或含水层。在钻进过程中，如果系统地观测孔内冲洗液消耗量的变化，不仅可以发现新的含水层，而且还能确定含水层的埋藏深度，判断含水层的性质。例如，当钻孔揭露强透水而不含水或含水微弱的岩层时，会出现冲洗液的大量消耗，在停止输水后孔内水位会急剧下降，甚至出现干枯的现象。当钻孔揭露水头较小的含水层时，也会出现冲洗液大量消耗的情况，但停止输水后，孔内水位虽有所下降，但下降到一定位置就会稳定下来，不会出现干枯的情况。

一般说来，冲洗液漏失都是在含水层中出现的，这是由于含水层的水头压力小于循环液的压力。反之，当含水层的水头压力大于循环液压力时，则会出现钻孔涌水现象。当然，漏水层不一定都是含水层，应结合具体情况进行分析。

冲洗液消耗量的观测方法是：下钻前测一次泥浆槽的水位，提钻后再测一次，再加上本次钻进过程中向泥浆槽内新加入的冲洗液量，即可获得本回次进尺段内的冲洗液消耗量。除下钻、提钻时观测冲洗液外，在钻进中也要随时注意观测并记录其变化深度和变化量。停钻时则可用孔内液面下降值来计算漏失量。

4）钻孔涌水现象的观测

钻孔孔口出现涌水现象，表明钻孔揭露了承压水头高于地面孔口位置的自流承压含水层。此时，应立即停钻，记录钻进深度，并接上套管或装上带压力表的哑管，测定稳定水位和涌水量。涌水量可根据自流孔涌水高度及孔口管内径采用以下公式进行计算。

（1）当 $f<5$m 时：

$$Q=11d^2\sqrt{f} \tag{9-2}$$

（2）当 $f>5$m 时：

$$Q=11d^2\sqrt{f(1+0.0013f)} \tag{9-3}$$

式（9-2）、式（9-3）中：Q 为钻孔涌水量，L/s；f 为孔口涌水高度，dm；d 为孔口管内径，dm。

5）钻具陷落的观测

在岩溶发育带、构造破碎带或老窑分布地段钻进时，往往容易出现钻具陷落现象（也称掉钻），钻具的陷落表明钻进过程中遇到了溶洞或较大的空洞。观测钻具陷落可以帮助确定含水层的位置和发现新的含水层，对查明溶洞、巨大裂隙或老窑的分布、直径大小、充填程度等也可提供可靠的依据。

观测钻具陷落时应记录掉钻的层位和起止深度，同时也应注意水位及冲洗液消耗量的变化，以帮助判断溶洞或构造破碎带的规模及含水层透水性。

6）取水样

评价地下水水质，一般在测定含水层稳定水位后采取水样。而作为发现含水层的手段，则应经常采样，分析其中某种或某几种成分，找出它们突然发生变化的位置，并结合其他条件分析确定含水层。

9.4.6.3 水文地质钻探的编录工作

钻探的编录，就是将钻探过程中观察描述的现象、测量的数据和取得的实物，准确、完整、如实地进行整理、测量和记录。一个高质量的钻孔，如果编录做得不好，其成果也是低质量的，甚至是错误的。

编录工作以钻孔为单位，要求随钻孔钻进陆续地进行，终孔后应随即完成。

1）整理岩芯

将钻进时采取的岩芯进行认真整理，排放整齐，按顺序标识清楚，并准确地进行测量、描述和记录。勘探结束后，重点钻孔的岩芯要全部长期保留，一般钻孔则按规定保留缩样或标本。

2）填写资料记录表

将钻探时取得的各种资料，用准确、简洁的文字详细地填写于钻探编录表和各种观测记录表格中。

3）编绘钻孔综合成果图

将核实后的各种资料，编绘在钻孔综合成果图上。图的内容应包括地层柱状、钻孔结构、地层深度和厚度、岩性描述、含水层与隔水层、岩芯采取率、冲洗液消耗量、地下水水位、测井曲线、孔内现象等。可能的情况下，还应包括水文地质试验成果、水质分析成果等。

4）成果资料的综合分析

随着钻探工作的进行，还应对勘探线上全部的钻孔成果资料进行综合分析和对比研究。结合水文地质测绘及其他勘探成果资料，总结出勘探区内平面及剖面上的水文地质条件变化规律，并作出相应的水文地质平面和剖面图。如在岩溶发育地区，可编绘岩溶发育图、溶洞分布图、岩溶水文地质剖面图、冲洗液消耗量等值线图、冲洗液消耗量与岩芯采取率随深度变化曲线图、冲洗液消耗量对比剖面图等。

上述几种资料整理和分析的方法，可根据具体情况和需要选用。也可根据钻探中获得的其他资料（如水温、水化学成分等）来分析、研究矿区的水文地质条件。仅凭某一种资料或方法，往往不能准确地判断其水文地质规律和特点。因此，应尽可能地对水文地质勘探所取得的各种资料进行全面、综合的分析和研究，以提高对矿区水文地质条件认识的可靠性。

9.5 矿区水文地质试验

水文地质试验是对地下水进行定量研究的重要手段。水文地质试验包括野外试验（或称现场试验）和室内试验两类。野外试验主要有抽水试验、放水试验、渗水试验、注水试验、压水试验、连通试验等，其中抽水试验、井下放水试验和连通试验是矿区研究水文地质条件采用的主要试验手段；室内试验主要包括土的颗粒分析、岩土物理性质和水理性质测定、岩土和水的化学分析等。

9.5.1 抽水试验的目的、任务和类型

9.5.1.1 抽水试验的目的、任务

抽水试验的目的及任务是：确定含水层及越流层的水文地质参数；确定抽水井的实际涌水量及其与水位降深之间的关系；研究降落漏斗的形状、大小及扩展过程；研究含水层之间、含水层与地表水体之间、含水层与采空积水之间的水力联系；确定含水层的边界位置及性质（补给边界或隔水边界）；进行含水层疏干或地下水开采的模拟，以确定井间距、开采降深、合理井径等设计参数。

9.5.1.2 抽水试验的类型

根据不同勘探阶段对布孔数量、试验要求和资料精度要求的不同，以及地质条件的复杂多样性，抽水试验可分为以下类型。

1）根据抽水试验井孔的数量，划分为单孔、多孔和干扰井群抽水试验

单孔抽水试验只有一个抽水孔，水位观测也在抽水孔中进行，不另外布置专门的观测孔。单孔抽水试验方法简单，成本较低，但不能直接观测降落漏斗的扩展情况，一般只能取得钻孔涌水量及其与水位降深的关系和概略的渗透系数。只用于稳定流抽水，在普查和详查阶段应用较多。

多孔抽水试验是由一个主孔抽水，另外专门布置一定数量的水文观测孔。它能够完成抽水试验的各项任务，可测定不同方向的渗透系数、影响半径、降落漏斗形态及发展情况、含水层之间及其与地表水之间的水力联系等，所取得的成果精度也较高。但需布置专门的观测孔，其成本相对较高，多用于精查阶段。

干扰井群抽水试验是在多个抽水孔中同时抽水，造成降落漏斗相互重叠干扰，另外布置若干观测孔进行水位观测。按规模和任务，可分为一般干扰井群抽水试验和大型群孔抽水试验。

一般干扰井群抽水试验是为了研究相互干扰井的涌水量与水位降深的关系：或因为含水层极富水、单个抽水孔形成的水位降深不大、降落漏斗范围太小，则在较近的距离内打几个抽水孔，组成一个孔组同时抽水；或为了模拟开采或疏干，在若干井孔内同时抽水，观测研究整个流场的变化。由于这种试验成本较高，一般只在水文地质条件复杂地区的精查阶段或开采（疏干）阶段使用。

大型群孔抽水试验是在一些岩溶大水矿区水文地质精查阶段（或专题性勘探）中使用的一种方法。一般由数个乃至数十个抽水孔组成若干井组，观测孔很多，分布范围大，进行大流量、大降深、长时间的大型抽水，形成一个大的人工流场，以便充分揭露水文地质边界条件和整个流场的非均质状况。这种抽水试验成本较高，采用时应慎重考虑，一般仅用于涌水量很大、边界条件不清、水文地质条件复杂的矿区。

2）按抽水试验所依据的井流理论，可分为稳定流和非稳定流抽水试验

稳定流抽水试验是抽水时流量和水位降深都相对稳定、不随时间改变的试验。用稳定流理论分析含水层水文地质特征、计算水文地质参数，方法比较简单。由于自然界大多是非稳定流，只在补给水源充沛且相对稳定的地段抽水时，才能形成相对稳定的似稳定流场，故其应用受到一定限制。

非稳定流抽水试验是抽水时水位稳定或流量稳定（一般是流量稳定，降深变化）的试验。用非稳定流理论对含水层特征进行分析计算时，比稳定流理论更接近实际，因而具有更广泛的适用性，能研究的因素（如越流因素、弹性释水因素等）和测定的参数（如渗透系数、导水系数等）也更多。此外，它还能判定简单条件下的边界，并能充分利用整个抽水过程所提供的信息。但其解释计算较复杂，对观测技术要求较高。

3）根据抽水井的类型，可分为完整井和非完整井抽水试验

完整井抽水试验和非完整井抽水试验分别指在完整井中和非完整井中进行的抽水试验。由于完整井的井流理论较完善，故一般应尽量用完整井作试验．只有当含水层厚度很大，又是均质层时，为了节省费用，或为了研究过滤器的有效长度时才进行非完整井抽水试验。

4）根据试验段所包含的含水层情况，可分为分层、分段及混合抽水试验

分层抽水是指每次只抽一个含水层。对不同性质的含水层（如潜水与承压水）应采用分层抽水。对水文地质参数及水质差异较大的同类含水层，也应分层抽水，以分别掌握各含水层的水文地质特征。

分段抽水是在透水性各不相同的多层含水层组中，或在不同深度透水性有差异的厚层含水层中，对各层段分别进行抽水试验，以了解各段的透水性。有时也可只对其中的主要含水段进行抽水，如厚层灰岩含水层中的岩溶发育段。这时，段与段之间应止水隔离，止水处应位于弱透水的部位。

混合抽水是在井中将不同含水层合为一个试验段进行抽水，各层之间不加以止水。它只能反映各层的综合平均状况，一般只在含水层富水性较弱时采用，或当各分层的参数已掌握，只需了解各层的平均参数，或难于分层抽水时才采用混合抽水试验。混合抽水较简单，费用较低。目前已有一些用混合抽水试验资料计算各分层参数的方法，如利用逐层回填多次抽水试验资料，计算各分层渗透系数的近似值。也可利用井中流量计测定混合抽水时各分层的流量，以计算分层参数。混合抽水试验如需布置观测孔时，则应分层设置。

5）根据抽水顺序可分为正向抽水和反向抽水试验

正向抽水是指抽水时水位降深由小到大，即先进行小降深抽水，后进行大降深抽水。这样有利于抽水井周围天然过滤层的形成，多用于松散含水层中。反向抽水是指抽水时水位降深由大到小。抽水开始时的大降深有利于对井壁和裂隙的清洗，多用于基岩含水层中。

9.5.2　抽水试验的技术要求

9.5.2.1　抽水试验的场地布置

布置抽水试验场地，主要是主孔与观测孔的布置。根据抽水试验的任务和当地的水文地质条件，首先要选定抽水孔（主孔）的位置，然后进行观测孔布置。

1）抽水孔的布置

抽水中心的选择直接影响试验工程效果。在群孔和孔组抽水工程设计中，一般应把抽水孔布置在初采区和富水地段，还要考虑利用抽水孔查明向矿床充水的可能水源和通道，如矿区主要含水层富水性、断裂构造、岩溶发育、地表水体与地下水体的水力联系等。

2）观测孔的布置

一般情况下，第四系地层发育地区观测孔布置在抽水孔旁即可。如为准确求参数，应根据含水层边界条件、均质程度、地下水的类型、流向及水力坡度等，将观测孔布置成1～4

条观测线。

当地下水水力坡度小并为均质各向同性含水层时，可在垂直地下水流向的方向上布置一排观测孔［图 9－2（a）］；若受场地条件限制难于布孔时，也可与流向成 45°角的方向布置一排观测孔。当含水层为均质各向同性，但水力坡度较大时，可垂直和平行地下水流向分别布置 1 排观测孔［图 9－2（b）］；对非均质含水层，水力坡度不大时，应布置 3 排观测孔，其中 2 排垂直流向、1 排平行流向［图 9－2（c）］；对非均质各向异性含水层，水力坡度较大时可布置 4 排观测孔，其中垂直和平行流向各 2 排［图 9－2（d）］。

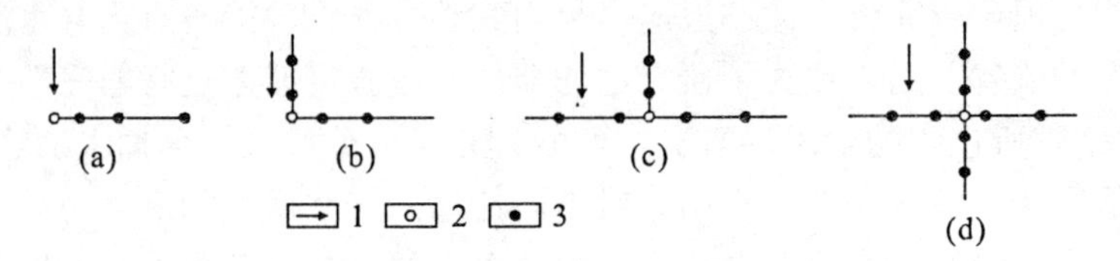

图 9－2 抽水试验观测孔平面布置示意图

（a）垂直流向的观测线；（b）垂直和平行流向的观测线；（c）垂直流向布置 2 条观测线，平行流向布置 1 条观测线；（d）垂直和平行流向各布置 2 条观测线；

1—地下水流向；2—抽水孔；3—观测孔

此外，对群孔抽水试验，其观测孔布置应能控制整个流场，直到边界。非均质的各个块段也应有观测孔。对某些专门目的的抽水试验，观测孔的布置则可不拘形式，以解决问题为原则。如研究断层的导水性时，可将观测孔布置在断层的两盘；为判别含水层之间的水力联系时，可分别在各个含水层中布置钻孔；研究河水与地下水的水力联系时，观测孔应布置在岸边。

对于基岩地区观测孔的布置，由于基岩地区观测孔孔深一般都较大，施工周期长，因此布置时须慎重。一般应遵循的原则有：观测孔布置在地下水主要补给方向上，可清楚地反映出降落漏斗形状和扩展方向。观测孔布置在与矿床充水有关的供水、隔水边界（断层、弱透水层、地表水体等边界）内外，以查明边界的透水和阻水能力。为查明矿区内主要含水层的非均质性，可考虑在不同的透水部位分别布置观测孔，以获得各向异性的数值。在隐伏岩溶矿区的“天窗”地段，为了解其渗透补给量和预计出现塌陷地点，需布置观测孔。在地下水天然露头点附近布置观测孔，用以观测由于人为因素而引起地下水倒流的可能性和补给半径扩展情况。

观测孔的数量取决于矿井规模、抽水试验目的和水文地质条件复杂程度及勘探阶段。一般来说，碎屑岩地区孔距可小些；岩溶发育地区孔间距可以适当大些。

9.5.2.2 稳定流抽水试验的技术要求

稳定流抽水试验，在技术上对水位降深、水位稳定延续时间和水位流量观测等方面有一定的要求，以保证抽水试验的质量。

1）水位降深的要求

抽水试验前测定的静止水位与抽水时稳定动水位之间的差值，称为水位降深。为了保证抽水试验的质量和计算要求，水位降深次数一般不少于三次，且应均匀分布，每次水位降深间距不应小于 3m。若由于条件限制而达不到上述要求时，最小降深不得小于 1m，三次水位降深的间距不小于 1m。通常根据抽水设备，在抽水试验时获得的最大水位降深 s_{max}，可大致确定为：$s_1 \approx \frac{1}{2} s_{max}$、$s_2 \approx \frac{2}{3} s_{max}$、$s_3 \approx s_{max}$。

2）水位、流量稳定时间的要求

稳定流抽水试验，抽出的水量与地下水对钻孔的补给量达到平衡时，动水位即开始稳定，其稳定延长的时间，称稳定延续时间。矿区水文地质勘探时，单孔稳定流抽水，每次水位、流量稳定时间不少于8h；当有观测孔时，除抽水孔的水位、流量稳定外，最远观测孔水位要求稳定2h。供水水源孔的抽水要求比勘探水文孔高，动水位和流量的稳定延续时间要求比较长。在了解含水层之间或地下水与地表水之间的水力联系以及进行干扰孔抽水时，稳定时间也应适当延长。如果含水层补给条件良好，水量充沛及水位降深比较小时，稳定时间可适当缩短。如果含水层补给来源有限，且储存量不多，抽水时水位降深一直无法稳定，呈缓慢下降，则要求一次抽水延续时间适当延长。在岩溶地区抽水时，由于岩溶通道、地面坍塌等变化使水流受到影响，涌水量可能时大时小，不易稳定，稳定时间也应适当延长。

3）水位、流量的稳定标准

水位稳定的标准是：当水位降深大于5m时，抽水孔水位变化幅度不应大于1%；当水位降深小于或等于5m时，要求抽水孔水位变化小于或等于5cm，观测孔水位变化要求小于2cm。对流量稳定程度的要求是：当单位涌水量大于或等于0.01L/s·m时，变化幅度应小于或等于3%；当单位涌水量小于0.01L/s·m时，变化幅度应小于或等于5%。

稳定时间内，水位和流量的变化幅度按下式计算：

$$e=\frac{h_{max}-\bar{h}}{\bar{h}}\times 100\% \tag{9-4}$$

$$i=\frac{Q_{max}-\bar{Q}}{\bar{Q}}\times 100\% \tag{9-5}$$

式中：e为水位变化幅度，m；h_{max}为稳定时间内最大水位观测值，m；$\bar{h}$为稳定时间内水位观测平均值，m；i为涌水量变化幅度，m；Q_{max}为稳定时间内最大涌水量观测值，L/s；$\bar{Q}$为稳定时间内涌水量观测平均值，L/s。

若水位与流量变化幅度已符合规定要求，且呈单一方向持续下降或上升时，抽水试验时间应再延长8 h以上。

4）静止水位、恢复水位及水温的观测

抽水试验前，应测定抽水层段的静止水位，用以说明含水层在自然条件下的水位及其运动状况。抽水试验结束后，要求观测恢复水位，用以说明抽水后含水层中水位恢复的速度和恢复程度。通常要求达到连续3h水位不变；或水位呈单向变化，连续4h内每小时升降不超过1cm；或水位呈锯齿状变化，连续4h内升降最大差值不超过5cm时，方可停止观测。若达不到上述要求，但总观测时间已超过72h，亦可停止观测。

观测恢复水位，是校核抽水数据和计算水文地质参数的重要资料。若恢复水位上升很快，且迅速接近静止水位时，说明含水层透水性好，富水性强，具有一定的补给来源；反之，恢复水位上升速度很慢，经过较长时间仍不能恢复到静止水位时，说明含水层补给来源有限，裂隙连通性不好，透水性差，富水性弱。

抽水期间要按规定观测水温，一般每2h应观测一次。

9.5.2.3　非稳定流抽水试验的技术要求

1）定流量和定降深抽水要求

非稳定流抽水试验分为定流量与定降深抽水。定流量抽水时，要求流量变化幅度一般不大于3%。定降深抽水时，要求水位变化幅度一般不超过1%。

2）水位、流量的观测要求

水位、流量观测，一般应按1min、1.5min、2min、2.5min、3min、3.5min、4min、4.5min、5min、6min、…、10min、20min、…、100min、120min、130min、140min、…、300min的时间顺序进行，以后每隔30min观测一次，直至结束。观测孔与抽水孔的流量与水位应同时观测。因故中断抽水时，待水位达到稳定后再重新抽水。

3）抽水试验延续时间的要求

抽水试验的延续时间可根据含水层的导水性、储水能力、观测孔的多少及距抽水孔的距离、选用的计算方法等因素来确定。就计算参数而言，通常不超过48h。可按 $s-\lg t$ 曲线计算参数的需求来定。当曲线趋近稳定水平状态时，试验结束。当 $s-\lg t$ 曲线呈直线延伸时，抽水时间应满足 $s-\lg t$ 曲线呈现平行 $\lg t$ 轴的数值不少于两个以分（min）为单位的对数周期，则总的延续时间约为3个对数周期，即1 000min，约17h。

9.5.3 抽水试验设备

抽水试验设备包括抽水设备、过滤器、测量水位和流量的器具等。

1）抽水设备

抽水设备主要有离心泵、深井泵、空气压缩机和射流泵等，其使用条件和性能不同，详见表9-3。抽水设备应综合考虑吸程、扬程、出水量、搬迁的难易、费用的多少等因素进行合理选择。

表9-3 常用抽水设备性能对比表

类型	应用条件	优点	缺点
提桶	水量小，地下水埋深大，精度要求不高	简易	水位波动大，资料准确性低
汲水式水泵	地下水埋深浅，出水量为0.2～2.0L/s	构造简单，安装方便	水量不均匀，吸程小，资料精度不高
拉杆式水泵	地下水埋深50～100m，出水量小	扬程高	易发生故障，不适合抽含砂浑浊水
往复式水泵	地下水埋深浅，井径小，出水量小	调整降深方便，水泵属钻机附件	笨重
离心式水泵	地下水埋深浅，出水量大	能抽浑浊水，调整降深方便，出水均匀、轻便	吸程小
射流式水泵	地下水埋深大，井径小，出水量小	加工简易，可利用钻机附件	调整降深不方便，影响测水位
深井泵	地下水埋藏深，出水量大	出水均匀，扬程高	费用大，不能抽浑浊水，抽水井施工要求高，需井径大而直
空气压缩机	地下水埋藏深，出水量大，井径较小	能起洗孔、抽水双重作用，能抽泥砂浑浊水，运输方便	费用大，水面波动大，精度较低，不能控制定流量
潜水泵	深水孔的钻孔抽水，矿井疏干排水	密封好，不怕水淹，排水能力强，具自汲能力，可防爆	易损坏

2）过滤器

过滤器是抽水井中起过滤和支撑作用的管状物。过滤器在松散层中或基岩含水层破碎带的水井中起支撑井壁、防止井附近地面下沉或塌陷的作用。另外，过滤器阻止含水层的砂粒进入井内，保证所抽出的地下水含砂量不超过规定标准，并防止井淤。

3）测水用具

抽水试验时的测水用具包括水位计和流量计。水位计用于观测抽水孔和观测孔的地下水位，常用的水位测量器具有仪表式水位计、自记水位计等。流量计用于测定抽水钻孔的涌水量，常用的流量器具有量水箱、孔板流量计等。

9.5.4　抽水试验的现场工作

抽水试验现场工作，包括抽水前的准备工作和试验过程中的观测、记录等。

1）准备工作

为了保证抽水试验顺利进行和观测资料的准确性，应认真做好试验前各项准备工作。抽水前应认真检查抽水设备、排水系统、流量观测器具、水位测量器具及各种记录表格的准备情况等。要求将井壁及井底岩粉或井壁泥浆冲洗干净，洗孔时间一般不受限制，以返出孔口的水清净为止。洗孔后，按要求观测静止水位。受潮汐影响的地区，观测时间不少于25h。应作一次最大的水位降深的试验抽水，以初步了解水位降深值与涌水量的关系。试抽过程的全部资料，应有正式记录。

2）现场试验观测和记录

抽水试验开始后，应同时观测抽水孔的动水位和流量。观测孔水位应与抽水孔水位同时观测。采用稳定流抽水试验，开始时应每隔5～10min观测一次，连续1h后可每隔30min观测一次，直至抽水结束。非稳定流抽水试验，开始时应加密观测，时间间隔短，观测次数多（具体见前述非稳定流抽水试验的技术要求进行）；300min后，每隔30min观测一次，直至结束。一般采用定流量抽水，用定流量箱控制效果较好。

抽水试验结束后，应用抽水孔和观测孔同时观测恢复水位，观测时间开始时一般按1min、2min、2min、3min、3min、4min、5min、7min、8min、10min、15min的间隔观测，以后每隔30min观测一次，直至水位恢复自然。在抽水过程中，水温、气温应每隔2h观测一次，其精度要求为0.5℃。观测水温时，温度计应在水中停留5min。水样应在最后一个降深结束前按要求采取。

9.5.5　抽水试验的资料整理

抽水试验结束后，应及时将原始记录进行仔细校核、整理，绘制出各种曲线图。

9.5.5.1　稳定流抽水试验资料整理

1）绘制抽水试验过程曲线图

抽水试验过程曲线图即水位及流量历时曲线图（$s-t$ 及 $Q-t$ 曲线图），是以水位降深 s 和流量 Q 为纵坐标，时间 t 为横坐标，按时间间隔将所对应的水位降深 s 和流量 Q 标在图上，连接各点而成（图9-3）。该图反映出抽水初期水位下降，涌水量增大，且不稳定；当抽水进行一定时间后，水位、流量逐渐稳定，两个稳定的水位、流量区间是两条相互平行的曲线。

2）绘制 $Q-s$ 关系曲线图

$Q-s$ 关系曲线图，是以水位降深 s 为纵坐标，涌水量 Q 为横坐标，将三次水位降深和涌水量稳定区间的平均值标于图上，通过原点连接各点而成（图 9－4）。

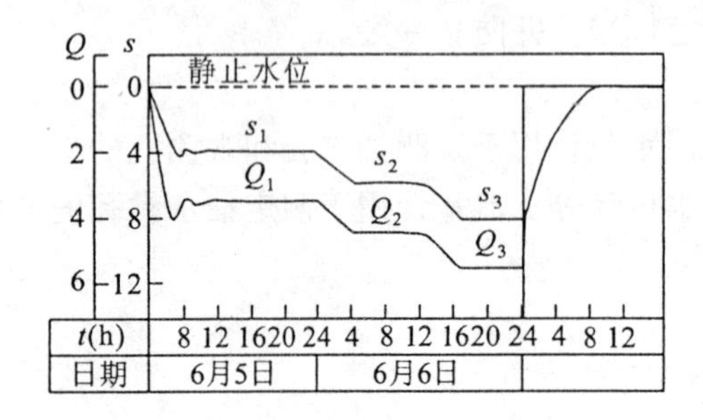

图 9－3 稳定流抽水试验过程曲线图

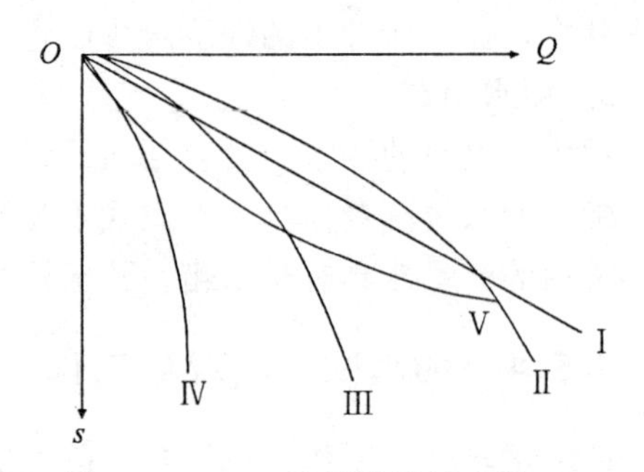

图 9－4 $Q-s$ 关系曲线示意图

Ⅰ—承压水；Ⅱ—潜水；Ⅲ—水源不足；Ⅳ—补给衰竭或水流受阻；Ⅴ—试验有误

从图 9－4 中可以判断含水层的水力特征和单位涌水量，推算最大涌水量，检查抽水成果的正确性等。直线Ⅰ表示承压水，当潜水含水层补给水源充沛、富水性强、抽水孔水位降深又比较小时，也可能出现直线关系；抛物线Ⅱ表示潜水，如果承压含水层补给条件差、富水性弱、抽水孔水位降深大时，往往也呈抛物线关系；曲线Ⅲ表示补给水源不足，或过水断面在抽水过程中受到阻塞，且水位降低顺序又是自上而下时的情形；曲线Ⅳ表示在某一水位降深值以下，随着水位降深增大，涌水量变化很小或不变，多数是由于水位降深过大所造成；曲线Ⅴ表示抽水试验有错误，产生这种曲线的原因可能是洗井不彻底，故在抽水过程中水位降深变化不大而涌水量逐渐增大所致，也可能是抽水时吸水管口安置在滤水管的下部所致，因此当出现曲线Ⅴ时应查明原因，进行处理，然后重做试验。

3）绘制 $q-s$ 关系曲线图

$q-s$ 关系曲线图，是以单位涌水量 q 为横坐标，水位降深 s 为纵坐标，将各稳定区的 q、s 资料平均值的各点标在图上，连接各点而成（图 9－5）。直线Ⅰ表示承压水；曲线Ⅱ表示潜水；曲线Ⅲ表示承压水消减型；曲线Ⅳ表示抽水降深过大；直线Ⅴ表示抽水有错误，需重做试验。

在理论上，承压水的 $Q-s$ 及 $q-s$ 曲线形态是一条直线。在实际抽水试验中，不论是裂隙水、岩溶水、孔隙承压水，它们大多数不是直线而是曲线。这是由于抽水试验曲线类型不仅取决于含水层水力特征，还与含水层的性质、水量、补给条件、井壁情况、降深大小、降深顺序、抽水延续时间等因素有密切关系。

9.5.5.2 非稳定流抽水试验资料整理

1）绘制 $s-t$ 历时曲线图

以水位降深 s 为纵坐标、累计时间 t 为横坐标，按累计时间所对应的水位降深值投于图上，连结各点而成（图 9－6）。抽水结束后的恢复水位，也应标在图上。

2）绘制 $s-\lg t$ 过程曲线图

在半对数坐标纸上，以水位降深 s 为纵坐标，时间 t 为对数横坐标，将测得的水位降深值与对应观测时间标在图上，然后连接各点而成（图 9－7）。

3）绘制 $\lg s-\lg r$ 关系曲线图

在双对数坐标纸上以水位降深 s 为纵坐标，观测孔与抽水孔之间距离 r 为横坐标，将某一时间观测孔的水位降深标于图上，连结各点而成（图 9－8）。可根据曲线斜率计算水文地质参数。

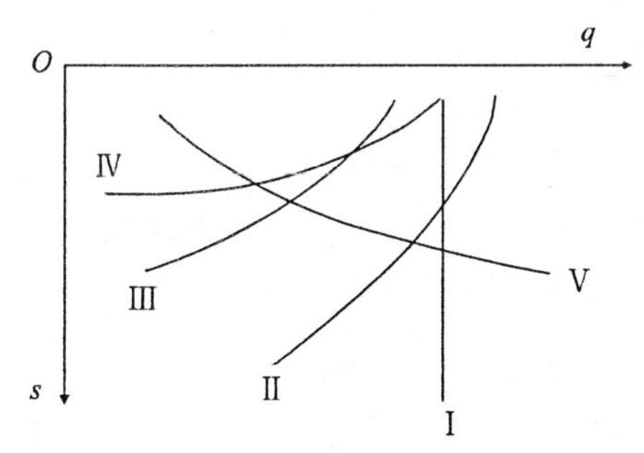

图 9－5　$q-s$ 关系曲线示意图

Ⅰ—承压水；Ⅱ—潜水；Ⅲ—水源不足；Ⅳ—补给衰竭或水流受阻；Ⅴ—试验有误

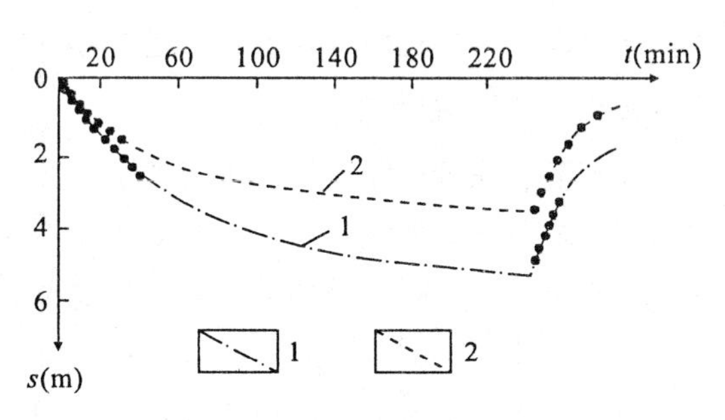

图 9－6　$s-t$ 过程曲线图

1—抽水孔曲线；2—观测孔曲线

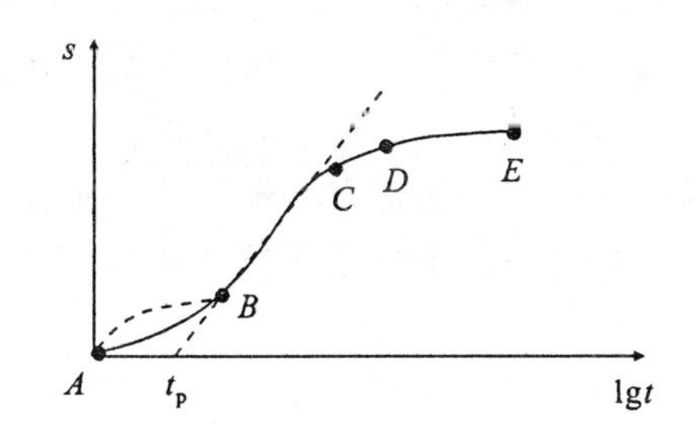

图 9－7　$s-\lg t$ 关系曲线图

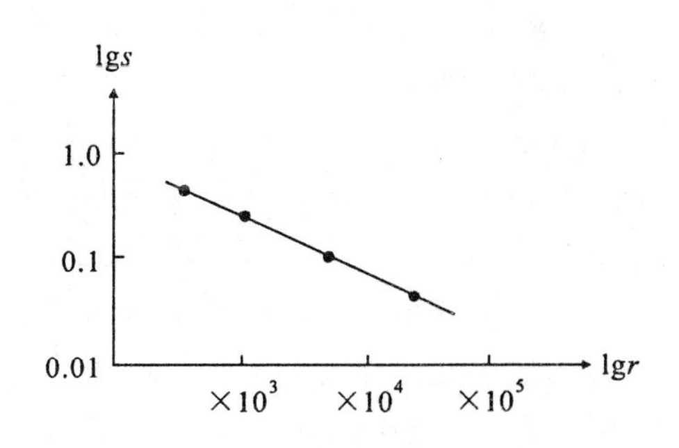

图 9－8　$\lg s-\lg r$ 关系曲线示意图

4）绘制 $s'-\lg(1+t_p/t_r)$ 关系曲线图

在半对数坐标纸上以水位剩余下降值 s' 为纵坐标，以 $(1+t_p/t_r)$（t_p 为抽水开始至停止时间，t_r 为抽水停止算起的恢复水位时间）为对数横坐标，将 $(1+t_p/t_r)$ 与其对应的 s' 值标在图上，通过原点连接各点而成（图 9－9）。由于恢复水位受人为因素干扰较少，能较好地反映含水层的自然水文地质条件，故用 $s'-\lg(1+t_p/t_r)$ 曲线的斜率来计算水文地质参数效果较好。

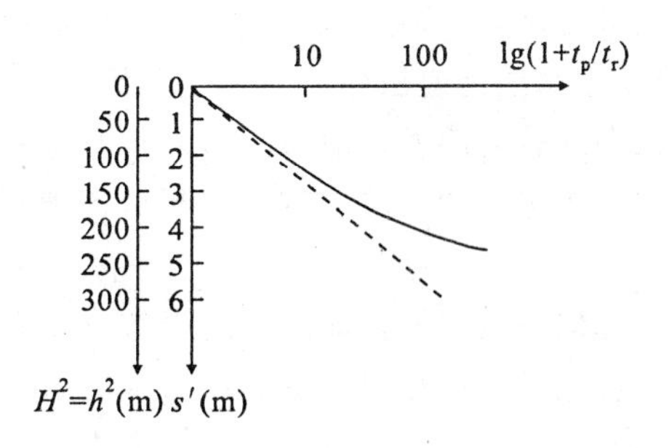

图 9－9　$s'-\lg(1+t_p/t_r)$ 关系曲线图

9.5.6　其他水文地质试验方法

9.5.6.1　放水试验

放水试验的原理、目的、任务、技术要求和资料整理方法均与抽水试验相同，不同之处在于放水孔布置在井下巷道内，利用孔口标高低于含水层水位标高的特点，使承压水沿钻孔自流涌入矿井，从而在含水层中形成一定规模的降落漏斗。通过放水量与水压变化（水位降深）的时间关系，来确定含水层和越流层的水文地质参数；研究降落漏斗的形态、大小及扩展过程，分析含水层及其与地表水之间的水力联系，确定含水层的边界位置及性质，模拟矿床疏干，为矿井防治水工程的设计和布置提供可靠的水文地质依据。同抽水试验一样，放水试验既可以进行单孔放水，也可以进行多孔放水。

9.5.6.2　注水试验

当地下水埋藏很深，不便进行抽水试验，或矿井防渗漏需要研究岩石渗透性时，可采用注水试验近似测定出岩层的渗透系数。注水试验一般采用稳定注水方法，其原理和方法与抽水试验相似，试验的观测记录、资料整理等各项工作要求也基本一致。

9.5.6.3　连通试验

为了查明岩溶通道中的地下水运动规律，通常采用方法简便、效果又好的连通试验。连通试验方法很多，概括起来有指示剂法、水位传递法、施放烟气法等。

1）指示剂法

指示剂法是在地下水通道的上游投放各种指示剂，在下游观测取样的方法。投放的指示剂应选用在地下水流动中容易辨别、不被周围介质吸附、不产生沉淀、不污染水质、分析化验及检出比较容易的物质或材料。指示剂可选用木屑、编码纸片、浮标、谷糠等。

试验地段和观测点的选择，应根据岩溶地下水露头，地表岩溶形态，地下暗河和岩溶通道的大致发育方向、长度、水力坡度、水量、流速，径流特点，干流及支流分布等，将观测点布置在地下水流出口处，以及指示剂可能通过和有代表性的地段上。

试验方法是在预计的地下暗河或岩溶通道的上游投放指示剂，记录起始时间，然后在各观测点按时取样化验或检验。有的观测点检出指示剂，有的点没有指示剂通过，根据指示剂含量的变化可查明地下暗河或通道的主要发育方向及连通程度。如煤矿井下突水后，为了及时查清突水水源，可采用连通试验。首先在地面布置钻孔，揭露各个含水层，然后分别用指示剂进行试验。通过检测，查明各含水层与突水点之间是否有水力联系。

2）水位传递法

在地表岩溶发育地段，常分布有竖井、溶洞及地下暗河明流地段。可选择在这些地段的有利位置进行抽、注水试验，测量各观测点的水位及其变化幅度，分析岩溶发育方向及连通程度。

在地下暗河发育地区，地表常分布着成线状排列或分散的岩溶水点，以及明流、暗流交替出现地段。可在明流或线状排列的岩溶水点等有利地段修筑临时堵水堤坝。在水流来水方向上的观测点水位将持续上升，去水方向上的观测点水位将连续下降。经过一段时间，将堤坝扒开，来水方向水位急降，去水方向水位猛升。根据观测点水位消涨情况，分析地下暗河发育方向及连通程度。

3）施放烟气法

在无水或半充水的岩溶通道或溶洞中，为了查明岩溶的发育方向，可在通道进风口处燃烧干柴等能产生大量烟气的物质，观察烟气的去向。施放烟气法在通道长度不大，分支不多，横断面较小，气流畅通的通道中效果较好。

9.6 地下水动态观测

9.6.1 地下水动态长期观测工作的组织及资料整理

9.6.1.1 地下水动态长期观测工作的组织

正确地组织地下水动态长期观测是研究地下水动态与均衡的根本手段。设置区域性的水文地质观测站，其任务在于积累地下水动态的多年观测资料，以便确定区域性地下水动态规律；设置专门性的水文地质观测站，其任务主要是服从于各种实际工作的需要，以便在人类活动条件下研究地下水动态。不论对于哪种性质的水文地质观测站，均应充分地利用一般性水文地质勘探成果，进行观测站网设计的编制。

1）地下水动态长期观测点的布置

地下水动态长期观测点（井、孔、泉）的布置，大致与水文地质勘探孔布置原则相似，其中不仅需要布置控制地下水动态一般变化规律的观测孔，还要布置控制地下水动态特殊变化的观测孔。对于前者应当按水文地质变化最大的方向布置观测线。假如这种变化不显著，也可以采用方格状观测网的形式。特别是对于水文地质条件复杂和极复杂矿井，应建立地下水动态观测网。观测点应布置在下列地段：对矿井生产建设有影响的主要含水层中；影响矿井充水的地下水集中径流带（构造破碎带）上；可能与地表水有水力联系的含水层；矿井先期开采的地段；在开采过程中水文地质条件可能发生变化地段；人为因素可能对矿井充水有影响的地段；井下主要突水点附近，或具有突水威胁的地段；疏干边界或隔水边界处。

2）地下水动态长期观测的内容及要求

地下水动态长期观测的内容，包括水位、水温、泉流量及水的化学成分，必要时还需观测地表水及气象要素等。

在观测点中测量地下水水位、水温及泉流量的时间间隔，决定于调查的任务、地下水动态的研究程度以及影响动态变化的因素。一般可3～5d或10d观测一次，水质一般每季度观测一次。雨季或遇有异常情况时，需增加观测次数。

同一水文地质单元内的地下水点的观测，应力求同时进行，否则应在季节代表性日期内统一观测。如区域过大，观测频度高，也可免于统一观测。

9.6.1.2 地下水动态长期观测资料的整理

1）地下水动态资料的整理

地下水动态资料整理的内容有：编制各观测点地下水动态曲线图及反映地区动态特点的水文地质剖面图与平面图。

2）地下水均衡试验及资料整理

地下水均衡试验是指在均衡区内选定一些均衡场，进行各均衡项目的测定，其资料整理与动态资料整理类似，主要有两方面：一是气象、水文因素及各均衡项目的各时段、各均衡期、年、多年的报表；二是均衡要素与各影响因素的关系曲线，如渗入量、降水量和降水强度，潜水蒸发与埋深等关系曲线图等。

9.6.2　地下水动态预测方法

地下水动态预测对解决各种水文地质问题很有必要。预测的可靠性主要取决于对动态的掌握程度、有关参数的精度和预测方法选择得正确与否。

9.6.2.1　简易预测法

1）水文地质类比法

用已知区的动态预测结果，作为条件相似的未知区的动态预测。相似，主要是指影响地下水动态的因素应相似。因素有差异时可作适当校正，预测的效果主要取决于条件的相似程度和已知区的预测精度。

2）简易类推法

如有多年地下水动态及主要影响因素的观测资料，可以根据主要因素相似则地下水动态相似的原理，将预测年的影响因素动态与已观测各年的影响因素动态作直观对比，找出相似年，则这个相似年的地下水动态就可作为所预测的动态。此法可用于尚未开展动态观测的地区。这种预测是分要素进行的，如果相似年间影响因素差异明显，也可对影响因素的差异进行校正。预测的精度取决于观测系列长短、影响因素动态的预测精度，以及预测者的直观判断能力。

9.6.2.2　相关分析法

这种方法以实际观测数据为依据。地下水的动态取决于许多因素，它们都可视为随机变量。因此，可用回归分析确定预测要素与其他变量的相关关系，内插外推地进行预测。一般来说，观测系列愈长，相关关系愈可靠，预测精度就愈高。实际工作中常采用以下几种相关形式。

1）要素相关

分析地下水动态，用逐步回归选择一个或几个主要因素作为自变量进行相关预测。如选择降水量、蒸发量、河水位为自变量，确定它们与潜水位、径流量、矿化度的相关关系。其效果有赖于影响因素的预测精度。

2）前后相关

在某些情况下，一定动态要素的前期值与后期值存在着相关关系。如水位上升或下降时间内，当月与次月，当年9月（最高）与次年5月（最低）水位或流量之间存在相关关系。利用这种相关关系，可逐月、逐年进行预测。

3）上下游相关

在同一水文地质单元内，上游水位、水质在一定程度上决定着下游的水位、水质，两者往往有较密切而又简单的相关关系。利用这种关系也可进行预测。

9.7　矿区水文地质勘探成果

矿区水文地质勘探工作结束后，需对勘探中获得的水文地质资料进行整理、分析和总结，提交勘探成果。只有在勘探成果经主管部门审批后，该阶段的勘探工作方可正式结束。勘探成果的形式有两类，即水文地质图件和相应的文字说明，二者统称为水文地质报告。

通常，矿区水文地质报告是地质报告的一个重要组成部分，不单独编写。只有在矿区水文地质条件复杂，且又投入了较多的专门水文地质工作量或为了某个专门目的单独进行水文地质勘探时，才单独编制矿区水文地质报告。编制水文地质报告时，一般是先检查整理原始资料，再在综合分析原始资料的基础上编制各种图件、表格，最后编写文字说明书。

9.7.1 矿区水文地质图件

水文地质图件反映的内容和表现形式，主要取决于编图的目的、矿床（井）水文地质类型、矿区水文地质复杂程度以及水文地质资料的积累程度，并与水文地质勘探阶段相适应。普查阶段，一般以编制综合性的或概括性的水文地质图件为主；详查、精查阶段，水文地质资料（特别是定量资料）积累得较多，矿区水文地质条件研究程度较高，除综合性图件外，还要结合实际情况和需要，编制一系列的专门性图件。

在矿区水文地质勘探中，一般应编制三类图件，即：综合性图件（如综合水文地质图、综合水文地质柱状图、水文地质剖面图、矿井充水性图等），专门性图件［如主要含水层富水性图、地下水等水位（压）线图、含（隔）水层等厚线图、岩溶发育程度图、地下水化学类型图等］和各种关系曲线图，以及报告插图。在任何情况下，专门性图件都不能代替综合性图件，而只能起辅助作用。

下面以煤矿区为例，介绍矿区主要水文地质图件及其内容和要求。

9.7.1.1 综合水文地质图

综合水文地质图是全面反映煤矿区基本水文地质特征的图件，一般是在地质图的基础上编制而成。这种图件可分为区域、矿区和井田（矿井）三种基本类型。图件比例尺按不同工作阶段的要求而定。普查阶段通常采用 1∶5 万～1∶2.5 万或 1∶1 万；在详查阶段为 1∶2.5万～1∶1 万或 1∶5 000；在精查阶段为 1∶1 万～1∶5 000；在矿井生产阶段为 1∶1 万～1∶2 000。

除地层、岩性构造等基本地质内容外，综合水文地质图主要反映的水文地质内容还有以下几个方面。

（1）含水层（组）和隔水层（组）的层位、分布、厚度、水位特征、富水性及富水部位、地下水类型等。

含水层的富水性一般按单位涌水量可划分为：含水极丰富（单位涌水量 $q \geqslant 10L/s \cdot m$）；含水丰富（$q=2 \sim 10L/s \cdot m$）；含水中等（$q=0.1 \sim 2L/s \cdot m$）；含水弱（$q<0.1L/s \cdot m$）。

（2）断裂构造特征。如断层的性质、充填胶结情况及断层的导水性等。其中断层的导水性可分为导水的、弱导水的和不导水的三种类型。在可能的情况下，应在图上加以区别。

（3）地表水体（如湖泊、河流、沼泽、水库等）及水文观测站。

（4）控制性水点。如专门水文地质孔，全部或部分有代表性的地质钻孔、井、泉等。

（5）已开采井田、井下主干巷道、回采范围、井下突水点资料及老窑、小煤矿位置、开采范围和涌水情况。

（6）溶洞、暗河、滑坡、塌陷及积水情况等。

（7）地下水水质类型及主要水化学成分、矿化度等。

（8）有条件时，划分水文地质单元，进行水文地质分区。

（9）勘探线位置、剖面线位置、图例及其他有关内容。

综合水文地质图可表示的内容很多，编图时应视图件比例尺和要求取舍，原则上既要求反映尽可能多的内容，又不能使图面负担过重。

9.7.1.2 综合水文地质柱状图

综合水文地质柱状图是反映含水层、隔水层及煤层之间的组合关系，以及含水层层数、厚度和富水性等内容的图件。一般采用相应的比例尺随同综合水文地质图一起编制。主要应反映的内容有：含水层时代、名称、厚度、岩性、岩溶裂隙发育情况，各含水层的水文地质参数，各含水层的水质类型等。

9.7.1.3 水文地质剖面图

水文地质剖面图是反映含水层、隔水层、褶曲、断裂构造和煤层之间的空间关系的图件。其主要内容有：含水层岩性、厚度、埋深、岩溶裂隙发育深度及其走向和倾向上的变化；水文地质孔、观测孔的位置及其试验参数和观测资料；地表水体及水位；主要井巷位置等。

9.7.1.4 矿井充水性图

矿井充水性图是记录井下水文地质观测资料的综合图件。有些矿区称之为实际材料图。它是生产矿井必备的图件之一，是分析矿井充水规律、进行水害预测、制订防治水措施的主要依据之一。充水性图一般以采掘工程平面图为底图进行编制，比例尺为 1∶5 000～1∶2 000，应反映的主要内容如下。

(1) 井下各种类型的涌（突）水点。应将涌（突）水点统一编号并注明出水日期、涌水量、水位（水压）、水温、水质和出水特征。

(2) 老空、废弃井巷等的积水范围和积水量。

(3) 井下水闸门、水闸墙、放水孔、防水煤柱、水泵房、水仓、排水泵等防排水设施的位置、数量及能力。

(4) 矿井涌水的流动路线及涌水量观测站的位置等。

9.7.1.5 矿井涌水量与各种相关因素历时曲线图

矿井涌水量与各种相关因素历时曲线图主要反映矿井充水变化规律，用于预测矿井涌水趋势。根据矿区的具体情况，一般应绘制以下几种曲线。

(1) 矿井涌水量、降雨量、地下水位历时曲线图。

(2) 矿井涌水量与地表水位或流量关系曲线图。

(3) 矿井涌水量与开采深度关系曲线图。

(4) 矿井涌水量与单位走向开拓长度、单位采空面积关系曲线图等。

此外，在水文地质条件复杂的矿区，通常还要编制各种等值线图、水化学图、岩溶水文地质图等专门性水文地质图件。

在上述图件中，综合水文地质图、综合水文地质柱状图、水文地质剖面图是矿区水文地质工作成果中的基本图件，在矿区水文地质工作的各个阶段都需要编制，其比例尺随工作阶段的进展而增大，内容亦随之不断地丰富。在矿井生产阶段，还要求编制矿井充水性图和各种相关因素历时曲线图。

水文地质现象是随时间和空间的延续而不断变化的，因此，相应的图件也应该随工作阶段中采掘工程的进展而不断地被补充、修改和更新，即便是在生产阶段也不例外。

9.7.2 矿区水文地质报告的文字说明

文字说明是水文地质工作成果的重要组成部分，主要用以说明和补充水文地质图件，阐述矿区地质条件及其对矿井充水的影响。同时应对矿区有关防治水工作、地下水资源开发与利用及环境水文地质问题等给出结论，并应指出存在的问题，提出下一阶段的工作建议。矿区水文地质报告文字说明的内容和要求在不同勘探阶段有所不同，一般包括以下几部分内容。

9.7.2.1 序言

主要介绍矿区的位置、交通、地形、气候条件、地表水系及流域划分、地质研究程度、工作任务、工作时间、完成的工作量、工作方法及其他必要的说明。

9.7.2.2 区域地质条件

主要叙述矿区地层、构造、岩浆侵入体、岩溶陷落柱发育等内容。应按由老到新的顺序，介绍各个时代地层的岩性、分布、产状和结构特征，还应介绍第四纪地质的特点。在介绍地层时，应注意从研究含水介质的空间特征出发，阐述不同岩层的成分（包括矿物成分和化学成分）、结构、成因类型、胶结物成分和胶结类型、风化程度、空隙的发育情况等，从而为划分含水层和隔水层提供地质依据。此外，对煤层也应加以重点论述。

对于构造，主要应介绍褶曲、断裂和裂隙的特征。褶曲构造是一个地区的主导构造，它不仅决定了含水层存在的空间位置，还控制了地下水的形成、运动、富集和水质、水量的变化规律。报告中应介绍褶曲的类型、形态、分布、组成地层、形成时间等；断裂构造是控制矿区地下水及矿井充水的重要因素。对大型断裂构造，应介绍其分布、产状、两盘地层、类型、断距、充填胶结情况、伴生裂隙等内容。对中小型断裂，由于其在矿井充水中有重要意义，故应重点介绍。对由构造运动形成的各种构造节理，由于它们对某些含水层（段）的形成有特殊意义，也应予以介绍。还应注意对矿区构造应力场演化史进行分析，通过构造的展布规律及不同构造之间的成因联系，阐述构造的控水意义和导水规律。另外，新构造运动对控水有特殊的意义，亦应加以分析和论述。

9.7.2.3 区域水文地质条件

区域水文地质特征是分析矿井充水条件及确定水文地质条件复杂程度的基础，应从地下水的形成、赋存、运移、水质、水量等各个方面全面论述其区域性特征。主要包括以下几个方面。

（1）区内含水层（组）和隔水层（组）的划分、分布、厚度、富水性及富水部位、水位及地下水类型等。

（2）不同类型褶曲带中地下水的赋存状态、径流条件和富水部位，主要含水层中地下水的补给区、径流区和排泄区的分布特征，主要断裂带的导（隔）水性能和富水部位及其与地表水及各个含水层之间的水力联系，断层带及其两侧的水位变化等。

（3）区域及主要含水层地下水的补给源、补给方式和补给量，地下水主径流带，地下水的排泄方式、地点、排泄量及其变化规律。

（4）对各主要含水层的地下水作定量评价。普查阶段着重评价区域地下水的补给量；详查及精查阶段着重评价水源地的开采量（供水）及矿井涌水量（矿区）。

（5）主要含水层的水温、物理性质和化学成分，并根据勘探阶段不同，作出相应的水质评价。

（6）进行水文地质分区，并说明分区原则及各分区的水文地质特征。

9.7.2.4　矿区水文地质条件

矿区水文地质条件应重点分析矿井充水条件及其特征，以便为制订矿井防治水措施提供依据。主要包括以下几个方面。

（1）矿井的直接充水含水层和间接充水含水层，以及其岩性、厚度、埋藏条件、富水性、水位或水压、水质，各含水层之间及其与地表水体之间是否存在水力联系。

（2）构造破碎带和构造裂隙带的导水性，岩溶陷落柱的分布、规模及导水性，封闭不良钻孔的位置及贯穿层位，已开采地区的冒落裂隙带及其高度、采动矿压对煤层底板及其对矿井充水的影响等。

（3）与矿井充水有关的主要隔水层的岩性、厚度、组合关系、分布特征及其隔水性能。

（4）预计矿井涌水量时采用的边界条件、计算方法、数学模型和计算参数、预计结果及其评价。

（5）矿井水及主要充水含水层地下水的动态变化规律及其对矿井充水的影响。

（6）划分矿井水文地质类型，说明其划分依据。

必要时，还应对矿区可供开发利用的地下水资源量作出初步评价，指出解决矿区供水水源的方向和途径，简要论述矿区工程地质条件，并对环境水文地质问题作出评价。

9.7.2.5　专题部分

如果是针对某一方面进行矿区专门性水文地质勘探，如矿井供水水文地质勘探、以矿井防治水为目的的疏干、注浆工程的水文地质勘探、环境水文地质勘探等，则应根据有关规程、规范的要求，对上述内容加以取舍或增补，对有关问题进行专门论述。

9.7.2.6　结论

对矿区主要水文地质条件、矿井充水条件作出简要结论，提出对矿井防治水和地下水资源开发利用的建议，指出尚存在的水文地质问题，并对今后的工作提出具体建议。

需要指出的是："文字说明"是在对矿区水文地质工作中积累的全部资料进行深入细致地分析研究的基础上编制的。报告编写时要求内容齐全、重点突出、数据可靠、依据充分、结论明确，同时力求文字通顺、用词准确。报告中还应附必要的插图，并保持图文一致。

还应指出：上述内容是从单独提交矿区水文地质勘探成果出发加以叙述的。如果水文地质工作成果只是作为矿区地质勘探成果的一部分，则序言及区域地质部分应按地质勘探报告的要求编写，不再另行介绍。另外，由于地质勘探的阶段性特点，不同工作阶段对成果的要求是和投入的工作量及研究程度相适应的，既不能超前，更不应该滞后，对不同阶段工作成果的要求均应以有关的规程、规范为依据。

9.7.3 矿区水文地质报告实例

西南地区某矿区水文地质报告

一、区域水文地质概况

据1∶20万某幅区域水文地质资料，勘探区位于北江汇水型水文地质单元的径流—排泄区，包括碳酸盐岩岩溶水、基岩裂隙水及第四系孔隙水三大地下水类型，见区域水文地质示意图（图9-10）。

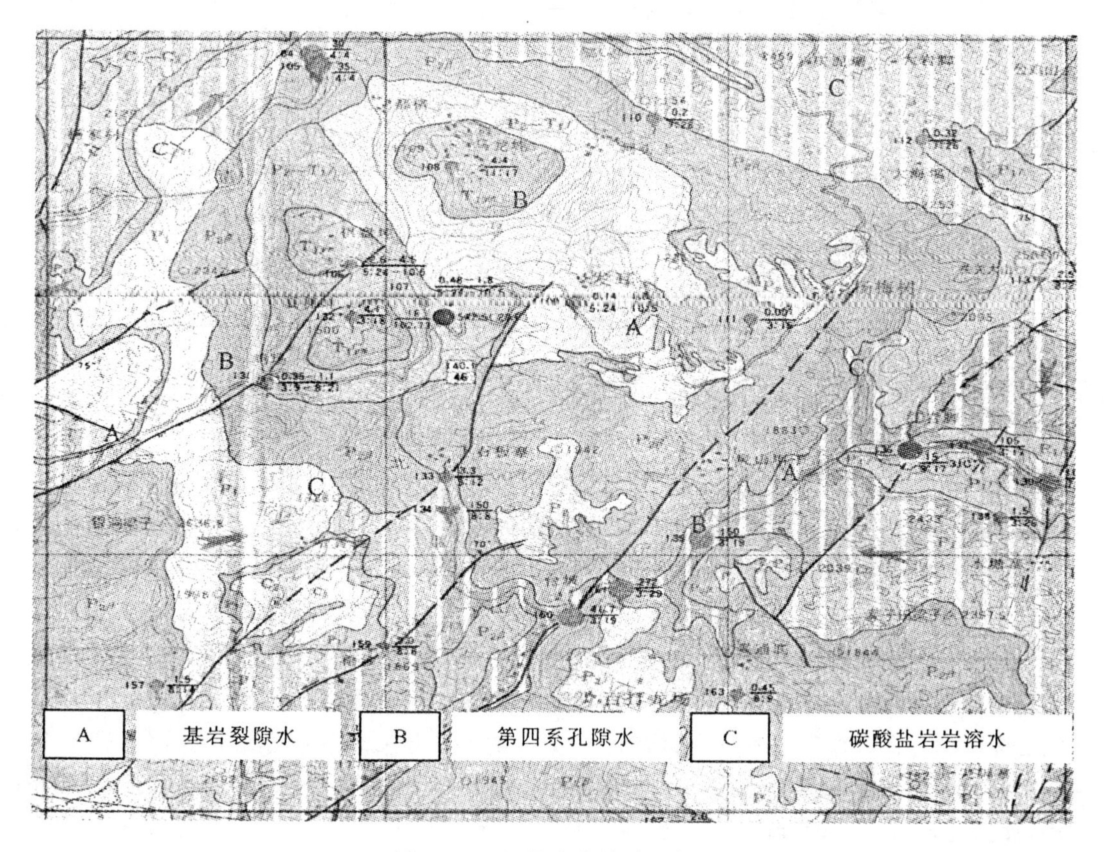

图9-10 区域水文地质示意图

勘探区位于某县南部的杨梅树向斜东翼，属中高山地貌，地形高差大，呈北高南低状。北面山势巍峨，层峦叠峰，沟深谷峡，成为矿区北面的天然屏障，南侧为阳新灰岩组成的山峰，标高在2 000m以上，上二叠统峨嵋山玄武岩呈单面山展布，含煤地层成为较宽阔的走向谷及缓坡地形；出露标高一般在900～1 300m，一般相对高差为300～400m，最高点在勘探区北端杨家岩，标高为1 915.6m，最低标高为北江侵蚀基准面+900m。

1. 水系

勘探区内主要河流有北江及其支流耳河（亦称湾河）、河坝小溪等，属北江水系。

(1) 北江。位于井田边界，为一长年性河流，属珠江水系，由北向南，流经区内长约

6km，比降为5%左右，河流不对称，阶地不发育（图9-11）。据某市水文水资源局提供的北江大渡口水文观测站1991～2004年观测资料，其最大流量为1 500m^3/s，最小流量为8.55m^3/s，年度水位差为3.4～7.4m，水质类型有HCO_3-Ca、HCO_3Ca·Mg、CO_3·SO_4Ca·Mg等，pH值为7.02～8.5，河水浑浊，含砂量大。为井田排泄区。

图9-11 耳河与北江交汇处

（2）耳河。耳河亦称湾河（图9-12），该河发源于勘探区东侧玄武岩地层，横穿煤层及其上覆地层，由东向西在向斜中部汇入北江，该河在勘探区内长约9.6km，比降为1%，沟深谷窄，局部发育一级阶地，为长年性溪河，流量受大气降水控制，最大流量为6.813 m^3/s,最小流量仅为0.017m^3/s，一般流量为0.118m^3/s。

上述两条河流属山区型河流，夏、秋雨季，洪水暴发，流量陡增，河水奔腾咆哮，声震山谷，久晴或枯水季节水势大减，河床中出露大量乱石。

2. 气候特征

矿区位于某省西部，属亚热带季风湿润气候，据县气象局提供的2002～2005年气象资料，其年降雨量为757.2～1 192.2mm，年蒸发量为1 478.5～1 838.3mm，年平均相对湿度为71%，平均气温为13℃，最高气温为32℃，最低气温为－6.3℃，冬季有积雪，降雨集中在5～9月，最大降雨量为195.1mm/d（2003年7月），这样的气候条件不利于大气降水对地下水的补给。

图 9-12 耳河（湾河）

二、井田水文地质条件

1. 地层的富、透水性

区内出露地层为上二叠统峨嵋山玄武岩组（$P_2\beta$）和龙潭组（P_2l）、下三叠统飞仙关组（T_1f）、永宁镇组（T_1yn）及第四系（Q_4）等地层，含水层主要为碳酸盐岩岩溶裂隙水或层间裂隙水，隔水层主要为泥岩、砂质泥岩等。各含水层的地下水位标高随含水层出露的地形高度及沟谷切割深度变化，一般山脊部分较高，山坡及沟谷岸边较低。现将井田内地层的富水性概述如下。

1）第四系（Q_4）

由坡残积物、冲洪物等组成，厚0～38.74m，一般厚度为20m，由黄褐、淡紫色亚黏土及砂砾石组成，不整合于三叠系地层之上。

冲积物主要分布于北江、耳河两岸，坡积物主要分布在同向坡中的老高寨、酒店子、江西坡等地的含煤地层中，透水性较强，往往有泉水出露，流量在0.05～0.28L/s之间，动态变化大，受季节性控制。

2）永宁镇组（T_1yn）

该组主要出露在井田北侧，总厚为408m，该组分上、中、下三段。

(1) 上段（T_1yn^3）。厚24.0～152.70m，分布于妥倮屯、棋盘屯一带，地貌上形成桌状山，岩性以灰岩为主夹泥岩及砂岩，灰岩岩溶发育，岩溶主要有洼地、落水洞、天然竖井、漏斗等地貌，泉水流量一般在1～4.5L/s，井田内共调查八个泉水，总流量为12.62L/s，富水性弱。水质类型为$HCO_3-Ca\cdot Mg$型。

(2) 中段（T_1yn^2）。厚154～185m，平均为148.3m，其分布与上段相同，多形成斜坡或台阶，岩性以泥灰岩为主，该段浅部含少量的风化裂隙水，井田内共有七个泉水点出露，一般流量为0.03L/s左右，总流量仅为0.19L/s，多属季节性泉水，枯季易干枯，富水性弱。

(3) 下段（T_1yn^1）。厚137.1～162.8m，平均为160.4m，岩性以薄层灰岩、白云质灰岩为主。地貌上多呈悬岩陡壁，地表溶蚀沟、裂隙发育，井田内共有泉水点六个，一般流量为0.14～4.54L/s，总流量为11.09L/s。含岩溶裂隙水，富水性中等。水质类型为HCO_3-Ca型。

3) 飞仙关组（T_1f）

本组总厚为629m，分上、下两段。

(1) 上段（T_1f^2）。平均厚474.8m，岩性以砂岩为主。多成垂直走向的山脊和冲沟，岩石易风化，裂隙较发育，地表出露风化裂隙水，泉水受大气影响明显，动态变化大，流量小，一般为0.03～0.50L/s，如21号泉，1974年4月4日～1975年4月4日长观流量为0.05～3.46 L/s，此次勘察工作实地调查发现该泉已完全干枯，本段除有少数钻孔发现涌水现象外（如501号孔涌水量为0.044L/s），多数钻孔冲洗液全漏失，如602号，J1203、J1100、1111、1110、J1205、J1107等孔均发生严重漏失，回次水位深达300余米。上述情况说明该段含少量的裂隙水，富水性弱。水质类型为HCO_3-Ca型。

(2) 下段（T_1f^1）。厚102.0～199.8m，平均厚154.2m，岩性以粉砂岩为主，分布在山坡前缘的缓坡地形中，泉水出露较少，流量小且随季节性变化大，枯季多干涸，钻孔穿过该段时出现漏水现象，但漏失量明显比上段（T_1f^2）小。上述情况说明本段几乎不含水，属隔水层。水质类型为HCO_3-CaO型。

4) 龙潭组（P_2l）

岩性主要为细砂岩、粉砂岩、泥质粉砂岩、粉砂质泥岩及泥岩与煤层，岩性软、易风化，地面出露面积大，但多被坡残物覆盖，地貌上形成缓坡和沟谷，井田内共出露泉井点128个及废窑68个，一般流量为0.05～0.5L/s，动态变化明显，椐本次勘察时对221号泉长期观测：流量为0.24～1.15L/s（2004年11月12日～2005年11月29日），钻孔穿过该组岩层时多数漏失，仅少数孔涌水，地下水具承压性，如J1105号井口涌水量为0.004 L/s。含水性不均一，浅部由于覆盖层较厚，含水性较强，深部含水性遂渐减弱，本次勘察施工四个抽水孔，单位涌水量为0.000 005 7L/s·m～0.041 481L/s·m，上述情况说明该组含裂隙水，富水性弱。水质类型为$HCO_3\cdot SO_4-Ca\cdot Mg$、$HCO_3-Ca\cdot K+Na$型。

5) 峨嵋山玄武岩组（$P_2\beta$）

该组分布于井田边缘，大多呈顺向坡展布，局部地方呈耸立的山峰，山间冲沟发育，地表大部分被风化物覆盖，在精查勘探水文地质测绘工作中共调查泉水点30个，一般流量小于1L/s，总流量为4.36L/s，动态变化显著，据268号泉长期观测，其流量为0.99～8.17L/s（2001年12月8日～2002年11月10日）。本次工作对该泉继续进行长观工作，流量为1.38～7.29L/s（2004年11月27日～2005年11月27日），本次施工钻孔均未揭露该组地层，先期勘探施工的钻孔中有少数发现漏水现象，个别钻孔涌水。如J1501号孔经放水试验，其水位为+7.53m，水位标高为1 166.62m，涌水量为0.011 2L/s，单位涌水量为0.001 49L/s·m，上述情况说明该组含裂隙水，地下水具一定的承压性。

6）滑坡体（Q_4^{del}）

井田内共有四处大的滑坡体，分别为芭蕉塘滑坡、王家寨滑坡、尹家寨滑坡及大寨滑坡，这些滑坡面积大小不等，最小者为0.50km²。其中尤以芭蕉塘滑坡最大，面积约为3km²，精查勘探钻孔揭露该滑坡体时其厚度大于230m。

滑坡体成分主要为T_1f、P_2l岩层，北厚南薄，在滑坡体前缘往往有泉水出露，而且流量较大，终年不干，此次勘察，分别对111、112、174、196等滑坡泉进行长达一年的动态观测，四个泉水累计最小流量为3.07L/s，最大流量为11.62L/s。钻孔揭露滑坡体时，孔内严重垮塌，冲洗液漏失，如J1303号孔揭露尹家寨滑坡体厚度达40.87m，孔内漏失量为20m³/h。每当雨季来临，滑坡体常有滑动现象，今后应对这些滑坡体引起足够的重视。

2. 断层带的富水性及导水性

井田内共发现断层18条，落差大于20m的有11条，主要集中在9勘探线两侧及井田北东部，一般为正断层，井田内主要断层的水文地质特征见表9-4。经过对简易水文观测、地表泉水流量调查及断层抽水等资料进行分析可以发现：区内断层大多富水性弱，导水性亦弱，如F2断层的三个钻孔（J1202、J1403、J1502）揭穿断层时，其水位及消耗量均无明显变化，极少数断层具有一定的富水性，如F907、F908、F909等断层，在这些断层的地表附近均有泉水出露，但流量不大，导水性弱。当采矿穿过这些导水断层时，地下水必然通过裂隙进入矿井。

表9-4 断层带水文地质特征

编号	地层	落差（m）	延伸长度（m）	切割地层	水文地质特征
F_{906} 正断层	T_1f^{2-1}	30	1 500	P_2l	地表出露泉水一个，流量为0.03L/s，906号钻孔在井深461.87m处见断层，岩芯较破碎，水位消耗量变化不大，含水性弱
F_{910} 正断层	T_1f^{2-1}	38	1 552	P_2l	910号孔井深371m处见断层，岩芯较破碎，水位消耗量变化大，含水性弱
F_2 正断层	T_1f^{2-1}	20～50	2 500	P_2l	地表无泉、井出露，J1502、J1403、J1202号钻孔均见断层、岩芯破碎，水位、消耗量变化不大，含水性弱
F_{909} 正断层	T_1f^{2-1}	40	3 656	P_2l	地表见泉水一个，流量为0.03L/s，J902号孔17#煤底板以下地层岩芯破碎，裂隙发育，冲洗液全漏失，水位一般为8.0m，断层含水性弱
F_{908} 正断层	T_1f^{2-1}	15～35	3 472	P_2l	地表见泉水三个，流量为0.002～0.799 3L/s，原910号孔见该断层终孔后井口涌水，898号钻孔在井深215m处见断层，井深214.72～217.44m处的泥质粉砂岩破碎，裂隙发育，水位为10.59～10.63m，消耗量为0.09～0.04m³/h，含水性较弱
F_{907} 正断层	T_1f^{2-1}	50～80	3 848	P_2l	地表见泉水三个，总流量为0.81L/s，最大为0.8L/s，J904号孔断层，井深384.69～386.90m处的岩芯破碎，全漏失，井深316.04～436.10m处的水位超过200m，终孔水位为186.10m，断层含水性较弱

3. 地下水、地表水动态特征

根据长期观测资料分析，区内地下水动态受季节变化控制，流量表现为枯水季节变小甚至干枯、雨季增大的特点，属极不稳定型，浅部上层滞水受降雨影响显著，动态变化与降雨基本一致，而深部地下水动态变化则往往具有滞后现象。

4. 水文地质类型

(1) 一井区。其首采标高为＋980m，矿床位于当地侵蚀基准面（＋900m）以上，地表切割强烈，有利于地表水和地下水的排泄，未来矿井的直接充水含水层为含煤地层本身的裂隙水和滑坡中的上层滞水及老窑水，富水性由浅到深明显减弱，富水性弱。矿区内多数断层富水性弱，仅有少数断层富水性中等。该矿为以裂隙含水为主的矿床，水文地质条件简单。

(2) 二井区。其主采标高为＋700m，大部分矿床位于当地基准面（＋900m）以下，河流、冲沟发育，有利于自然排泄，在降落漏斗未形成之前，地下水的补给条件差，北江位于井田西部边缘，距矿区较远，对矿井首采区影响不大，但耳河自西向东横穿矿区，会对未来矿井开采产生影响，矿床主要充水因素为含煤地层本身的裂隙承压水，富水性弱，矿区内多数断层富水性弱，第四系覆盖面积小，厚度薄。本矿区为裂隙充水矿井，水文地质条件中等。

综上所述，本井田构造为简单—中等，主要充水含水层由浅部到深部逐渐减弱，断层富水性弱，大气降水是地下水的主要补给来源，故该井田属于以顶板进水为主的裂隙充水矿床，水文地质条件中等。

三、矿井充水因素的分析

矿区主要充水因素有大气降水、地表水、地下水、滑坡水、老窑水、断层水和封闭不良钻孔水，现就矿区充水因素简述如下。

1. 大气降水

大气降水不仅是矿区地表水、地下水的主要补给来源，还可直接沿地表裂隙、采矿塌陷裂隙及孔隙渗入矿井中，特别是在一井区大部地段处于采矿塌裂带影响范围内，因此一井区矿坑涌水量直接受大气降水控制，且影响明显，同时还可以通过老窑采空区蓄集，给矿井开采带来危害，特别是雨季暴雨期，地表水暴涨，容易造成淹井事故，因此矿井生产时应加强防洪工作。

二井区由于上覆地层厚，且有 T_1f 隔水层阻隔，因此二井区受大气降水影响是间接、缓慢的且不明显。

2. 地表水

北江和耳河是井田内的主要地表水体。

(1) 北江。为矿区内最大的长年性河流，根据市水文水资源局在矿区西北设立的水文观测站——大渡口水文站的观测资料，2004 年 5 月 4 日其最小流量为 8.55m^3/s，同年 8 月 25 日测得的最大流量为 1 500m^3/s。北江流经矿区时河床最低标高为＋900m，矿井井口和首采区距北江甚远，对矿井首期开采影响不大。

(2) 耳河。该河由东向西流经全井田并穿越发耳斜井，本次勘察工作对耳河在井田内流经地段作了较为详细调查，未发现明显的漏水现象。据 J 1202、J 1009 等水文孔抽水资料证实，J 1202号孔距耳河约为60m，静止水位高于河床水位约为2m；J 1009号孔距河床3m，静止水位达73.26m，涌水量仅为0.001 52L/s，抽水前和抽水中对耳河水流量观测结果证实，未发现耳河水变化；1011号孔距耳河40余米，抽水前静止水位为+9.40m，但流量仅为0.007 9L/s。

以上事实说明，在正常情况下河水与地下水水力联系微弱，但在矿井生产过程中穿越以上两河时，由于井田内7煤层以上有1#、3#、5-2#、5-3#一等煤层，总厚为8.56m，其冒落带高度及裂隙带高度分别如下。

(1) 冒落带高度：

$$H_m = \frac{\Sigma M}{(K-1)\cos\alpha} = \frac{8.56}{(1.3-1)\cos 10} = 28.97\text{m}$$

(2) 裂隙带高度：

$$H_l = \frac{100\Sigma M}{1.6\Sigma M + 3.6} + 5.6 = \frac{100 \times 8.56}{1.6 \times 8.56 + 3.6} + 5.6 = 55.09\text{m}$$

则：

$$H_m + H_l = 84.06\text{m}$$

式中：ΣM为煤层总厚度，采用8.56m（1～7#煤平均厚度之和）；K为岩石碎胀系数，采用1.3。

而7煤层至煤系顶界厚度一般仅为75m，在一采区上覆地层的厚度小于155.47m的区域占整个采区的大半面积，因此采煤塌陷裂隙为矿坑充水的主要通道。

3. 地下水

矿区内主要含水层（图9-13）永宁镇组（T_1yn）与P_2l间隔有厚约350余米的飞仙关组（T_{1f}）隔水层，对矿井生产影响甚微；下伏地层峨嵋山玄武岩组（$P_2\beta$）富水性弱，对矿井生产影响亦不大；而对矿井涌水量影响最大的直接充水含水层为含煤地层本身含裂隙承压水，根据此次勘察工作对井田内生产井调查，其进水方式主要以顶板淋水、滴水和底板渗水为主，总出水量不大，如发耳煤业公司的小矿（原双福煤矿）2004年12月11日实测流量仅为0.221L/s，新龙煤矿总出水量为0.912L/s（2004年11月26日），最大出水量为1.82L/s，攀枝花煤矿为1.245L/s（2002年9月5日）。

虽然含水层含水性弱，但其具承压性质，采煤时一旦揭露顶板中的裂隙出水点，其涌水量也不能忽视，因此，采煤时应提前做好疏排工作。

4. 滑坡水

矿区内地表滑坡较多，仅面积大于0.5km^{2}的就有四处，富水性中等，而且都具有透水性强的特点。按冒落带和裂隙带有关经验公式计算，导水裂隙带影响高度达150余米，因此，在开采滑坡体下的煤层时应注意冒落带的影响高度，以免沟通滑坡水，造成淹井事故。

5. 老窑水

矿区内老窑甚多，开采历史悠久，巷道一般长30～40m，少数可达300余米，开拓方式为斜井或平硐，外溢水较少，多有积水，水量在0.102L/s以下，最大流量为2.715L/s（252号窑），近年来这些老窑大多被强行关闭，因此对老窑中巷道积水等情况现已无法查证，这一隐患必须引起足够的重视，一旦与老窑水沟通容易造成淹井事故，为此，建议矿井

地层代号	厚度(m)	柱状(示意)	含水性
Q_4	2.57~38.74		含水性弱
Q_4^{del}	10~230		含水性中等
T_1yn	160		含水性弱
T_1f^2	472		含水性弱
T_1f^1	144		隔水层
P_2l	481		含水性弱
T_2l^3	>200		含水性弱

图 9-13　岩层、含水性示意图

开采时宜采用先探后采的采煤方法。

6. 断层水

区内断层以正断层为主，逆断层次之，断层两盘大多由含煤地层中的泥质岩组成，因此富水性不强，仅少数断层具有一定的富导水性，如 F_{907}、F_{908}、F_{909} 等断层，在该断层附近采煤时应采取探水措施注意断层水的涌入。

7. 封闭不良钻孔

1974年详勘共施工钻孔66个，其中有12个钻孔未参加验收，当时经过对T1002钻孔进行起封检查验证，尚有部分砂浆未凝固。对本次勘察施工的31个钻孔亦未进行起封检查，因此在钻孔附近采煤时应引起重视。

综上所述，一井区矿坑充水因素主要为大气降水、地表水、龙潭组裂隙含水层地下水通过采矿塌陷导水裂隙、断层、裂隙及封闭不良钻孔进入矿坑；而地表水体通过留保安煤柱可有效地预防矿坑突水，在接近煤层露头部位为防止老窑突水，应先探后采或留出足够保安煤柱，以防老窑突水。二井区充水因素则主要为煤系地层及下部玄武岩组裂隙含水层地下水通过导水裂隙、不良封闭钻孔进入矿坑。

四、矿井涌水量预算

本次矿井涌水量预算以耳河为界分为两个采区，即发耳煤矿一井区和二井区，一井区分别预算+980m水平和+700m水平，二井区预算+700m以上水平。一井区范围：西为北江，东南以7#煤露头线为界，北以7#+980m等高线、耳河为界，走向长约3.8km，宽约2.6km，面积为9.9km²。二井区范围：西为北江，南以耳河为界，东以7#煤露头线为界，北以7#煤+700m标高为界，走向长5.3km，宽1.5km，面积为7.9km²。

1. 比拟法

据调查，矿区邻近生产矿井（耳湾煤矿、新龙煤矿）的排水资料，新龙煤矿开采水平为+810m，开采面积为0.15km²，水位降为61.80m，涌水量为157m³/d；而耳湾煤矿地处一易汇集大气降水的槽谷中，且上覆有厚达200余米的滑坡体，其透水性强、富水性中等的含水层与本井田整体的水文地质条件不相符，因此用比拟法计算时，采用新龙煤矿的矿井生产及排水资料作为计算参数。采用单位涌水量公式为：

$$q=Q/F_0S_0^{\frac{1}{2}}$$

比拟 $$Q=q_0F_0S^{\frac{1}{2}}=Q_0\ (F/F_0)\ (S/S_0)^{\frac{1}{2}}$$

式中：Q、Q_0 分别为设计和生产矿井的涌水量，m³/d；F、F_0 分别为设计和生产矿井的开采面积，m²；S、S_0 分别为设计和生产矿井的水位降深，m。

比拟法选用参数及预算结果见表9-5。

表9-5 比拟法选用参数及预算结果

矿井名称	计算水平（m）	开采面积（km²）	水位降深（m）	实际涌水量（m³/d）	预算涌水量（m³/d）
湾子煤矿	+900	0.11	123	720	
新龙煤矿	+810	0.15	61.80	157	
采用		0.15	61.80	157	
一井区	+980	2.90	339.70		7 116
	+700	9.9	619.70		32 813
二井区	+700	7.90	396.24		20 937

2. 地下水动力学法（大井法）

根据矿区水文地质条件及充水因素分析，其含煤地层中的层间裂隙水为今后矿井生产时的直接充水含水层，故预算涌水量参数采用含煤组中的含水层参数，采用大井法计算，依据稳定流承压井公式：

$$Q=2\pi KMs/m\ (R/r)$$

参数采用：$H=1\,319.70\mathrm{m}$

式中：Q为预计矿井涌水量，$\mathrm{m^3/d}$；s为水位降低值，m；m为含水层厚度，m；K为含水层渗透系数，m/d；R为引用影响半径，m，$R=10sK^{\frac{1}{2}}+r$（r为井半径，m）。

含水层厚度选用地质鉴定厚度并综合计算井田范围内的含水层厚度，根据本次勘探的抽水试验及以往的抽水试验分析：一井区的渗透系数选用J 1103孔试验成果比较合理，二井区采用J 1103、J 1302二孔平均值比较合理，区内其他抽水试验孔，由于所处地段岩层完整、裂隙不发育，试验值不具代表性。渗透系数一井区选用J 1103抽水试验资料，二井区选用J1302、J 1103两孔抽水试验平均值，水位标高采用原勘探和本次勘探抽水钻孔和单层水位标高的算术平均值。

一井区范围：东南以7井煤露头线为界，北为耳河，西以北江为界，浅部为+980m标高，面积为2.9km²，深部为+700m标高，面积约为9.9km²。二采区范围：东以7井煤露头为界，南以耳河为界，西为北江，北以7井煤+700m标高为界，走向长约5.30km，宽约1.5km，面积为7.9km²。根据“大井法”公式预算如下。

一井区+980m水平。

参数采用：$K=0\ 016\ 394$（J1103孔抽水试验值）　$H=1\ 319.70m=105.40$

$s=339.70$　$R=1\ 290$　$r=894$

预算结果：$Q=2\pi KMs/\ln\ (R/r)\ =10\ 044\mathrm{m^3/d}$

一井区+700m水平。

参数采用：$K=0.016\ 394$　$H=1\ 319.7$　$s=619.70$　$M=139.40$　$R=2\ 707$

$r=1\ 934$

预算结果：$Q=2\pi KMs/\ln\ (R/r)\ =26\ 470\mathrm{m^3/d}$

二井区+700m水平。

参数采用：$H=1\ 319.70$　$M=139.40$　$K=0.014\ 102$（J 1302、J 1103两孔抽水试验平均值）

$s=396.24$　$R=2\ 003$　$r=1\ 586$

预算结果：$Q=2\pi KMs/\ln\ (R/r)\ =20\ 994\mathrm{m^3/d}$

3. 预算成果评价及设计推荐值

根据前述两种方法预算的矿井涌水量成果，两种方法结果相差不大，说明采用计算方法、计算参数基本合理，通过与盘江地区各矿涌水量比较，预算结果较为符合实际，建议采用水动力学法预算结果作为各矿井正常涌水量。

据前述的矿井充水条件分析，一井区主要充水因素为大气降水直接补给直接充水含水层，或直接成为矿坑水，受大气降水影响非常大，根据该区降雨的最大值与年平均值的比值（1∶2.3），确定一井区最大涌水量为正常涌水量的2.3倍，即一井区+980m以上最大涌水量为23 101m³/d，全一井区最大涌水量为60 881m³/d，二井区由于含水层补给区与矿井直接充水层距离远，大气降水对矿井涌水量变化影响不大，故本次仅推荐二井区正常涌水量，各井区涌水量设计推荐值见表9－6。

表9－6　涌水量设计推荐值

井区 \ 方法		比拟法（m^3/d）	水动力学法（m^3/d）	正常涌水量（m^3/d）	最大涌水量（m^3/d）
一井区	＋980m以上	7 116	10 044	10 044	23 101
	全一井区	32 813	26 470	26 470	60 881
二井区	＋700m上	20 937	20 994	20 994	/

矿井涌水量受各种因素影响，在矿井建井及生产中应根据实际观测的涌水量，及时对各井田的涌水量进行修正，指导生产。特别是在巷道或采煤接近地表水体时应先探水，后生产，在接近煤层露头附近时，也应先探水，后生产，以防突水事故。

五、供水水源

在井田范围内，供水水源的选择有两种方案，一是利用泉水，二是利用耳河或北江水，可利用的泉水有112、196及268，这三个泉的枯季流量仅为3.7L/s，水质虽符合要求，但分布零散，人多为当地农户的生产、生活用水，不宜利用。在井田内东南边有一马场水库，距矿井直线距离约为5km，库容量为30万m^3，该库始建于1957年，由于年久失修，坝基渗水，属一病害水库，水质类型为SO_4－Ca型，但有害元素F的含量达4.15mg/L，超过饮用水标准达四倍，不宜饮用。

耳河枯季流量为10.3L/s，但由于有新建的发耳电厂和矿井生产，生活污水都直接排入该河，水处理难度大；且枯水季节流量小，不宜利用。

唯有北江可作为矿井生产、生活的水源地，北江水源充沛，距矿井直线距离约为4km，据水质全分析和卫生细菌、毒理化指标检验结果，水质类型为HCO_3－Ca型。除浑浊度、色度、细菌总数及大肠菌群超标外，其他指标均符合生产、生活用水标准，不足之处是该河水长年浑浊，含砂量重。将该河水与马场水库水或耳河水作比较，选择北江作为供水源地是矿井最佳供水方案。

备注：以上矿区水文地质报告来源于重庆136地质队技术资料，特表感谢！

实训2　水文地质测绘、钻探、试验实训

1）实训目的

（1）加深学生对本章内容的理解和掌握，训练学生基本工作技能。

（2）引导学生应用所学的知识分析问题，培养学生的动手能力，以适应实际水文地质工作的需要。

2）实训要求

（1）相应内容学习后要及时训练。

（2）通过实训掌握水文地质测绘、钻探、抽水试验工作方法。

（3）学生在完成实训后要及时总结，熟悉掌握各项工作程序。

3）实训内容

（1）水文地质测绘实训（表 9－7）。

表 9－7　水文地质测绘实训内容

工序名称	技术要求	主要操作步骤	注意事项
1. 准备工作	按设计要求进行各项准备	1. 调查测绘比例尺按相应勘探阶段选择；2. 地形图底图按相应比例尺或大一级的比例尺选择；3. 搜集工作区内有关资料；4. 确定测量、物探、钻探专业小组	
2. 野外调查一般内容填写	项目齐全，字迹清晰	1. 观测点位置及编号；2. 露头类型；3. 观测点性质（地质点、地貌点、构造点、界线点、水井、泉、浅井、河流测点）；4. 天气情况、编录人员及日期	
3. 岩性描述	正确定名，详细记录	1. 基岩描述；2. 松散沉积物描述：①颜色（干、湿），②成分（黏土、亚黏土、亚砂土、砂、砾石），③结构（致密、松散），④构造（块状、大孔隙、垂直节理等），⑤夹层或透镜体，⑥砂（砾）石成分、大小、形态、磨圆度及分选性，⑦胶结物（泥质、钙质）及胶结程度，⑧层理及产状，⑨成因类型及时代	观察要细，记录要全，字迹清楚
4. 构造观察描述	精心测量、正确判定各类构造要素	1. 褶曲类型、褶曲轴及两翼产状、翼部性质；2. 断裂：①走向、倾向、倾角、结构面力学性质，②磨面、擦痕、断层角砾岩，③重复情况（单独阶状），④断层胶结物和含水性，⑤与侵蚀地层关系，⑥裂隙率统计	注意观察构造形迹
5. 地貌观察描述	按成因类型及形态单元进行观察描述，尤其对微地貌进行观察描述	1. 地貌单元（山区、平原、丘陵、山间盆地、河谷）；2. 地形形态（阶地、冲沟、山崖、沙丘、冰渍层、沼泽、湿地、鼓丘）；3. 形态要素（阶面、阶地前缘、后缘、坡度等）；4. 构造与地形关系、岩性与地形关系、剥蚀堆积作用与地形关系；5. 成因相关的松散堆积物；6. 物理地质现象（沙漠化、盐渍化、滑坡、崩塌、泥石流、倒石堆等）	作必要的素描图、摄影
6. 岩溶观察描述	岩溶形态测量及发育规律观察描述	1. 成因（特征、构造、裂隙、地下水作用、水文网构造及发展趋势）；2. 溶蚀程度划分（溶隙、溶孔、溶洞）	
7. 水文地质观察描述	观察含水层特征及地下水的赋存规律	1. 调查含水层特征（产状、分布、厚度、岩性、透水性、顶底板岩性及标高）；2. 确定地下水类型（潜水、承压水、自流水），地下水物理性质（颜色、味道、气味、透明度、温度），补给、排泄、还流条件及水力联系；3. 调查民井（孔）、泉所处的地貌单元或蓄水构造部位、出露状态，井壁结构、提水设备、使用状况及卫生条件，搜集岩层剖面井结构资料等	详细记录调查地下水、地表水、大气降水之间转化关系
8. 沿途观测	对沿途露头要详细记录	1. 记载路线方向及有关情况；2. 简述地层、构造有无变化、跨越何种地貌单元（景观、综合地貌）；3. 测量和访问民井（钻孔、泉水）	对好的露头要重点描述
9. 样品采集		1. 岩样；2. 土样；3. 水样	

(2) 水文地质钻探及编录实训(表9-8)。

表9-8 水文地质钻探及编录实训内容

工序名称	技术要求	主要操作步骤	注意事项
1. 施工前地质工作	熟悉钻孔设计、明确要求	1. 编制单孔设计;2. 布置孔位;3. 检查钻机安装;4. 下达开钻通知书	搜集最新资料
2. 钻孔施工	设计要求	1 选择钻头;2. 控制回次进尺或取样深度;3. 控制孔斜、孔深;4. 简易水文地质观测;5. 取芯	
3. 水文地质钻探编录前检查工作	按水文地质钻探要求或合同要求	1. 检查岩芯编号与摆放是否符合从上到下、从左到右的要求;2. 检查岩芯票数据与班报表是否一致;3. 检查简易水文地质观测记录,注重特殊水文地质现象的记录;4. 检查校正孔深数据	表物一致
4. 水文地质钻探编录	严格执行钻孔设计要求	1. 记录开孔编号、位置、开(终)孔日期;2. 统计回次及班进尺;3. 观察岩芯,正确定义及划分地层,准确测量岩芯长,计算岩芯采取率,并计算含水层及非含水层岩芯采取率;4. 确定含水层位置及厚度,检查记录简易水文地质观测内容及特殊水文地质现象;5. 记录校正孔深数据;6. 按设计要求进行采样、编号、装箱,写明孔号,将其送到规定地点保存	
5. 终孔水文地质工作	满足设计及合同要求即可终孔	1. 下达终孔通知书;2. 下达测井通知书;3. 未达到设计目的,下达钻孔变更通知书;4. 校正终孔孔深;5. 全面检查钻孔质量	注意含水层(组)的总厚度
6. 下管填砾止水成井	洗井完毕1h后无沉淀出现	1. 通孔;2. 排管、下管;3. 填砾(止水);4. 洗井	
7. 钻孔资料信息整理	钻孔资料齐全完善,认真执行资料检查制度	1. 编制钻孔综合图表,除水质分析成果后补外,应将其余资料反映在综合图表上;2. 编写钻孔施工技术报告;3. 将各项原始记录全部归档备查	
8. 钻孔工程质量验收	满足和达到设计指标要求	填写钻孔工程质量表,规定下列核验项目:①岩芯采取率,②钻孔及成井,③止水,④换浆及洗井,⑤抽水试验,⑥取样,⑦孔深及孔斜测定,⑧封孔	

(3) 抽水试验实训（表9-9）。

表9-9 抽水试验实训内容

工序名称	技术要求	主要操作步骤	注意事项
1. 资料准备	了解试验地段的水文地质基本情况	1. 了解试验层的埋藏、分布、补给条件、边界条件、地下水的流向；2. 试验层与其他含水层或地表水体的水力联系	搜集资料
2. 试验设计	按要求进行抽水试验设计	1. 确定抽水孔和观测孔的位置、距离、结构、孔深、止水方式和过滤器的安置；2. 各个孔连线方向的水文地质剖面	
3. 抽水试验前物品检查工作	按抽水试验要求进行检查	1. 检查抽水设备、动力装置、井中和场地上其他设备的质量和安装情况；2. 对测水用具进行检查、调试和校核；3. 检查各种用具、记录册等是否齐全、可用	准备和检查是重要环节，不可省略
4. 构筑排水设施	严格执行抽水试验设计	1. 安置、构筑排水设施；2. 检查排水设施	注意抽出的水不能渗回试验层，影响试验数据
5. 试验抽水并洗孔	全面检查试验的各项准备工作	1. 通过试抽的观测资料预测抽水时的最大降深（s_{max}）和相应的涌水量，以分配各次降深值；2. 对非稳定流抽水试验可用试抽资料推测正式抽水时可能获得的曲线类型以及相应的涌水量	
6. 现场观测和记录	准确记录数据	1. 测量抽水试验前后的孔深；2. 观测天然水位、动水位及恢复水位；3. 观测流量；4. 取水样	取水样作水质分析和细菌检验
7. 资料整理	稳定流抽水试验资料整理	1. 绘制 $Q-t$、$s-t$ 曲线图；2. 绘制 $Q-s$、$q-s$ 曲线图	资料整理须及时
	非稳定流抽水试验资料整理	1. 绘制 $s-\lg t$ 曲线图；2. 绘制 $s-\lg r$ 曲线图；3. 绘制 $s'-\lg(1+t_p/t_r)$ 曲线图	

10 矿井水文地质分析与应用

10.1 矿井水害分析

水害是矿井生产的五大自然灾害之一。水害的严重程度，受多方面因素影响，如矿井水文地质条件、矿井开拓、开采对地下水源平衡条件的破坏等。经过分析判断这些因素，水害是可以认识和预见的。通过矿井水害分析，研究制定合理的开拓、开采方案，最大限度地限制或减少采掘对含水层原有平衡条件的破坏，采取针对性的技术措施，改造、限制主要水患因素，建立合理的矿井综合防水系统，提高矿井抗灾变的能力。

10.1.1 矿井充水水源分析

矿井生产中主要充水水源有地表水（河流、湖泊、洼地积水等）、松散孔隙水、顶底板灰岩岩溶水（含岩溶陷落柱水）、煤系顶板砂岩裂隙水、采空积水、旧钻孔积水等。

对矿井安全生产构成严重威胁，并可以发生淹采区、水平乃至全矿井的水源，主要是地表水、松散孔隙水、顶底灰岩岩溶水、断层水及岩溶陷落柱水。而岩溶陷落柱突水，是矿井各类水害中影响最大、治理恢复难度最大的水害。其主要原因是因陷落柱根部发育于巨厚奥陶系灰岩地层中。奥灰岩溶含水层富水性强，可通过岩溶裂隙、地质构造等得到砂岩裂隙水和松散孔隙水的补给；而导水陷落柱作为奥陶系灰岩含水层的一个通道和突水口，又比单位时间内断层的导水量大得多。因此，陷落柱出水，往往水量大，来势猛，能造成淹井事故，甚至殃及相邻矿井。如 1984 年 6 月 2 日开滦范各庄矿 2171 工作面发生的陷落柱突水，高峰期 11h 平均涌水量为 123 180m^3/h，21h 全矿被淹，并株连邻矿。这是我国迄今为止发生的最大的一次陷落柱突水，在世界采矿史上也名列第一。又如 2004 年河北邢台东庞矿 2903 工作面突水，最大水量为 74 000m^3/h，造成淹井；1996 年皖北任楼煤矿 7222 工作面突水，最大水量为 11 854m^3/h，造成初期投产矿井被淹。

其他水源虽对矿井生产可能产生影响，但一般不会造成重要灾害。采空、老巷积水及旧钻孔积（导）水，虽然水量不是很大，不致造成淹井的危害，但水量集中，来势迅猛，一旦误揭就会以“有压管道流”的形式突然溃出，具有很大的冲击力和破坏力，对人身安全的危害极大。因此，对此类水害的防范，也是矿井生产中的一项重要而经常性任务。

10.1.2 矿井充水条件分析

在矿井采掘生产的过程中涌入矿井采掘空间的水称为矿井水。矿井充水的水源和通道是矿井水形成的必备条件，其他因素则影响矿井涌水量的大小及其动态变化。因此，人们习惯于将矿井充水水源、充水通道和影响矿井充水程度三类因素的综合作用结果称为矿井的充水条件。由于不同矿床的充水水源不同、充水通道不一和充水程度的差异，决定了矿井水的涌入特征、水量大小和动态变化的不同。矿井充水决定于矿床水文地质条件的复杂程度。正确认识矿床水文地质特征，评价矿井充水条件，对于指导矿区水文地质勘查、预计矿井涌水量、预测矿井突水、制定矿井防治水规划及进行矿井防治水工程设计乃至矿区水资源的合理开发与矿井水的综合利用等，都具有十分重要的意义。

影响矿井的充水因素很多，不同的矿井受到的影响因素也不一定相同，具体到某个矿井的实际情况，就要进行充水条件的具体分析。矿井充水条件分析就是在矿区已知的自然地理、地质和采矿资料的基础上，根据前述各种因素对矿井充水影响的一般规律，分析、排查每一个因素对矿井充水的影响，以确定矿井（采区或工作面）的充水水源及不同水源进入矿井（采区或工作面）的通道，并结合水源和通道的特征对矿井充水的充水方式加以分析判断，为正确地预计矿井涌水量和合理地制订防治水措施提供依据。

影响矿井充水的因素有的是天然存在的（由自然条件决定），有的是人为造成的（随人类活动的影响而发生和发展）。它们对矿井充水所起的作用主要表现在以下几个方面。

（1）起充水水源作用。如大气降水、地表水、储存于井巷围岩中地下水和采空积水等。

（2）起充水通道作用。如导水断层、岩溶陷落柱、导水钻孔、采动破坏形成的导水裂隙和岩溶塌陷等。

（3）起影响充水程度的作用，即影响矿井涌水量大小和防治水难易程度的作用。如井巷相对于当地侵蚀基准面的位置、井巷距水体的远近、各种水源本身的特征及其补给条件等。

矿井能否充水及其充水程度的强弱，正是上述因素相互配合、相互制约的结果。

水文地质条件具有随时空变化的特点，矿井充水条件也有着特定的空间和时间涵义。就同一矿井而言，不同开采矿层、不同开采水平、不同采区乃至不同工作面，其充水条件都存在一定的差异；对于同一矿井的同一开采矿层、采区或工作面的充水条件，在不同时期也不相同。有的雨季和旱季不一样，有的采前和采后不一样。因此分析研究矿井的充水条件，必须坚持具体问题具体分析，并充分考虑其时空变化，既要评价其一般性特点，更要充分认识不同时间、不同空间的特殊性。

由于地质工作是分阶段进行的，所以矿区水文地质工作也相应于采矿阶段而不断发展和深入。随着采矿阶段的发展，开采对水文地质工作的要求愈来愈高，水文地质工作投入的工作量也愈来愈多，相应地，积累的资料也愈来愈丰富，从而使工作者对矿区水文地质条件的研究愈来愈深入。在整个采矿过程中，人们对矿井充水条件的认识是一个由表及里、由浅入深的过程。从某种意义上来说，充水条件的分析既贯穿矿区水文地质工作的始终，又是各阶段水文地质工作的先导。如在矿床勘探的各个阶段，需要分析矿床充水条件，指导水文地质勘探方案的设计、勘探手段的选择、勘探工程量的确定和勘探工程的布置，预测和评价矿床开采时水文地质条件的复杂程度，为矿区规划、总体设计或矿井设计提供依据；在矿井生产过程中，需要分析矿井充水条件、确定是否需要进行矿井补充水文地质勘探和如何进行勘探、查明矿井水的充水水源及充水通道，为矿井安全生产和制定防治水规划、指导防治水工程的设计、为施工提供水文地质依据。由此可见，矿井充水条件分析是矿区水文地质工作的基础工作，必须高度重视。

10.1.3　矿井突水分析

10.1.3.1　矿井突水征兆

（1）煤壁“挂汗”。具有一定压力的水透过煤岩体的微细裂隙而在采掘工作面煤岩壁上凝结成水珠的现象，称为“挂汗”。突水征兆中的“挂汗”与其他原因造成的“挂汗”有所不同。突水征兆中顶板“挂汗”多呈尖形水珠，有“承压欲滴”之势；而煤炭自燃发火征兆中的“挂汗”为水蒸气凝结于煤岩壁上所致，多为平形水珠；另外，井下空气中的水分遇到低温的煤岩体时，也可能凝结成水珠。区别“挂汗”现象是否为突水征兆的方法是剥离一层煤壁面，仔细观察所暴露的煤壁面上是否潮湿，若潮湿则是突水征兆。

（2）煤壁“挂红”。近老窑的煤层裂隙中的积水，当积水中含有铁的氧化物时，煤岩壁上所挂之“汗”呈铁锈色，故称为“挂红”。这是前方有老空积水的征兆。

（3）空气变冷，煤壁发凉。水的导热系数比煤岩体大，所以采掘工作面接近积水区域时，空气温度会下降、空气变冷，人进去后有凉爽、阴冷的感觉。煤岩体的含水量增大时，其导热率增大，所以用手摸煤岩壁有发凉的感觉。但应注意，受地热影响大的矿井，地下水的温度较高，当采掘工作面接近积水温度较高的积水区时，煤岩壁的温度和空气的温度反而会升高。

（4）采掘工作面出现雾气。当采掘工作面气温较高时，从煤岩壁渗出的积水就会被蒸发而形成雾气。这预示着煤岩壁前方或侧面不远处有含水体。

（5）工作面煤岩壁发出水叫声。含水层或积水区内的高压水在向煤岩壁裂隙挤压时，与煤岩壁摩擦会发出“嘶嘶”的声响。有时能听到“哗哗”的空洞泄水声，这是突水的危险征兆，若是煤巷掘进，突水即将发生。

（6）工作面淋水加大，顶板来压，底板鼓起或产生裂隙并出现渗水。采掘工作面顶板导水裂隙带、工作面底板破坏带波及到含水体时，会出现顶板淋水加大或底板渗水现象。

（7）工作面出现压力水流（或称水线）。工作面出现呈一定压力的水流流出（或射出），这表明水源已经较近，应密切注意水流情况。若出现水混浊，说明水源很近；若出水清澈，则水源尚远。

（8）工作面有害气体增加。这是因为采空积水区常常有 CH_4、CO_2、H_2S 等有害气体逸散出来的缘故，即说明工作面附近有采空积水。

（9）煤层发潮、发暗。原本干燥、光亮的煤层由于水的渗入，变得潮湿、黯淡。如果挖去表面一层，里面仍如此，说明附近有积水。

上述的突水征兆，并不是每次突水都全部出现。由于突水因素错综复杂，有时会出现特殊情况。如某矿在过断层时未发现任何突水征兆，只是在压力增大致使支柱折断时，才出现水突然涌出现象。

10.1.3.2 不同水源的突水特点

1）工作面底板灰岩水突水特点

采掘工作面压力增大，底板鼓起（底鼓量有时可达 500mm 以上）；工作面底板产生裂隙并逐渐增大；沿裂隙或煤帮向外渗水，随着裂隙的增大，水量增加。当底板渗水量增大到一定程度时，煤帮渗水可能停止，此时水色时清时浊（底板活动时水变浑浊，底板稳定时水色变清）。有时出现底板破裂，沿裂缝有高压水喷出，并伴有“嘶嘶”声或刺耳水声；或底板发生“底爆”，伴有巨响，水大量涌出，水色呈乳白或黄色。

2）冲积层水突水特点

突水部位开始出现发潮、滴水。滴水逐渐增大，仔细观察可发现水中有少量细砂；如果隔离煤柱留得过小，工作面顶板冒落后，裂隙沟通冲积层，涌水量突增并出现流砂。流砂常呈间歇性，水时清时浊。

3）断层水突水特点

在断层附近岩层较为破碎，所以一般会出现工作面来压、淋水增大现象。断层水一般补给较充足，多属“活水”，很少有“挂红”现象，水味发甜。在岩巷掘进遇到断层水，有时能在岩缝中见到“淤泥”，底部出现射流现象，水呈现黄色。

4）采空积水突水特点

采空积水多属积水时间长久、水中溶解的杂质多、水量补给较差的水源，一般称为“死水”。其特点是出现“挂红”，水的酸度大，水味发涩，有腐蛋气味。

10.2 矿井水害防治

矿井水害防治是应用水文地质专业理论开展生产实践的典型代表。它是在矿井水害分析的基础上，根据充水水源、充水通道和涌水量大小的不同，分别采取不同的措施进行矿井水的预防和治理工作。矿井水害的防治工作应坚持以防为主，防、排、疏、堵相结合，坚持先易后难、先近后远、先地面后井下、先重点后一般、地面与井下相结合、重点与一般相结合的工作原则。矿井防治水工作应在防治水害的同时，注意矿井水的综合利用，除弊兴利，实现排供结合，保护矿区地下水资源和环境。

10.2.1 矿区地面防水

地面防水是指在地表修筑防排水工程或采取其他措施，限制大气降水和地表水补给直接充水含水层或直接渗入井下，从而减少矿井涌水量、防止矿井水害事故的发生。地面防排水工程是保证矿井安全生产的第一道防线，对露天矿和主要充水水源为大气降水和地表水的矿井尤为重要。常用地面防水工程有以下四种类型。

1）截水沟、水库与防洪堤

位于山麓或山前平原的矿区，雨季常有山洪或潜流侵袭，淹没露天坑、井口和工业场地，或沿采空塌陷、含水层露头大量渗入造成矿井涌水。一般应在矿区上方（特别是严重渗漏地段的上方），垂直来水方向开挖大致沿地形等高线布置的排（截）洪沟（图 10－1），拦截洪水和浅部地下水，并利用自然坡度将水引出矿区。除了截水沟防洪外，在某些情况下也采用防洪堤或水库蓄洪，其目的都是拦截洪水侵袭。具体采用何种工程，应视地形条件、汇水情况及经济技术原则而定。

2）河流改道

当矿区内有河流通过，并严重威胁露天矿或矿井生产时，可对河流进行改道。即在河流流入矿区的上游地段筑坝，拦截河水，同时修筑人工河床将水引出矿区（图 10－2）。在山区，也可采用排水平硐来代替人工河道。如四川南桐红岩煤矿，就是通过排水平硐对丛林河进行改道的。

河流改道一般工程量大，投资多，不宜轻易采用，应通过技术经济比较后再行设计施工。

3）整铺河床

当河流（或渠道、冲沟）通过矿区，并沿河床或沟底的裂隙渗入矿井时，可在漏失地段用黏土及料石或水泥铺砌不透水的人工河床，以阻止或减少河水漏失。如北京门头沟煤矿，

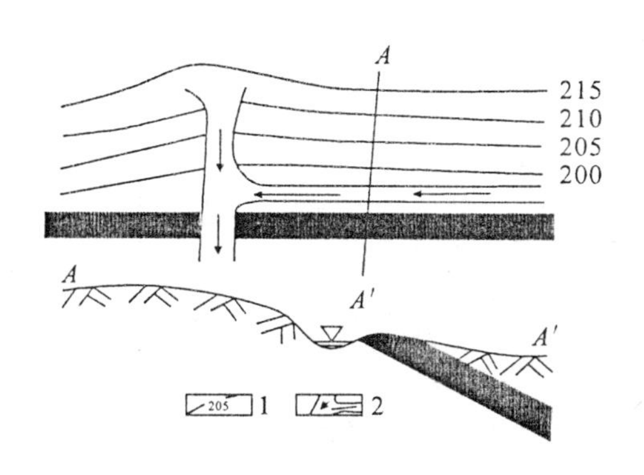

图 10-1 排（截）洪沟布置示意图

1—地形等高线；2—排洪沟

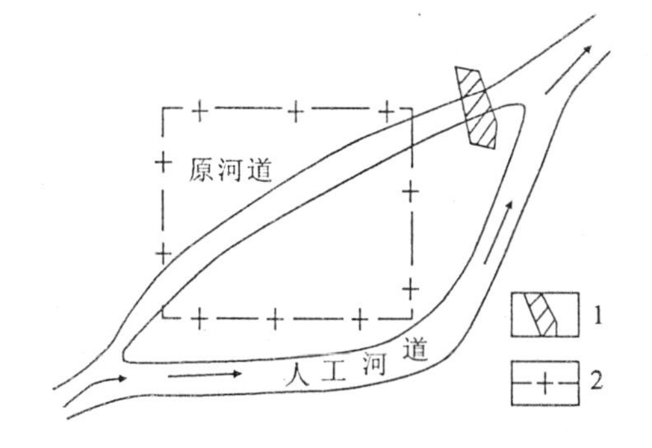

图 10-2 河流改道示意图

1—拦河坝；2—矿区界限

一条长约 4.4km 的主沟漏失严重，采用铺底措施后基本上消除了沟渠水的下渗。又如四川某煤矿，河流在煤层顶板长兴灰岩露头处通过，河水沿岩溶裂隙渗入矿井。通过整铺河床后，雨季矿井涌水量减少了 30%～50%。

4）堵塞通道

采矿活动引起的塌陷坑和裂隙，基岩露头区的裂隙、溶洞及岩溶塌陷坑，废弃钻孔及老空等，经查明与井下构成水力联系时，可用黏土、块石、水泥、钢筋混凝土等将其填堵。大的塌陷坑和裂隙，可将下部充以砾石、上部覆以黏土，分层夯实，并使其略高于地表。填堵岩溶塌陷时，混凝土盖板应浇注在塌陷洞口附近的基岩面上，并安装排气孔（管），以防潜蚀或真空负压作用引起复塌。如湖南省涟邵煤田北段铁箕山煤矿由于红层底砾岩发育有溶洞导通地表河水灌入矿井引发淹井事故，通过堵塞地表塌陷通道排险恢复生产（图 10-3）。

10.2.2 井下防水

井下防水与地面防水相互配合，是保证矿井安全生产、免受水害的第二道防线。井下防水措施主要包括探放水、留设防水煤岩柱、修筑防水闸门及水闸墙等。

10.2.2.1 探放水

在生产矿井范围内，常有一些充水的采空、断层及强含水层。当采掘工作面接近这些水体时，为消除隐患，常采用超前探放水的措施，在探明水情的基础上将水放出。

“有疑必探，先探后掘”是探放水工作的重要原则。接近水淹或可能积水的井巷、老空或相邻煤矿时；接近含水层、导水断层、溶洞和导水陷落柱时；打开隔离煤柱放水时；接近可能与河流、湖泊、水库、蓄水池、水井等相通的断层破碎带时；接近有出水可能的钻孔时；接近有水的灌浆区时；接近其他可能出水地区时，经探水确认无突水危险后，方可前进。下面以老空水为例，介绍探放水的方法。

1）探水起点的确定

通过调查访问划出的小窑老空范围一般并不能保证十分可靠。为保证矿井安全生产，通常按小窑的最深下山巷道划定一条积水线，由积水线外推 60～150m 作为探水线，掘进巷道进入此线就要开始探水；由探水线再外推 50～150m 作为警戒线，掘进巷道进入此线后就应警惕积水的威胁，随时注意掘进巷道迎头的变化，当发现有出水征兆时必须提前探水。探水

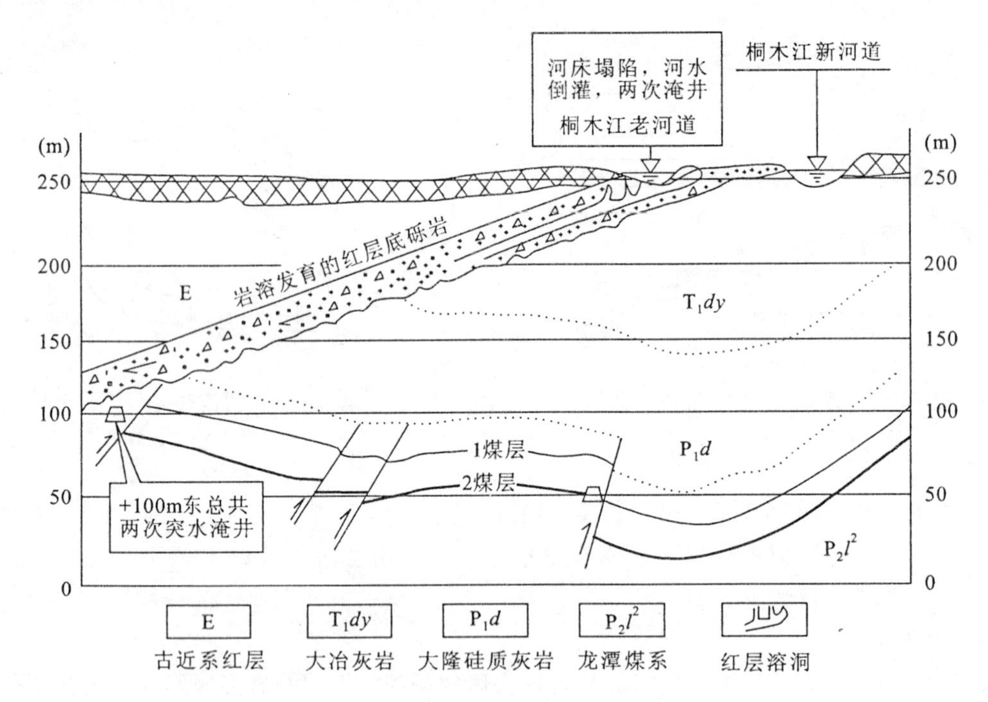

图 10-3　铁箕山煤矿淹井地段水文地质剖面图

线和警戒线的外推数值，取决于积水边界的可靠程度、积水区的水头压力、积水量的大小、煤层厚度及其抗张强度等因素。

2）老空积水量的估算

划定积水线后，可按下式初步估算老空积水量：

$$Q_{积}=\Sigma Q_{采}+\Sigma Q_{巷} \tag{10-1}$$

$$Q_{采}=\frac{KMF}{\cos\alpha} \tag{10-2}$$

$$Q_{巷}=KWL \tag{10-3}$$

式中：$Q_{积}$为相互连通的各个积水区的总水量，m^3；$\Sigma Q_{采}$为有水力联系的煤层采空区积水量之和，m^3；$\Sigma Q_{巷}$为与采空区连通的各种巷道积水量之和，m^3；K为充水系数，与采煤方法、回采率、煤层倾角、煤层顶底板岩性及其碎胀程度、采后间隔时间、巷道成巷时间及其维修状况等有关，通常采空区取0.25～0.5，煤巷取0.5～0.8，岩巷取0.8～1.0；M为采空区煤层平均采高或煤厚，m；F为采空积水区的水平投影面积，m^2；α为煤层倾角，°；W为积水巷道原有断面，m^2；L为不同断面的巷道长度，m。

3）探水钻孔的布置原则

探水钻孔应保证适当的超前距、帮距和密度。在探水工作中，一次打透积水的情况很少，而是探水—掘进—探水循环进行。探水钻孔的终孔位置应始终保持超前工作面一段的安全距离，这段距离简称超前距（图 10-4）。经探水后，证实确无水害威胁，可以安全掘进的长度称为允许掘进距离。探水钻孔的布置一般不少于3组，每组1～3个钻孔。1组为中心眼，另2组为斜眼。钻孔的方向应保证在工作面前方的中心及上下左右都能起到探水作用。中心眼终点与外斜眼终点之间的距离，称为帮距。

超前距和帮距愈大，安全系数愈大。安全系数愈大，探水工作量也愈大，从而会影响掘进速度；若超前距和帮距过小，则不安全。因此，超前距和帮距必须合理确定。超前距可由下式计算：

$$a=0.5AB\sqrt{\frac{3P}{K_P}} \quad (10-4)$$

式中：a 为超前距（即防水煤柱宽度 L），m；A 为安全系数（一般取 2～5）；B 为巷道的跨度（宽或高取其大者），m；P 为水头压力，MPa；K_P 为煤的抗张强度，MPa。

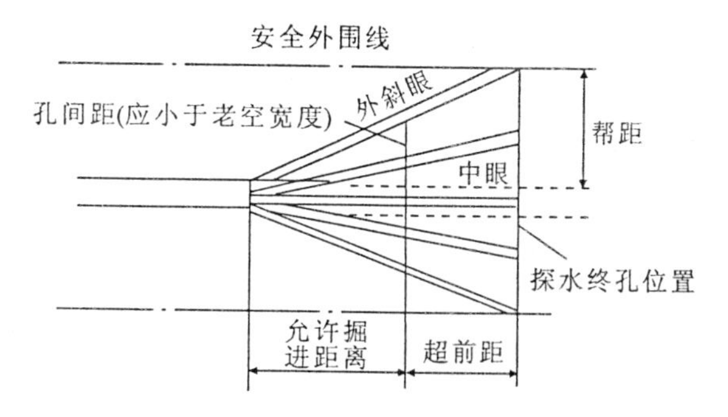

图 10-4 探水钻孔的超前距、帮距和允许掘进距离示意图

实际工作中，超前距一般采用 20m，薄煤层可缩小到不小于 8m。帮距一般与超前距一致，可略小 1～2m。超前距确定了，为保证不漏掉老空巷道，还要根据具体情况考虑钻孔密度（即掘进巷道终点处各探水眼的间距，一般不得大于 3m）。钻孔密度主要由钻孔夹角及钻孔的倾角控制。钻孔水平夹角分大夹角与小夹角两种，大夹角一般为 7°～15°，小夹角一般为 1°～3°。钻孔夹角的确定视老空的规模而定，一般老空规模大时取大夹角，规模小时取小夹角。钻孔的倾角按地层产状换算确定。

探水孔的布置，应考虑地质条件，如主要煤层沿走向和倾向的产状变化，以及煤层中有无夹矸等因素。此外，还应考虑矿井排水能力、巷道断面及坡度等因素。如矿井排水能力不足，探后放水时可能会造成淹工作面、采区等事故；巷道断面小会限制钻孔夹角而影响帮距；巷道坡度小会影响水的流出等。

10.2.2.2 防隔水煤（岩）柱的留设

在矿井可能受水威胁的地段，留设一定宽度（或高度）的煤（岩）柱，称为防隔水煤（岩）柱。在煤层露头风化带，含水、导水或与富含水层相接触的断层，矿井水淹区，受保护的地表水体，受保护的导水钻孔，井田技术边界等处应留设防隔水煤（岩）柱。自 2009 年 12 月 1 日起施行的国家安全生产监督管理总局《煤矿防治水规定》中，以附录形式详细列出了隔水煤（岩）柱的尺寸要求。

煤层露头防隔水煤（岩）柱的留设，按下列公式计算。

（1）煤层露头无覆盖或被黏土类微透水松散层覆盖时：

$$H_f=H_k+H_h \quad (10-5)$$

（2）煤层露头被松散富水性强的含水层覆盖时（图 10-5）：

$$H_f=H_l+H_b \quad (10-6)$$

式中：H_f 为防隔水煤（岩）柱高度，m；H_k 为采后垮落带高度，m；H_l 为导水裂缝带最大高度，m；H_b 为保护层厚度，m。

根据式（10-5）、式（10-6）计算的 H_f 值，不得小于 20m；H_k、H_l 的计算，参照《建筑物、水体、铁路及主要井巷煤柱留设与压煤开采规程》的相关规定。

10.2.2.3 防水闸门和水闸墙

防水闸门和水闸墙是井下防水的主要安全设施。凡水患威胁严重的矿井，在井下巷道设

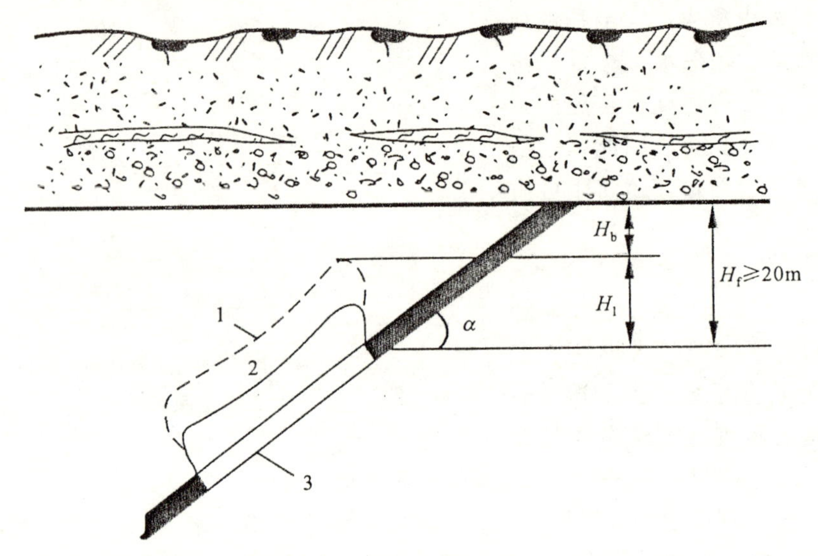

图 10－5　煤层露头被松散富水性强含水层覆盖时防隔水煤（岩）柱留设图

注：α 为煤层倾角，°。

计布置中，应在适当地点预留防水闸门硐室和水闸墙的位置，使矿井形成分翼，分水平或分采区隔离开采。在水患发生时，能够使矿井分区隔离，缩小水灾影响范围，控制水势危害，确保矿井安全。

1）水闸门

水闸门一般设置在有突水危险的采区巷道出入口、井底车场两端、井下重要设施巷道出入口等处。突水时及时关闭水闸门，以控制水害。水闸门通常设置在有足够强度的隔水层地段。水闸门由混凝土门垛、门框和门扇等组成（图 10－6）。门扇可根据水压大小用钢板或铁板制成，门的形状通常呈平面状。当水压超过 2.5MPa 时，则采用球面状。

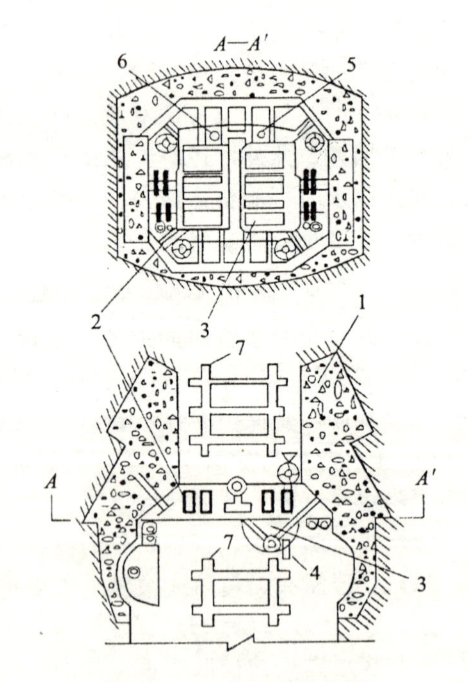

图 10－6　水闸门结构图

1—混凝土门垛；2—门框；3—门扇；4—放水管；5—风管；6—压力表安装孔；7—活动钢轨

门框的尺寸应能满足运输需要。为便于平时运输，水闸门处应设有短的、易于拆卸的活动钢轨，发生水患时，可迅速拆除后关闭水闸门。水闸门门扇与门框之间要用加厚胶皮或铅板，以防漏水。在有排水沟的巷道内修筑水闸门时，应在水沟内设置带闸门的放水管，在门框上方要留有安装电缆、风管、瓦斯管及压力表的孔。

2）水闸墙

一般水闸墙是设置在需要永久或长期阻挡水的地方。它分临时性的和永久性的两类。前者一般用木料和砖砌筑，后者用混凝土或钢筋混凝土浇注。水闸墙的形状有平面、圆柱面或球面三种。不论哪种水闸墙均应有足够的强度，不发生变形、不透水和不位移。修筑水闸墙的地点应选择在岩石坚硬、没有裂隙的地点，且应在墙的四周围掏槽砌筑（图10－7中的$DABB'CC'$部分）。圆柱面或球面状水闸墙的厚度，可采用下式计算：

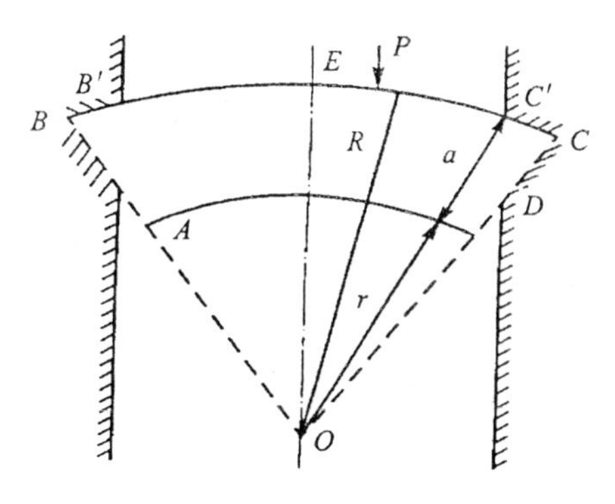

图10－7　水闸墙计算示意图

$$a=\frac{r}{\frac{K_P}{P}-1} \tag{10-7}$$

式中：a为水闸墙墙体的厚度，m；r为水闸墙的内半径，m；K_P为水闸墙的建筑材料的临界抗压强度，MPa；P为水闸墙承受的水压力，MPa。

10.2.3　疏干降压

疏干降压与矿井排水有着本质的差别。前者是借助于专门的工程及相应的排水设备，积极地、有计划有步骤地使影响采掘安全的含水层降低水位（水压），或造成不同规模的降落漏斗，使之局部或全部疏干；后者只是消极被动地通过排水设备，将矿井水直接排至地表。疏干降压在调节水量及水压、改善井下作业条件、保证采掘安全乃至降低排水费用等方面优于矿井排水。因此，疏干降压是矿井水防治的积极措施。

一般认为，在下述条件下可进行疏干降压：矿层及其顶、底板含水层的涌水，对矿井生产有着严重影响，不进行疏干降压无法保证采掘工作安全和正常进行；矿床赋存于隔水或弱含水层中，但矿层顶、底板岩层中存在含水丰富或水头很高的含水层，或虽含水不丰富但属流砂层，采掘过程中有突然涌水、涌砂的危险；露天开采时，由于地下水的作用，降低了土石的物理力学强度，导致边坡滑落。

按疏干降压进行的阶段，疏干降压方案可分为预先疏降和平行疏降。前者是在井巷掘进开始前进行，待地下水位（水压）全部或部分降低后再开始采掘工作；后者与掘进工作同时进行，直至全部采完为止。按疏干降压的方式，疏干降压方案又可分为地表疏降、地下疏降和联合疏降。

疏干降压方案的选择，主要取决于矿区水文地质和工程地质条件、矿床开采方法以及采掘工程对疏降的要求等。一般来说，采用的疏降方法需与矿区水文地质条件相适应，并能保证有效地降低水位（水压），形成稳定的降落漏斗，疏降后形成的降落曲线应低于相应的采掘工作面标高或安全水头；疏降工程的施工进度，应满足矿井开拓、开采计划的要求。

10.2.3.1　地表疏降

地表疏降主要是在需要疏降的地段，在地表钻孔中用深井泵或深井潜水泵进行抽水，预先降低地下水位或水压的一种疏降方法。

1）地表疏降钻孔

地表疏降钻孔适用于疏降渗透性良好、含水丰富的含水层，一般认为对于渗透系数K＝5～150m/d的含水层最为有效。如过滤器安装合适，可疏干K＝3m/d的潜水含水层和

$K=0.5\sim1\mathrm{m/d}$ 的承压含水层。疏降深度取决于水泵的扬程，常用于矿层赋存浅的露天矿。随着大流量高扬程潜水泵的出现，深矿井亦可采用。但在矿区地面由于深井抽水而发生塌陷或强烈沉降而又不易处理时，不宜采用。

与地下疏降相比，地表疏降的优点是施工简单，施工期较短；地表施工劳动和安全条件好；疏降工程的布置可根据水位降低的要求，分期施工或灵活地移动疏降设施。缺点是因受疏降深度和含水层渗透性等条件的限制，使用上有较大的局限性；深井泵、潜水泵运转的可靠性比其他矿用水泵差，一般效率不高，且管理和维修比较复杂，一旦供电发生故障，疏降效果立即受到影响。

2）吸水钻孔

吸水钻孔是一种将矿层上部含水层中的水放（漏）入矿层下部吸（含）水层的钻孔，也称漏水孔。这种钻孔可用在下部吸水层不含水或吸水层虽含水，但其静水位低于疏降水平，且上部含水层的疏放水量小于下部含水层的吸水能力时，疏降矿层上部含水层水。

这种方法经济、简便。一些位于当地侵蚀基准面以上的矿井，由于所处地势较高，下伏厚层奥陶系灰岩层中的地下水位低于上部各含水层的水位，灰岩裂隙及古岩溶有着巨大的蓄水能力，为上部各含水层水的泄放创造了条件。如山西潞安矿区先后施工吸水钻孔 20 个，对疏干采区和工作面顶板水、节省排水费用起了积极的作用。

必须注意的是，当下部含水层为当地的饮用水源层，而上部待疏降的含水层水质又不符合饮用水标准时，不可采用吸水钻孔疏降矿层上部含水层水，否则会造成饮用水源层的严重污染。如山西灵石矿区某矿为节省排水费用，曾采用吸水钻孔将煤系含水层水（水质不宜饮用）疏降到奥灰含水层（当地饮用水水源层）中，结果造成奥灰含水层的污染。奥灰水水质一旦被污染，其恢复将是长期、缓慢的。

3）水平疏干钻孔

水平疏干钻孔主要用于疏干露天矿边坡地下水。钻孔一般以接近水平的方向打穿边坡，钻孔应穿透不稳定边坡的潜在滑动面，使地下水靠重力自流排出。疏干基岩中地下水的钻孔以垂直构造面布置效果为好。分析资料表明，当疏干孔间距等于钻孔长度时，截水系数超过 90%；孔间距等于钻孔长度的一半时，截水系数可达 100%。

4）明沟疏干

明沟疏干主要用于疏干埋藏不深、厚度不大、透水性较强、底板有稳定隔水层的松散含水层。这种方法多用于露天矿区，有时和地面截水沟联合使用，起拦截流向矿区的浅层地下水的作用。

10.2.3.2　地下疏降

地下疏降主要用于平行疏降阶段，又称巷道疏降。它是直接利用巷道或在巷道中通过各种类型的疏水钻孔，来降低地下水位或水压的一种巷道疏降方法。

1）疏干巷道

疏干巷道按其在含水层中的相对位置有三种类型：巷道布置在含水层中，起直接疏降作用（图 10-8）；巷道嵌入含水层与隔水层之间（图 10-9）；巷道布置在隔水层或煤层中，施工专门的放水硐室，通过放水钻孔、直接式过滤器等疏降含水层水，疏放出的水汇集于巷道内，流入水仓，再排出地表。

2）放水钻孔

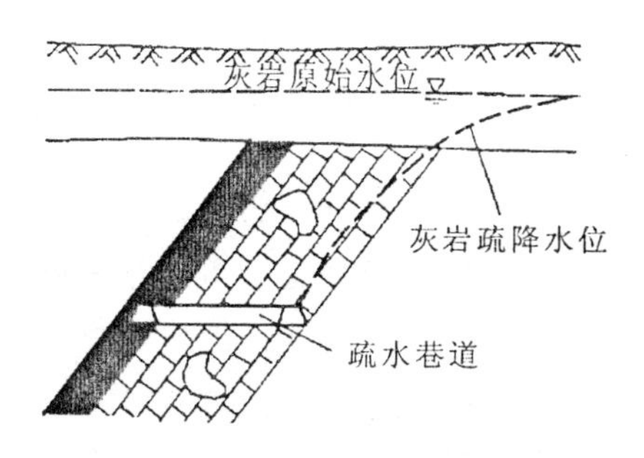

图 10-8 布置在含水层中的疏降巷道

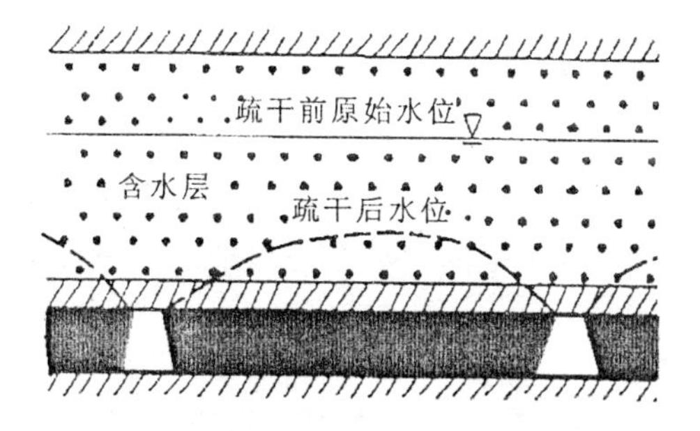

图 10-9 利用采准巷道疏水示意图

放水钻孔的作用是使顶底板含水层中的水以自流方式进入巷道。可分为顶板放水钻孔（用于疏放矿层或巷道上方的含水层水）、直通式放水钻孔（当矿层顶板以上有较平缓并距地表较近的多个含水层，且巷道顶板隔水层相对稳定时，从地表穿过含水层向巷道实施的钻孔）和底板放水钻孔（其作用在于降低底板下承压含水层的水压，以降低突水系数或增加底板的相对抗水压能力，防止底板突水）。其中，底板放水钻孔是从巷道内向下施工，既可比地面施工节省进尺，又可利用承压水的自流特征直接由钻孔流出，不需要安装专门的抽水设备，同时可借助孔口装置控制水量、测量水压。但是，底板放水钻孔施工比较困难，需要采取必要的安全措施。

10.2.3.3 联合疏降

联合疏降是指两种以上疏降方法的联合使用。在一些水文地质条件复杂的矿区，采用单一的疏降方法或单一矿井的疏降不能满足要求或不经济，需要采用井上下相结合或多井联合疏降方式。如湖南煤炭坝矿区，原采用单井或两个井共同疏干仍经常淹井，后采用四个矿井同时疏干（井下疏干巷道），使总排水量达到 8 000m^3/h，至此该矿区没有再发生淹井事故。

10.2.3.4 疏降设计及疏降水文地质计算

大型疏降工程需要进行专门的疏降设计。疏降设计的主要内容有：疏降工程的布置、数量、规格、深度及间距等；疏降工程的涌水量、疏降时间、过滤器的类型、水泵的选择、疏降所需的动力设备及电源等。为此，需要借助于水文地质计算确定疏降水量及疏降时间，以保证在规定时间内用最少的疏降工程达到最好的疏降效果。疏降水文地质计算可根据裘布依公式及泰斯公式进行。

10.2.4 矿井排水

矿井排水是矿山生产的基本环节之一。一些开采当地侵蚀基准面以上矿层的矿井，可借助平硐内的排水沟或专门开掘的泄水平硐自流排水；开采当地侵蚀基准面以下矿层的矿井，可将井下涌水或通过井下疏降设备疏放出的水，经过排水沟或管道系统汇集于井下水仓，然后用井下主水泵将其排至地表。

10.2.4.1 矿井排水方式

矿井排水方式有直接、分段和混合排水三种。排水方式的选择，应视矿井涌水量大小、井型、开采水平的数量和深度、排水设备的能力、矿井水腐蚀性等具体条件而定。

（1）直接排水。由各水平水仓直接将水排至地表（图 10-10）。

（2）分段排水。由下部水平依次排至上一水平，最后由最上部水平集中排至地表。如果上部水平的涌水量很小或上部水平的排水能力负荷不足，也可将上水平水排至下水平，再集中排至地表（图 10－11）。

（3）混合排水。当某一水平具腐蚀性的酸性水时，可将该水平的水直接排至地表，以避免腐蚀其他水平的排水设备和排水管路，而其他水平的水仍可按分段接力方式排至地表。

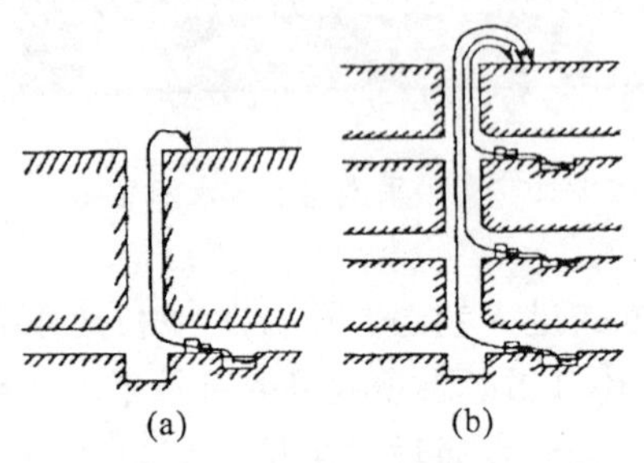

(a)　(b)

图 10－10　直接排水方式示意图

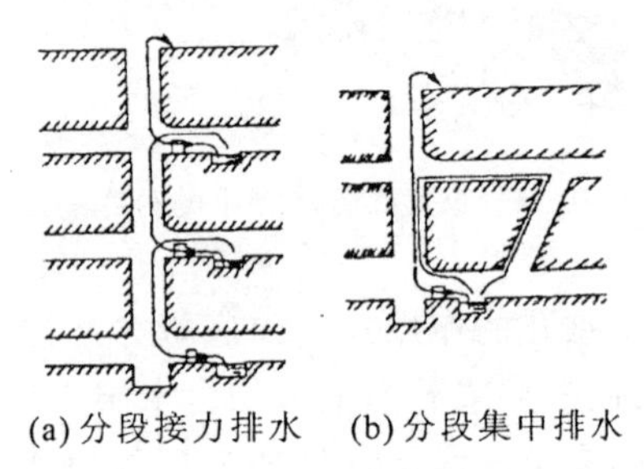

(a) 分段接力排水　(b) 分段集中排水

图 10－11　分段排水方式示意图

10.2.4.2　矿井排水系统

不论何种排水方式，排水系统都是由排水沟、水仓、水泵房和排水管路构成。

（1）排水沟。在涌水量不大的矿井内，一般在运输巷道一侧挖排水沟排水。排水沟的断面取决于涌水量大小，排水沟的坡度通常与运输巷道的坡度相同。当水中含沉淀物较多时，排水沟坡度应略大些。对于涌水量特别大的矿井，需要设计专门的排水巷道。

（2）水仓。矿井主要水仓必须有主水仓和副水仓。水仓容积视涌水量大小而定，一般应能容纳 8h 的正常涌水量。为保证水仓容积，要经常清理水仓，当清理一个水仓时，另一个水仓能正常使用。当矿井水含砂量较大时，应在水仓进口处设置篦子，并在水仓前设置沉淀池，以减少含砂矿井水对水泵的磨损及水仓的淤积。

（3）水泵房。水泵房一般要求设置工作、备用、检修三套水泵。工作泵的能力应达到在 20h 内排出 24h 的正常涌水量的水平，备用泵的能力应不小于工作泵能力的 70%，并且工作泵和备用泵的总排水能力应达到在 20h 内排出 24h 的最大涌水量的水平。

目前我国矿井排水设备主要有离心泵、潜水泵、深井泵、气压泵和射流泵等，其中经常使用的是离心泵和潜水泵。潜水泵的优点很多，如基建投资少，不用专门的泵房和基础，不怕水淹，具有自吸能力，可以防爆，能大大减少操作人员等。

（4）排水管路。排水管路必须有工作和备用管路，工作管路能力应达到配合工作水泵在 20h 内排出矿井 24h 的正常涌水量的水平；工作和备用管路的总能力应达到配合工作和使备用水泵在 20h 内排出矿井 24h 的最大涌水量的水平。为保证矿井水能顺利地排至地表，应注意排水管道的防腐和防止中途漏水。

10.2.5　注浆堵水

注浆堵水是防治地下水患的有效措施之一。注浆堵水是指将注浆液压入地下预定地点，使之扩散、凝固和硬化，从而起到堵塞水源通道、增大岩石强度或隔水的作用，达到治水的目的。注浆堵水与疏降排水同属防治矿井水的有效措施，二者相辅相成。注浆堵水具有下列优点：减轻矿井排水负担、节省排水用电，降低生产成本；有利于地下水资源的保护和利用，减轻对环境的破坏；改善采掘工程的劳动条件，提高工效和质量；加固井巷或工作面的薄弱地带，减少突水可能性；能使被淹矿井迅速恢复生产。

10.2.5.1 常用的注浆材料、注浆设备及注浆工艺

注浆材料是注浆堵水及加固工程成败的关键和影响注浆经济指标的重要因素。注浆材料的选择主要取决于堵水加固地段的水文地质条件、岩层的裂隙、岩溶发育程度、地下水的流速及化学成分等因素。一般要求注浆材料可注性及稳定性好，浆液凝结时间易于调节，固化过程最好是突变的，浆液固结后具备所需要的力学强度、抗渗透性和抗侵蚀性。此外还要求注浆材料来源广、价格低廉、储运方便，浆液配制及注入工艺简单，不污染环境。

常用的注浆材料有水泥浆液、水泥-水玻璃浆液、黏土浆液和化学浆液等。其中水泥浆液是应用广泛的基本注浆材料。它的优点是材料来源丰富，价格低廉，浆液结石体强度高，抗渗透性能好；采用单液注浆系统，工艺及设备简单，操作方便。其缺点是水泥浆液为颗粒性材料，可注性差，在细砂、粉砂和细小裂隙中难以注入，且水泥浆初凝、终凝时间长，凝固时间不易准确控制，浆液的早期强度低，强度增长慢，易沉降析水。

注浆工程施工所用设备主要有钻机、注浆泵、搅拌机、止浆塞（是将注浆孔的任意两个注浆段隔开，只让浆液注入到止浆塞以下的岩石空隙中去的工具）和混合器等。

注浆工艺一般包括：注浆前的水文地质调查、注浆方案设计、注浆孔施工、建立注浆站、注浆系统试运转和对管路作耐压试验、钻孔冲洗与压水试验、造浆注浆施工、注浆结束后压水、关孔口阀、拆洗孔外注浆管路及设备、打开孔口阀、提取止浆塞或再次注浆、封孔和检查注浆效果等。

10.2.5.2 矿山注浆堵水主要类型

1）井筒预注浆

通常，对于复杂条件下的基岩井筒，当其通过含水层或导水构造带前，常采用预注浆的方法对含水层或导水构造进行封堵，以避免水害事故，改善作业条件，简化施工工序，加快建井速度，降低施工成本。

井筒预注浆分为井筒工作面预注浆与地面预注浆。前者是指在井筒开凿前，从地面施工钻孔，对含水层进行预先注浆；后者是当井筒掘进工作面接近含水层时，预留隔水岩柱（也可以在出水后打止水垫），向含水层施工钻孔，进行预注浆。

井筒工作面预注浆优点是钻探工程量少，节省管材，而且可使用轻便钻机；由于钻孔浅，易控制方向；孔径小、孔数多，易与裂隙沟通，浆液易于控制，堵水效果好。井筒工作面预注浆的缺点是工作场地狭小，施工不便，且影响建井工期。而地面预注浆的优点是既可在井筒开工前进行，也可与井筒掘进平行作业，不占用建井工期。

2）巷道预注浆

巷道过含水层或导水构造带的预注浆宜采用边掘进边超前预注浆的方法，超前预注浆孔还可与超前探查孔相结合，既可以在工作面打钻预注浆，也可以在巷道边缘专门施工盲硐室打钻注浆。

3）井筒壁后注浆及巷道淋（涌）水的封堵

井筒淋水或巷道淋水可采用壁后注浆，即用风锤打透井（巷）壁，下好注浆管，待其与井壁固牢后，接管向壁后压注浆液堵水。若井筒、巷道有较大涌水时，宜用水泥、水玻璃双

液浆临时止水，待水止住后再延伸注浆钻孔，进入含水层内一定深度，压入单液水泥浆，以保证长期使用中不致再度淋水。对个别较大的裂隙通道涌水，应向裂隙深部打钻，进行专门封堵。其具体做法是用较深钻孔打透大的裂隙，插入注浆管进行引流疏水，用浅孔封好大裂隙口，并使注浆管固定，然后对引流孔加压注浆封堵。

4）注浆帷幕截流

对具有充沛补给水源的大水矿区，为减少矿井涌水量，可在矿区主要进水边界，垂直补给带施工一定间距的钻孔排，向孔内注浆，形成连续的隔水帷幕，阻截或减少地下水对矿区的影响，提高露天边坡的稳定性，防止矿井疏降排水引起的地面沉降或岩溶塌陷等环境问题，保护地下水资源。

采用注浆帷幕截流地下水时，帷幕线应选定在矿区开采影响范围或露天采矿场最终境界线以外。帷幕线的走向应与地下水流向垂直，线址应选择在进水口宽度狭小、含水层结构简单、地形平坦的地段，并尽可能设置在含水层埋藏浅、厚度薄、底板隔水层帷幕线两端隔水边界稳定的地段。帷幕注浆段岩层的裂隙、岩溶发育且连通性好，以保证注浆时具有较好的可注性和浆液结石后能与围岩结成一整体。

10.2.5.3 注浆堵水技术在煤矿防治水工作中的应用

下面以开滦范各庄矿注浆抢险工程为实例介绍注浆堵水技术在煤矿防治水工作中的应用。

1）突水事故概况

1984 年 6 月 2 日，河北开滦范各庄煤矿 2171 工作面掘进时揭露一陷落柱（图 10－12），奥陶系灰岩水通过陷落柱突入井巷，使年产 300 万 t 的矿井被淹。最大突水量 2 053m^3/min，为目前国外最大突水量（南非德律芳金矿达 340m^3/min）的六倍以上。当范各庄矿淹没水位上升到－156.17m 时，从标高－232m 的 7 煤层盲巷突破与邻矿之间的边界煤柱，使相邻的吕家坨矿随之淹没。当吕家坨矿淹没水位上升到－334.72m 时，与其相邻的林西矿之间的隔水煤柱开始渗水，水位上升到－197.95m 时渗水量已达 16m^3/min，使林西矿被迫停产。由于同样原因，与林西矿相邻的唐家庄矿、赵各庄矿也受到威胁而处于半停产状态。此次水害影响产煤近 1 000 万 t，直接和间接经济损失达 40 亿元。此外，这次突水还使区域地下水资源遭到破坏。突水后开滦东矿区奥陶系岩溶水位大幅度下降，使许多供水井吊泵失去供水能力，造成 10 万人的用水困难。突水还使矿区地面出现 17 个岩溶塌陷坑，建筑物也遭到部分破坏。

2）治水方案及其实施

由于这次水害水量大，秧及面广，治理的难度很大，治理时既要迅速控制灾情的发展，又要准确查明陷落柱的位置，从根本上堵住突水通道，封住突水水源。在无经验可循的情况下，经国内专家和工程技术人员的群策群力，果断地制定了“排、截、堵”相结合的综合治水方案。

所谓“排”，即在范各庄、吕家坨两矿安装大型潜水泵 20 台（总排水量大于 300m^3/min），控制水位上涨，使林西、唐家庄、赵各庄三矿尽快恢复正常生产。所谓“截”，即分别对吕家坨、林西矿边界煤柱打钻，进行注浆加固和在大量排水的动水条件下，对吕家坨、范各庄二矿边界煤柱上三条过水巷道进行注浆截流。所谓“堵”，即封堵范各庄矿陷落柱，堵住通道，封死水源。

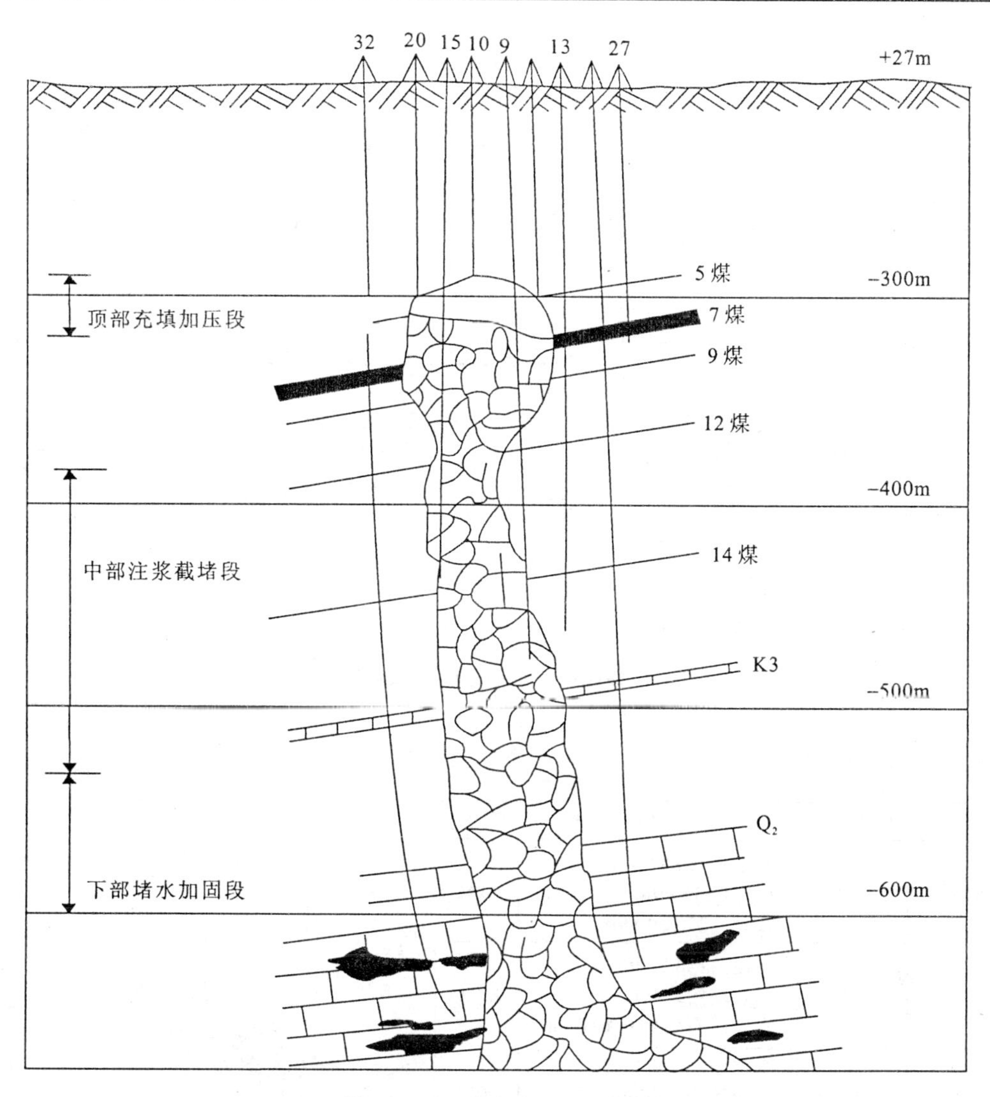

图 10-12 范各庄矿导水陷落

3）技术经验总结

一是动水条件下封堵巷道的“水平三段式组合注浆”经验。

首先在注浆段前方大量注砂，形成强大的“阻水段”，使水流在一定的距离内逐步减弱其能量；在紧靠“阻水段”的上游，以下骨料为主建造“堵水段”，并在管道流变为渗透流时，采用多孔联合，大量注入强化早凝水泥浆，形成对巷道的初步封堵；最后在静水条件下，紧靠“堵水段”用水泥浆注成“加固段”（图 10-13）。

二是动水条件下封堵陷落柱的“垂直三段式截流堵水”经验。

根据陷落柱的体积大（约 61.78 万 m^3）、柱内水流速及流量大，顶部又有 3.9 万 m^3 空洞的特点，采取上部注入大量的岩石和矸石碎块的方法，充填空洞，压实柱体，形成“充填加压段”。注砂、石的同时及其之后，向陷落柱下部注入砂和粉煤灰，增加水流阻力后立即注入速凝水泥浆，形成“注浆截堵段”。最后，向下段注入水泥、水玻璃、固化剂加黏土、石粉材料等，形成“充填加固段”，以支撑“注浆截堵段”形成的“堵水塞”（图 10-14）。

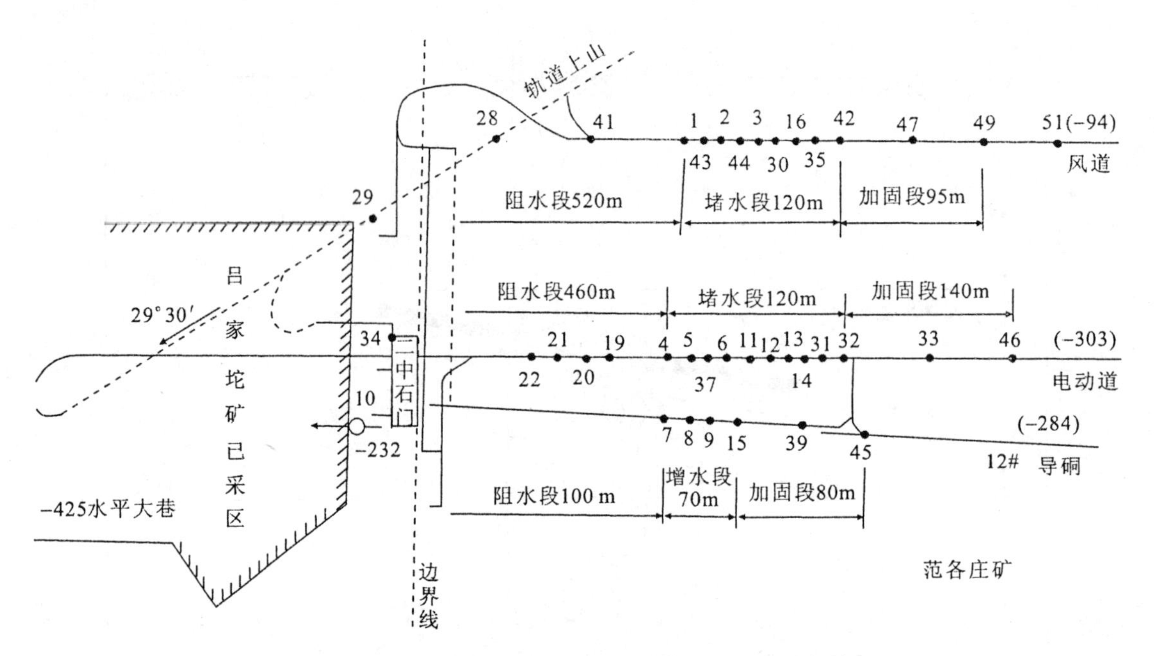

图 10－13　范各庄矿"水平三段式截流"平面示意图

由于上述努力，仅用 1 年多时间，五个矿相继恢复了生产。

分段	体积(万m^3)	注入材料量	充填率
空洞	3.9	石碴：25 831.9m^3 砂：1 437.99m^3 合计：27 269.89m^3	60%
空洞~7	4.2	水泥约：4 200t 水玻璃约：400m^3 合计结石体约：4 100m^3	9.76%
7~12	9.9	水泥约：3 000t 水玻璃约：400m^3 合计结石体约：3 000m^3	3.03%
12~14	9.06	水泥：40 400t 水玻璃：3 298.79m^3 合计结石体约：40 000m^3	21.29%
14~K_3	9.725		
K_3~O_2	24.964	水泥约：3 000t 水玻璃约：300m^3 合计结石体约：3 000m^3	1.2%
O_2		水泥：11 103.01t 水玻璃：835.65m^3 粉煤灰：228.92m^3 砂：2 943.43m^3	

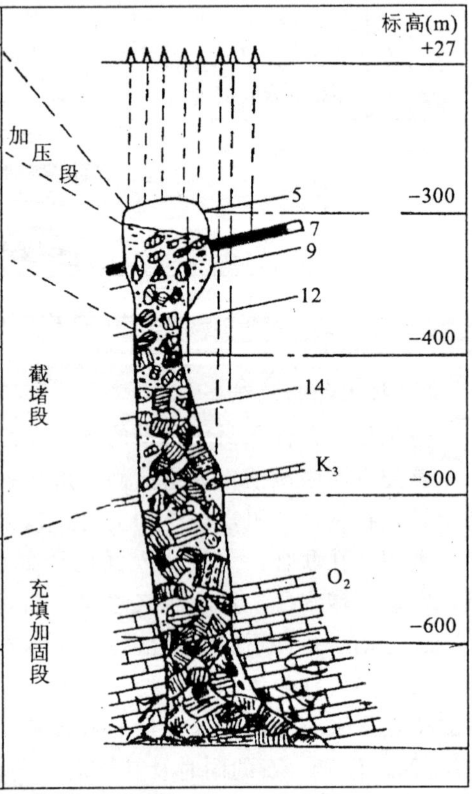

标高(m)　+27　−300　−400　−500　−600

加压段　截堵段　充填加固段

5　7　9　12　14　K_3　O_2

图 10－14　范各庄矿"垂直三段式截流"工程剖面示意图

实训3 矿井水文地质分析及应用

1）实训目的

加强对矿井水文地质理论知识的理解和掌握，通过走访煤矿生产矿井，了解矿井水文地质条件，了解矿井充水因素，分析其充水条件，探索针对性的防治水措施，提出矿井水害防治方案。

2）实训要求

熟悉掌握矿井充水条件的分析方法和常规的防治水方法，结合实训情况编撰矿井充水条件分析报告和矿井水害防治方案。

3）实训内容

（1）了解该矿的矿井充水自然因素。

（2）了解该矿的矿井充水人为因素。

（3）运用矿井充水影响因素的一般规律，分析、排查各因素对矿井充水的影响程度。

（4）确定矿井的主要充水水源及不同水源进入矿井的通道。

（5）参与矿井防治水工程设计，提出矿井防治水措施、规划，编制矿井地面和井下防治水方案。

主要参考文献

Domenico P A,Schwartz F W,著.物理与化学水文地质学[M].王焰新等,译.北京:高等教育出版社,2013.

Fetter C W,著.应用水文地质学[M].孙晋玉等,译.北京:高等教育出版社,2011.

Nonner J C,著.水文地质学引论[M].邓东升等,译.合肥:中国科学技术大学出版社,2005.

曹剑锋,迟宝明,王文科,等.专门水文地质学[M].北京:科学出版社,2006.

国家安全生产监督管理总局,国家煤矿安全监察局.煤矿防治水规定[M].北京:煤炭工业出版社,2009.

国家煤矿安全监察局.中国煤矿水害防治技术[M].北京:中国矿业大学出版社,2011.

潘宏雨,马锁柱,刘连成,等.水文地质学基础[M].北京:地质出版社,2008.

李北平,徐智彬,潘开方,等.煤矿地质分析与应用[M].重庆:重庆大学出版社,2009.

任天培,彭定邦,郑秀英,等.水文地质学[M].北京:科学出版社,1986.

沈照理.水文地质学[M].北京:地质出版社,1985.

陶一川.流体力学分析基础[M].武汉:中国地质大学出版社,1993.

王大纯,张人权,史毅虹,等.水文地质学基础[M].北京:地质出版社,1995.

王秀兰,刘忠席.矿山水文地质[M].北京:煤炭工业出版社,2007.

肖长来,梁秀娟,王彪.水文地质学[M].北京:清华大学出版社,2010.

杨金忠,蔡树英,王旭升.地下水运动数学模型[M].北京:科学出版社,2009.

张人权,梁杏,靳孟贵,等.水文地质学基础[M].北京:地质出版社,2011.

张正浩.煤矿水害防治技术[M].北京:煤炭工业出版社,2010.

钟亚平.开滦煤矿防治水综合技术研究[M].北京:煤炭工业出版社,2001.

图书在版编目(CIP)数据

水文地质分析与应用/粟俊江,朱朝霞主编;覃伟,李博,成六三副主编.—武汉:中国地质大学出版社有限责任公司,2013.11(2015.1重印)
ISBN 978-7-5625-3240-8

Ⅰ.水…
Ⅱ.①粟…②朱…③覃…④李…⑤成…
Ⅲ.①水文地质-教材
Ⅳ.①P641

中国版本图书馆CIP数据核字(2013)第205107号

水文地质分析与应用　　粟俊江　朱朝霞　主编
覃　伟　李　博　成六三　副主编

责任编辑:高婕妤　张　琰　　责任校对:戴　莹

出版发行:中国地质大学出版社有限责任公司(武汉市洪山区鲁磨路388号)　邮政编码:430074
电话:(027)67883511　传真:(027)67883580　E-mail:cbb @ cug.edu.cn
经　销:全国新华书店　http://www.cugp.cug.edu.cn

开本:787毫米×1 092毫米 1/16　字数:307.2千字　印张:12
版次:2013年11月第1版　印次:2015年1月第2次印刷
印刷:荆州鸿盛印务有限公司　印数:1001—2000册

ISBN 978-7-5625-3240-8　定价:38.00元